Springer-Lehrbuch

Springer-Verlag Berlin Heidelberg GmbH

Hans Kurt Tönshoff

Werkzeugmaschinen

Grundlagen

Mit 230 Abbildungen

 Springer

Prof. Dr.-Ing. Dr.-Ing. E.h. Hans Kurt Tönshoff
Universität Hannover
Institut für Fertigungstechnik
und Spanende Werkzeugmaschinen
Schloßwender Straße 5
30159 Hannover

ISBN 978-3-540-58674-6

Die Deutsche Bibliothek – Cip-Einheitsaufnahme

Tönshoff, Hans Kurt:
Werkzeugmaschinen : Grundlagen / Hans Kurt Tönshoff.
  (Springer-Lehrbuch)
  ISBN 978-3-540-58674-6   ISBN 978-3-662-10914-4 (eBook)
  DOI 10.1007/978-3-662-10914-4

Satz: Reproduktionsfertige Vorlage des Autors
SPIN: 10484395   68/3020 - 5 4 3 2 1 0 - Gedruckt auf säurefreiem Papier

Vorwort

Wer Maschinen, Fahrzeuge, elektrische Anlagen oder elektronische Bauelemente herstellen will, braucht Werkzeugmaschinen. Mit ihnen werden Bauteile durch spanende, umformende, abtragende, optochemische und elektrophysikalische Verfahren hergestellt, werden Einzelteile durch Fügeverfahren zu Baugruppen und Aggregaten montiert und werden Bauteile und Baugruppen vermessen und geprüft. Die Werkzeugmaschine - und im weiteren Sinne gehören dazu auch Industrieroboter und Meßmaschinen - wird daher auch als "die Mutter der Maschinen" bezeichnet. Für die Produktionstechnik sind Werkzeugmaschinen von essentieller Bedeutung.

Die Grundlagen der Werkzeugmaschinen gehören daher zum unverzichtbaren Lehrstoff für das Studium der Produktions- und Fertigungstechnik. Dieses Buch behandelt die wichtigsten Elemente der Werkzeugmaschinen, soweit sie spanenden, umformenden und abtragenden Maschinen gemeinsam sind. Dabei lehnt es sich eng an meine gleichnamige Vorlesung an der Universität Hannover an. Es wurde geschrieben, um den Studenten des Maschinenbaus, der Elektrotechnik und des Lehramts an beruflichen Schulen eine knappe Zusammenfassung der Methoden und des Wissens, die für das Fachgebiet unverzichtbar sind, zu geben. Dieser Stoff ist notwendig, aber nicht hinreichend. Die für ein akademisches Studium erforderliche Vertiefung sollte darüber hinausgehen. Außer auf einige Lehrbücher wie

Weck, M.: Werkzeugmaschinen, Fertigungssysteme. Band 1 bis 4, 4 Auflage, Düsseldorf; VDI-Verlag 1992

Milberg, J.: Werkzeugmaschinen - Grundlagen. Berlin, Heidelberg: Springer-Verlag 1992

Tönshoff, H.K.: Grundlagen des Spanens. Berlin, Heidelberg: Springer-Verlag 1995

wird auf das den einzelnen Kapiteln zugeordnete Schrifttum verwiesen.

Das Buch ist auch als Nachschlagewerk für Konstrukteure und Betriebsingenieure in der Praxis gedacht. Die Vielzahl von Quellen weiterführender Literatur soll dabei den Einstieg in spezielle Themen erleichtern.

Das Buch beginnt mit einer Einführung, die eine systematische Gliederung des Wissensgebietes behandelt und seine geschichtliche Entwicklung und die wirtschaftliche Bedeutung des Werkzeugmaschinenbaus beschreibt. Danach werden die wesentlichen Funktionsgruppen einer Werkzeugmaschine, wie die Gestelle und Führungen, die Antriebe und die Steuerungen nach Anforderungen, Ausführungsformen, Auslegungsmethoden und Entwicklungspotentialen beschrieben. Dem Charakter eines Lehrbuches entsprechend sind an jedes Kapitel Fragen zur Aufarbeitung angehängt, mit denen sich der Leser prüfen kann, ob er die wesentlichen Zusammenhänge verstanden hat. Wo sinnvoll, sind auch Übungsaufgaben gegeben.

Bei der Zusammenstellung dieses Buches haben mir Mitarbeiter sehr geholfen. Dies waren für einzelne Kapitel

Dipl.-Ing. U. Brahms	Einführung, Gestelle
Dipl.-Ing. U. Wasmann	Dynamisches Verhalten von Werkzeugmaschinen
Dipl.-Ing. E. Nitidem	Geradführungen, Vorschubantriebe, Zahnradstufengetriebe, Nachformsteuerungen
Dipl.-Ing. H. Ahlers	Vorschubantriebe
Dipl.-Ing. T. Löffler	Elektrische Steuerungen
Dipl.-Ing. M. Hartmann	Numerische Steuerungen
Dipl.-Ing. A. Wesche	Hydraulische Antriebe und Steuerungen

Ihnen und besonders den Herren Dipl.-Ing. U. Brahms und Dipl.-Ing. E. Nitidem bin ich zu großem Dank für die Koordination der Zuarbeiten und die Fertigstellung des Manuskriptes verpflichtet. Ich danke auch Herrn Yitong Xu für die Ausführung der Zeichnungen sowie Frau Menschel und Frau Klemmt für das Schreiben der Texte. Mein Dank gilt auch dem Springer-Verlag für die angenehme Zusammenarbeit und die gute Ausstattung des Buches.

Inhalt

1 Einführung

1.1 Definition

Im Wort "Werkzeugmaschine" sind die Begriffe Werkzeug und Maschine enthalten. Statt unmittelbarer manueller Anwendung eines Werkzeugs wird also hier das Werkzeug in einer Maschine geführt und angetrieben, um ein Werkstück geometrisch bestimmter Gestalt zu fertigen. Die begriffliche Nähe zum "Fertigen" wird deutlich: "Fertigen ist das Herstellen von Werkstücken geometrisch bestimmter Gestalt" (O. Kienzle, später DIN 8580) /TÖN81/. Gemeinsame kennzeichnende Merkmale für Werkzeugmaschinen sind:

1. Werkzeugmaschinen wird *Energie zugeführt*, da die Fertigungsvorgänge, die in ihnen stattfinden, unter Energieaufwand ablaufen. Meist werden Werkzeugmaschinen mit elektrischer Energie betrieben; sie verwenden auch hydraulische oder pneumatische Energie.
2. Werkzeugmaschinen dienen der Herstellung von *Werkstücken*. Sie wenden damit Fertigungsverfahren wie das Urformen, Umformen, Trennen, Fügen, Beschichten und Stoffeigenschaftändern an. Allerdings ist eine Fertigungsanlage dann nicht eine Werkzeugmaschine, wenn andere hier genannte Merkmale fehlen.
3. Werkzeugmaschinen verwenden *Werkzeuge* zur Herstellung von Werkstücken. Dies können Werkzeuge aus festem Stoff sein, es können auch andere Wirkmedien wie Wasserstrahlen, Laserstrahlen oder die Flamme eines Brenners angewandt werden.
4. Werkzeug und Werkstück müssen *gegenseitig geführt* werden. Diese Führung des Werkzeuges gegenüber dem Werkstück bestimmt den Fertigungsvorgang und die Gestalt des Werkstückes, soweit die Form nicht im Werkzeug gespeichert ist.

Dies sind notwendige und hinreichende Merkmale von Werkzeugmaschinen. Gleichwohl umfaßt der Begriff "Werkzeugmaschine" heute mehr als nur die genannten Hauptfunktionen wie Energiezufuhr und Werkzeug-Werkstück-Führung. Aus den Nebenfunktionen, die sämtlich oder teilweise Teil der Werkzeugmaschine sein können, ergeben sich weitere Merkmale:

5. Eine Werkzeugmaschine führt der Wirkstelle die benötigten Werkzeuge zu, führt sie ab und speichert sie.

6. Eine Werkzeugmaschine führt der Werkstückaufnahme zu bearbeitende Werkstücke zu, führt sie nach Bearbeitung ab und speichert sie.
7. Eine Werkzeugmaschine greift die zur Prozeßführung notwendigen Informationen aus dem Wirkraum ab, verarbeitet sie und führt sie in geeigneter Weise wieder in den Prozeß ein.

Diese Nebenfunktionen umfassen also insbesondere die Werkzeug- und Werkstückhandhabung und das Messen von geometrischen und anderen physikalischen Größen in der Maschine. Die von O. Kienzle gegebene Definition einer Werkzeugmaschine kann damit erweitert werden:

Eine Werkzeugmaschine ist eine Arbeitsmaschine, die ein Werkzeug am Werkstück unter gegenseitiger bestimmter Führung zur Wirkung bringt (Kienzle). Sie übernimmt die Werkzeug- und Werkstückhandhabung und das Aufnehmen, Verarbeiten und Rückführen von Informationen über den Fertigungsvorgang (Erweiterung).

1.2 Wirtschaftliche Bedeutung des Werkzeugmaschinenbaus

In der Werkzeugmaschinenindustrie der Bundesrepublik Deutschland arbeiteten 1992 95.000 Beschäftigte. Das sind 9 % der im Maschinenbau und 1,3 % der in der Industrie Tätigen (Abb. 1.1). Der Werkzeugmaschinenbau gehört zu den größten Maschinenbaubranchen in Deutschland (Abb. 1.2). Er umfaßt rund 400 Unternehmen, im Mittel beschäftigt ein Unternehmen also 230 Personen; ca. 43% der Betriebe haben bis zu 100 Mitarbeiter, 38% haben 100 bis 500 Mitarbeiter und nur 19% haben mehr als 500 Mitarbeiter. Gemessen an anderen Branchen der industriellen Produktion ist der Werkzeugmaschinenbau typisch für kleine und mittlere Unternehmen.

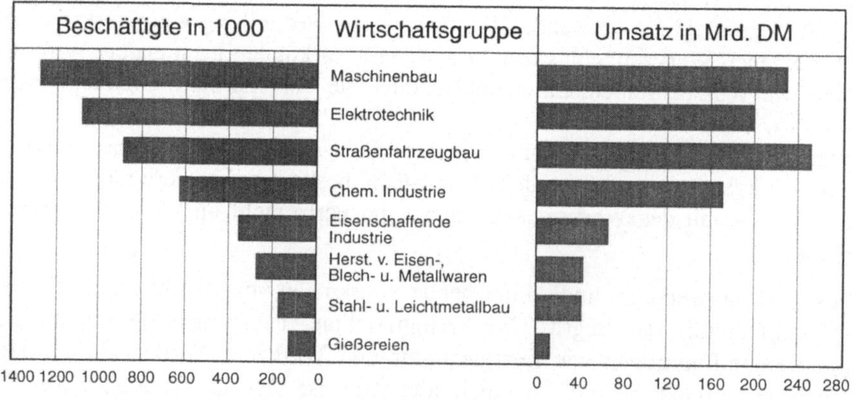

Abb. 1.1 Beschäftigte und Umsätze nach Wirtschaftsgruppen /Quelle: VDMA/

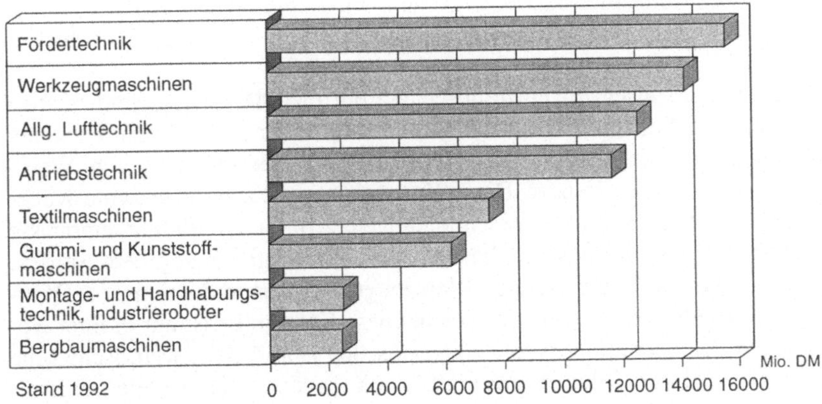

Abb. 1.2 Produktion nach Fachzweigen des Maschinenbaus /Quelle: VDMA/

Die wichtigsten Abnehmerindustrien für Werkzeugmaschinen sind der Maschinenbau mit 40 %, der Kraftfahrzeugbau mit 25 % und die Elektroindustrie mit 10 %. Damit haben Werkzeugmaschinen eine Schlüsselfunktion innerhalb der industriellen Produktionstechnik. Werkzeugmaschinen sind die Basis, auf der Rationalisierung, Produktionsentwicklung und Qualitätsverbesserung in allen fertigungstechnischen Industrien beruhen. Die Bedeutung des Werkzeugmaschinenbaus liegt nicht in dem einprozentigen Anteil am industriellen Produktionswert, sondern darin, daß er wie keine andere Branche die Entwicklung der Produktionsmethoden und Produktionsmittel für Industrien bestimmt, die den größten Teil des Produktionswertes unserer Volkswirtschaft erzeugen.

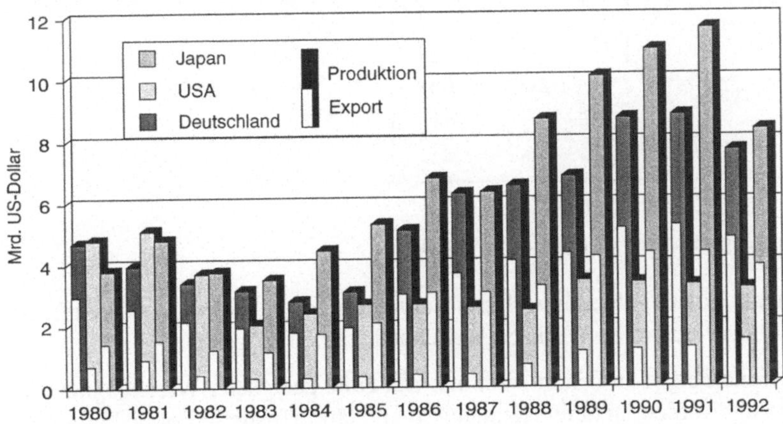

Abb. 1.3 Produktion und Export bedeutender Werkzeugmaschinenhersteller /Quelle: VDW/

Die Stellung des deutschen Werkzeugmaschinenbaus im Weltmarkt gegenüber den zwei bedeutendsten Produzentenländer Japan und USA zeigt Abb. 1.3. In den letzten 10 Jahren haben sich erhebliche Verschiebungen ergeben. Den Produktionszahlen nach hält Deutschland hinter Japan den zweiten Platz mit etwa gleichbleibendem relativen Abstand. Der Anteil der USA an der Werkzeugmaschinenproduktion ist dagegen erheblich zurückgegangen. Im Export liegt Deutschland mit Japan gleichauf. Der deutsche Exportanteil ist demnach mit mehr als 50% besonders groß.

Abbildung 1.4 stellt in einem Portfolio-Diagramm die Marktstärke und relative fertigungstechnische Stärke für drei wichtige Industrieländer dar in der Entwicklung von 1980 bis 1990. Die Marktstärke ist definiert als der Quotient von Werkzeugmaschinenexport und -import. Diese Kennzahl nimmt allerdings keine Rücksicht darauf, daß eventuell Marktbeschränkungen z.B. durch Einfuhrhemmnisse bestehen. Die fertigungstechnische Stärke kann nur relativ angegeben werden. Darin geht der Quotient aus eigener Werkzeugmaschinenproduktion zur Wertschöpfung in der industriellen Produktion ein. Diese Kenngröße ist nur in ihrer Relation zwischen den Ländern aussagefähig. Aus der Abb. 1.4 ist Marktschwäche und fertigungstechnische Schwäche der USA mit Tendenz zur weiteren Schwächung zu erkennen. Deutschland ist hinsichtlich des heimischen Werkzeugmaschinenmarktes gegenüber Japan deutlich schwächer, fertigungstechnisch aber noch stärker.

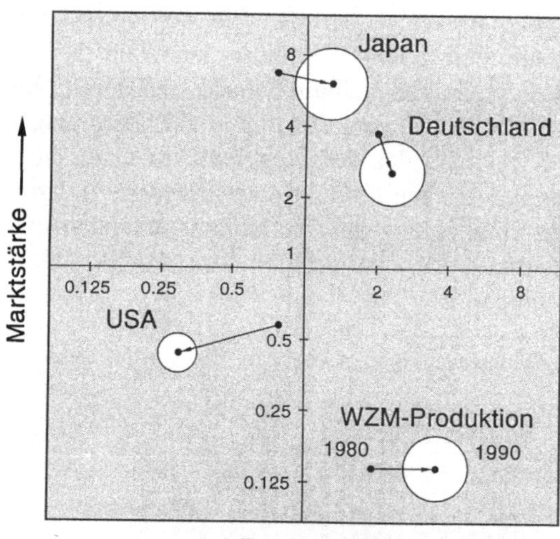

Abb. 1.4 Werkzeugmaschinen als Basis der Fertigung

Verschiedene Positivindikatoren lassen erwarten, daß mittel- und langfristig weltweit ein hoher Bedarf an Werkzeugmaschinen zu befriedigen ist:

- Der weltweite Bedarf an Gütern kann nur mit Hilfe geeigneter Werkzeugmaschinen befriedigt werden. In Schwellenländern und längerfristig in Entwicklungsländern besteht noch eine kaum abzuschätzende potentielle Nachfrage.
- In den Industrieländern erfordern veränderte Verbrauchergewohnheiten und die Einführung neuer Arbeitsstrukturen Neu- und Ersatzinvestitionen, die mehr als 5 % des Umsatzes betragen und damit deutlich über den Zahlen der Vergangenheit liegen.

- Die gegenwärtig in zunehmendem Maße einsetzende Verknüpfung von Informationsverarbeitung und mechanischem Teil der Maschine bringt neue Möglichkeiten für den Aufbau und Einsatz von Werkzeugmaschinen.
- Hohe Kosten für menschliche Arbeitskraft zwingen die inländische Industrie zur weiteren Automatisierung, um die Wettbewerbsfähigkeit zu erhalten (Abb. 1.5). Die Nachfrage nach höher automatisierten leistungsfähigen und intelligenten Werkzeugmaschinen muß daher gerade aus dem Inland steigen.

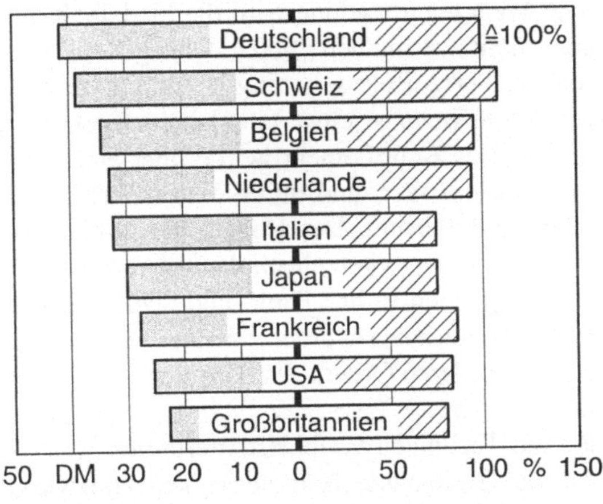

Abb. 1.5 Lohnkosten und Lohnstückkosten im internationalen Vergleich /Quelle: OECD/ (Stand: 1992)

Ob dieser Bedarf eine Steigerung der Werkzeugmaschinenproduktion in Deutschland mit sich bringt, ist gegenwärtig schwer abzusehen. Das hängt u.a. davon ab, ob Negativfaktoren überwunden werden können:

- Bei stagnierender gesamtwirtschaftlicher Entwicklung muß der Werkzeugmaschinenbedarf eher geringer werden; denn Maschinen höherer Produktivität bedeuten bei gleichbleibender Menge erzeugter Güter geringere Investitionen in Werkzeugmaschinen. ("Der Werkzeugmaschinenbauer ist sich selbst sein schärfster Konkurrent.")
- Die Ertragskraft der deutschen Werkzeugmaschinenunternehmen muß gesteigert werden, um Risikokapital für fortschrittliche Entwicklungsfelder nutzen zu können.
- Die Struktur des stark fragmentierten deutschen Werkzeugmaschinenbaus muß sich geänderten Marktbedingungen anpassen.
- Der deutsche Werkzeugmaschinenbau muß international (Fernost) stärker vertreten sein (global player).
- Die Führerschaft in wichtigen Technologien muß erhalten bleiben (Schneidstoffe, Strukturwerkstoffe) oder zurückgewonnen werden (Numerische Steuerungen).

1.3 Geschichtliches

Werkzeuge nutzt der Mensch seit seiner Frühzeit /SPU91, S.25ff/. Auch von zahlreichen Tierarten ist bekannt, daß sie natürliche Gegenstände als Werkzeuge gebrauchen. Dies tun sie jedoch eher zufällig. Für eine bestimmte Arbeitsaufgabe spezifisch hergerichtete Werkzeuge nutzt nur der Mensch. Abschlagwerkzeuge, später Faustkeile und Steinklingen sind aus der Altsteinzeit bekannt. Dies waren handgeführte Werkzeuge. Als die erste Werkzeugmaschine wird die Fiedelbohrmaschine aus der Neusteinzeit angesehen. Sie ist vermutlich 4000 v. Chr. gebaut worden. An einem hölzernen Stab war das steinerne Bohrwerkzeug befestigt. Die notwendige Vorschubkraft wurde über einen gewichtsbeschwerten Hebel aufgebracht, der gleichzeitig der Spindel Führung gab. Das Bohrmoment wurde über einen Bogen, wie er von der Jagd seit langem bekannt war, und durch eine mehrfach die Spindel umschlingende Sehne von Hand aufgebracht. Der Bogen wurde hin- und herbewegt, das Bohrwerkzeug arbeitete also links- wie rechtsdrehend (Abb. 1.6).

In der griechischen und römischen Antike waren Bohr-, Dreh- und Schleifmaschinen bekannt, die bereits mit Wasserkraft angetrieben wurden. Wahrscheinlich sind diese Techniken und Maschinen aus dem Vorderen Orient, aus dem Raum zwischen Euphrat und Tigris und aus Ägypten gekommen.

Im europäischen Mittelalter wurden die Techniken verfeinert. Verbreitet war die Metallverarbeitung durch Umformen wie Ziehbänke, Hammerwerke, Walzwerke und Feilenhaumaschinen. Zum Spanen waren Dreh-, Schleif-, Bohr- und Sägemaschinen verbreitet. Angetrieben wurden sie vom Menschen z.B. über Wippentriebe, durch Tiere im Göpel, durch Wasser- oder Windenergie.

Abb. 1.6 Bohrvorrichtung mit Bohrproben um 4000 v. Chr. /Quelle Schwerd/

Die für eine industrielle Produktion verwendbaren Werkzeugmaschinen stammten zunächst aus England. Die maschinelle Fertigung ist das kennzeichnende Merkmal der industriellen Revolution, die in der Mitte des 18. Jahrhunderts in England günstige Voraussetzungen fand /SPU91, S.125ff/. Von hier gingen wichtige Basisentwicklungen des Werkzeugmaschinenbaus aus /BUX21/. Nahezu ein Jahrhundert später, in der Mitte des 19. Jahrhunderts, entwickelte sich in Deutschland ein Werkzeugmaschinenbau. Zentren wurden Sachsen, Schlesien, Berlin und das Ruhrgebiet.

1.4 Beurteilung von Werkzeugmaschinen

Zur Beurteilung von Werkzeugmaschinen lassen sich die vier Grundkriterien der Fertigungstechnik /TÖN93/ verwenden. Diese sind:

- die Haupttechnologie
- die Fehlertechnologie
- die Wirtschaftlichkeit
- die Mensch-Umwelt-Technologie

Die *Haupttechnologie* einer Werkzeugmaschine beschreibt die auf ihr herstellbaren Größen und Formen der Werkstücke und die verarbeitbaren Werkstoffe. So gilt z.B.: Der Arbeitsraum einer Drehmaschine und damit die herstellbaren Größen werden durch die größte Drehlänge und den größten Drehdurchmesser festgelegt. Bei einer Schneidpresse können für einen gegebenen Werkstoff aus der Tischfläche und der maximalen Preßkraft Schnittlängen und Blechdicken abgeleitet werden. Die herstellbaren Formen hängen unmittelbar vom verwendeten Gestaltungsprinzip ab. Von den drei Gestaltungsprinzipien der Fertigungstechnik /TÖN93/ scheidet für Werkzeugmaschinen das Ungebundene Erzeugen aus; ob das Abbildende Formen oder das Gesteuerte Formen genutzt wird, hängt bisher noch weitgehend vom eingesetzten Fertigungsverfahren ab (Abb. 1.7). Das Ur- und Umformen überträgt die Form eines Werkzeuges auf das Werkstück; so wird das Modell auf die Sandform, die Sandform auf das Gußteil beim Sandgießen oder die Form des Gesenkes auf das Schmiedeteil übertragen. Allerdings erscheint diese Kopplung des Gestaltungsprinzips mit den beiden ersten Hauptgruppen der Fertigungsverfahren nicht zwangsläufig. So ist es durchaus möglich, flüssige oder pulverförmige Stoffe im Raum gesteuert abzulegen und erstarren zu lassen, um so eine große Vielfalt von Formen zu erzeugen. Diese Verfahren sind unter dem Namen "Rapid Prototyping" oder Stoffaufwuchsverfahren bekannt geworden /KRU91/ (Abb. 1.8).

Auch punktförmig wirkende Umformverfahren wie das gesteuerte Rundkneten können mit gesteuerten, formunabhängigen Werkzeugen eingesetzt werden. In den weitaus meisten Fällen sind die Verfahren, die nach dem Prinzip des Gesteuerten Formens arbeiten trennende, d.h. spanende und abtragende Fertigungsverfahren. Maschinen, die nach dem Abbildenden Formen arbeiten, haben im allgemeinen nur eine einfache Kinematik, z.B. nur eine Stößelbewegung in einer Fließpresse oder einer Schmiedemaschine. Maschinen für gesteuertes Formen verfügen über zwei oder mehr gesteuerte Achsen. Die Art der Vorschubsteuerung bestimmt die Vielfalt der herstellbaren Formen: Mit einer Drehmaschine, deren Schlitten sich nur unabhängig voneinander in den natürlichen, d.h. den Geradführungen entsprechenden Achsen bewegen lassen, können nur zylindrische oder ebene Flächen hergestellt werden. Wenn über eine Steuerung ein funktionaler Zusammenhang zwischen den Vorschubbewegungen erzeugt werden kann, lassen sich beliebig geformte Flächen herstellen. Dabei kann der Funktionszusammenhang der Bewegungen in analoger und digitaler Weise gespeichert werden (Abb. 1.9)

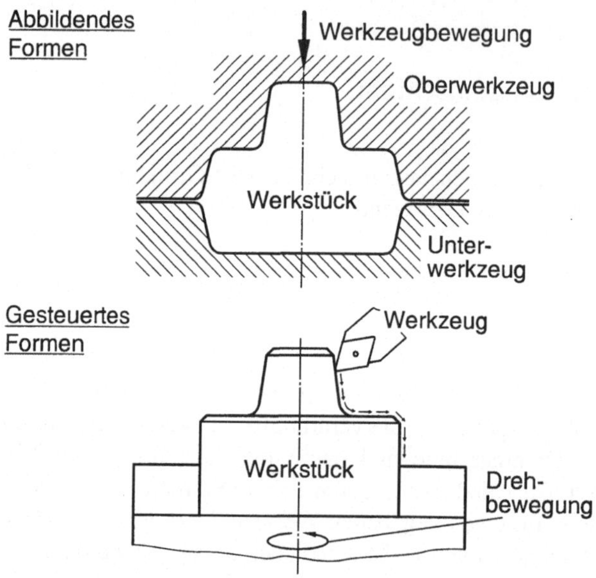

Abb. 1.7 Prinzipien der Formerzeugung

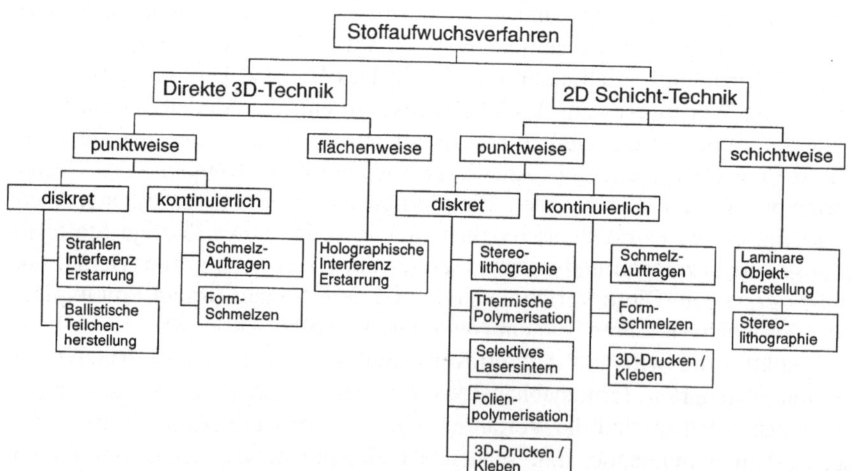

Abb. 1.8 Einteilung der Stoffaufwuchsverfahren /Quelle: nach J.P. Kruth/

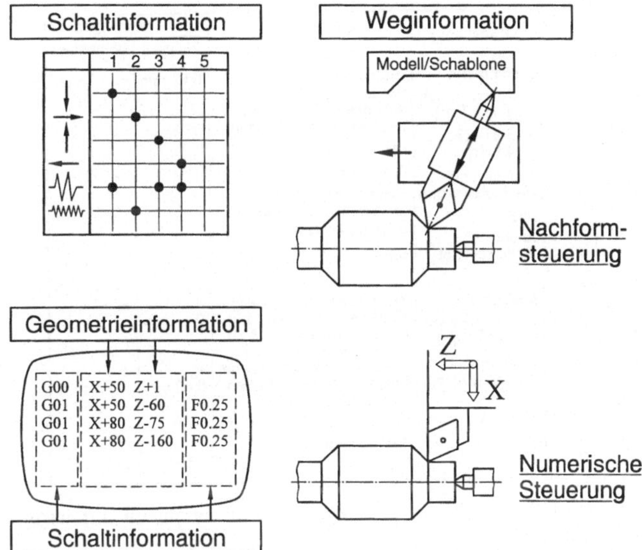

Abb. 1.9 Analoge und digitale Informationsspeicherung

Die *Fehlertechnologie* als zweites Kriterium beschreibt die Qualität der auf einer Werkzeugmaschine herstellbaren Werkstücke, die Abweichung der tatsächlich erreichten Eigenschaften eines Produktes von den vorgegebenen. Durch Werkzeugmaschinen zu verantwortende Fehler sind meist geometrischer Art. Unterschieden werden kann zwischen Fehlern des Maßes, der Form, der Lage und der Oberfläche /TÖN95, S. 171ff./. Zum Nachweis der erforderlichen Güte einer Werkzeugmaschine werden vom Hersteller (oder auch vom Anwender) Maschinenabnahmen vorgenommen, die allerdings im wesentlichen die Herstellgenauigkeit und nicht die Arbeitsgüte der Maschine betreffen. Auf der Basis der bereits 1927 von Georg Schlesinger entwickelten Standards /SCHL62/ bestehen heute DIN-Normen /DIN8601/ als allgemeine Norm der Abnahmebedingungen für spanende Werkzeugmaschinen und die Folgeblätter für spezielle Maschinen wie Dreh-, Fräs- oder Schleifmaschinen (Abb. 1.10).

In der Serienfertigung - ausgelöst durch die Automobilindustrie - wird zur Beschreibung der Fehlertechnologie mit "Fähigkeitskennzahlen" gearbeitet. Unterschieden werden die Maschinenfähigkeit C_m und die Prozeßfähigkeit C_p. Mit dem Maschinenfähigkeitsindex C_m ist gemeint, daß eine Maschine ein Werkstück gemessen an der vorgegebenen Toleranz fertigen kann. Für die Maschinenfähigkeit versucht man den Einfluß von Störungen außerhalb des Bereiches der Maschine gering zu halten (kurzzeitiges Fehlerverhalten, keine Werkstoffabweichungen oder Einflüsse des Werkzeugs, betriebswarme Maschine), für die Prozeßfähigkeit werden dagegen alle Fehlereinflüsse über längere Arbeitsdauern (meist mehrere Schichten) erfaßt und berücksichtigt.

Nr	Gegenstand der Prüfung	Bild	Prüfmittel	Prüfanleitung	Abweichungen	
					zulässig	gemessen
G6	Axialruhe der Arbeitsspindel	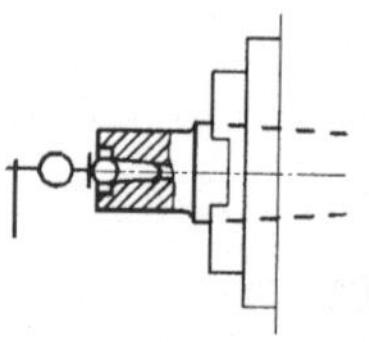	Meßständer Feinzeiger nach DIN 879 Teil 1 Kugel nach DIN 5401 Prüfdorn mit Zentriersenkung oder andere Prüfhilfsmittel	Prüfdorn in die Aufnahmebohrung einsetzen. Meßständer mit Feinzeiger aufsetzen Meßbolzen an die Kugel anstellen. Spindel drehen oder umlaufen lassen und Anzeige ablassen. 5.6.2	0,01 mm	. . . . . .
G7	Rundlauf des Innenkegels der Arbeitsspindel a_1 nahe an der Spindelnase a_2 in einem Abstand von 300mm von der Spindelnase	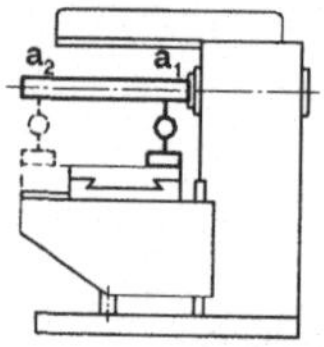	Meßständer Feinzeiger nach DIN 879 Teil 1 Prüfdorn mit Meßteil 300 mm	Konsole geklemmt. Längsschlitten in Mittenstellung Prüfdorn einsetzen. Meßbolzen des Feinzeigers bei a_1 in Senkrecht-Ebene anstellen. Spindel drehen und Anzeige ablesen. Prüfung bei a_2 wiederholen. 5.6.1.2.3	a_1 0,01 mm a_2 0,02 mm	a_1 . . . . . . a_2 . . . . . .

Abb. 1.10 Auszug aus der DIN 8615/T, Abnahmebedingungen für Fräsmaschinen mit waagerechter Spindel und in der Höhe verstellbarer Konsole

Der Anwender von Werkzeugmaschinen wird nicht so genau fertigen wollen wie möglich, sondern nur so genau wie nötig; denn neben der Qualität seiner Produkte hat er auch die *Wirtschaftlichkeit* der Fertigung zu beachten. Dies berücksichtigt das dritte Kriterium, die Mengenleistung. Die Fertigung zu geringen Kosten und in kurzen Zeiten, d.h. möglichst viele Werkstücke je Zeiteinheit, ist darunter zu verstehen. So sind Kostenbetrachtungen bei der Auswahl und Nutzung von Werkzeugmaschinen unerläßlich. Von Interesse sind die Herstellkosten oder - falls die Materialkosten unberücksichtigt bleiben - die Fertigungskosten. Für die Kostenermittlung hat sich eine Formel bewährt, die die Stückzahlabhängigkeit einzelner Anteile ausweist:

$$K = \frac{K_{VO}}{A \cdot L} + \frac{K_{AW}}{L} + K_{FE} + K_{FO} \tag{1.1}$$

K	[DM/Stk]	Fertigungskosten pro Stück
K_{VO}	[DM]	Vorbereitungskosten
K_{AW}	[DM]	Auftragswiederholkosten
K_{FE}	[DM/Stk]	Fertigungseinzelkosten pro Stück
K_{FO}	[DM/Stk]	Folgekosten pro Stück
A	[Stk]	Anzahl der Aufträge
L	[Stk]	Losgröße (Stück pro Auftrag)

Die Vorbereitungskosten berücksichtigen den Aufwand, der beim Beginn der Fertigung eines neuen Werkstückes erbracht werden muß. Dazu gehören Kosten für die Planung der Fertigung, für die Teileprogrammierung bei NC-Fertigung, für die Konstruktion und Herstellung werkstückspezifischer Vorrichtungen und Meßmittel.

$$K_{VO} = K_S + K_{PR} \qquad (1.2)$$

K_{VO} [DM]   Vorbereitungskosten
K_S [DM]   Kosten für werkstückgebundene Vorrichtungen und Meßmittel
K_{PR} [DM]   Kosten für Fertigungsplanung, Originalfertigungspapiere

Dieser Kostenanteil wird auf alle Werkstücke gleicher Art, die voraussichtlich gefertigt werden, bezogen. Auftragswiederholkosten fallen jedesmal an, wenn ein an sich bereits geplantes Werkstück mit einem neuen Auftrag wieder in die Fertigung gegeben wird. Hierzu gehören die Kosten zur Ausstellung der Arbeitspapiere und Initiierung eines Auftrages und die Rüstkosten der betrachteten Maschine, die während des Einrichtens für den Auftrag anfallen, sowie Rüstkosten, die außerhalb der Maschine z.B. im Rahmen der Werkzeugvoreinstellung oder beim Aufspannen von Paletten entstehen.

$$K_{AW} = (K_{MH} + K_{LH}) \cdot t_r + K_{RA} + K_T \qquad (1.3)$$

K_{AW} [DM]   Auftragswiederholkosten
K_{MH} [DM/h]   Maschinenstundensatz
K_{LH} [DM/h]   Lohnkosten inklusive Lohnnebenkosten
t_r [h]   Rüstzeit
K_{RA} [DM]   Rüstkosten außerhalb der Maschine
K_T [DM]   Kosten für Fertigungssteuerung

Dieser Kostenanteil wird auf die Losgröße im Auftrag bezogen, um den Stückkostenanteil zu erhalten. Die Fertigungseinzelkosten können direkt einem Teil zugeordnet werden. Das sind z.B. Lohnkosten, Kosten für die Belegung der betrachteten Maschine zur Fertigung eines Teiles und die Kosten für Werkzeuge je Teil.

$$K_{FE} = t_e \cdot (K_{MH} + K_{LH} + K_{WH}) \qquad (1.4)$$

K_{FE} [DM]   Fertigungseinzelkosten
t_e [h]   Stückzeit
K_{WH} [DM/h]   Werkzeugverschleißkosten

Die Folgekosten ergeben sich durch Qualitätsprüfung, Ausschuß und durch Lagerung der Teile im Zwischen- und Endlager.

Investitionsentscheidungen gehören zu den schwerwiegenden und bedeutungsvollsten Entscheidungen in einem Unternehmen. Eine Investition ist an zwei Kriterien zu messen: 1. Ist die Investition zulässig? und 2. Ist die Investition vorteilhaft? /SCH70/. Die Zulässigkeit ist eine Frage der Liquidität und muß aus der Unternehmensfinanzierung und den Zahlen der Geschäftsbuchhaltung entschieden werden. Die Vorteilhaftigkeit kann durch Investitionsrechnungen nachgewiesen werden. Man unterscheidet statische und dynamische Investitionsrechnungen (Abb. 1.11). Bei statischer Betrachtung wird die Vorteilhaftigkeit zu einem bestimmten Zeitpunkt festgestellt, bei dynamischer dagegen für eine Periode.

Bei der Auswahl von angebotenen Werkzeugmaschinen wird häufig mit der Kostenvergleichsrechnung gearbeitet. Sie beruht für diese Anwendung auf der Ermittlung der Kostenanteile, wie sie in (1.1) aufgeführt sind. Die maschinengebundenen Kosten, die in K_{AW} und K_{FE} enthalten sind, können über den Maschinenstundensatz ermittelt werden. Er ergibt sich aus einigen additiven Termen:

$$K_{MH} = \frac{K_A + K_Z + K_R + K_I + K_E}{T_L} \tag{1.5}$$

$$
\begin{array}{lll}
K_{MH} & [DM/h] & \text{Maschinenstundensatz} \\
T_L & [h/a] & \text{jährliche Nutzungsdauer} \\
K_A & [DM/a] & \text{jährliche Abschreibungskosten} \\
K_Z & [DM/a] & \text{jährliche Zinskosten} \\
K_R & [DM/a] & \text{jährliche Raumkosten} \\
K_I & [DM/a] & \text{jährliche Instandhaltungskosten} \\
K_E & [DM/a] & \text{jährliche Energiekosten}
\end{array}
$$

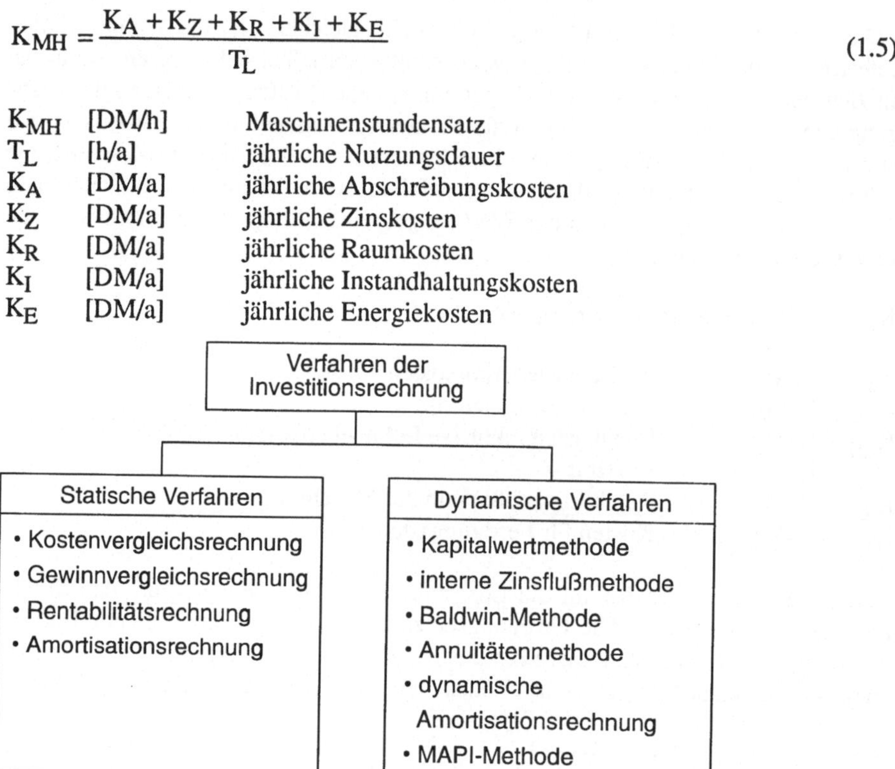

Abb. 1.11 Verfahren der Investitionsrechnung

Die jährliche Nutzungsdauer folgt aus der Anzahl der Schichten pro Tag, der Schichtdauer, der Anzahl von Arbeitstagen pro Jahr sowie einem mittleren Maschinennutzungsgrad, der in der Regel zwischen 0,7 und 0,8 liegt:

$$T_L = x_S \cdot x_D \cdot x_J \cdot x_N \tag{1.6}$$

$$
\begin{array}{ll}
T_L\,[h/a] & \text{jährliche Nutzungsdauer} \\
x_S\,[-] & \text{Anzahl der Schichten pro Tag} \\
x_D\,[h/d] & \text{Schichtdauer} \\
x_J\,[d/a] & \text{Anzahl Arbeitstage pro Jahr} \\
x_N\,[-] & \text{Nutzungsgrad}
\end{array}
$$

Die kalkulatorische Abschreibung, die Zinskosten und die Instandsetzungskosten enthalten den Wiederbeschaffungswert, der aus dem Kaufwert und Teuerungsindex der Maschine einschließlich Transport- und Aufstellungskosten sowie Kosten für Fundamentierung und Installation folgt.

$$K_A = \frac{WBW}{T_N} \qquad\qquad (1.7)$$

K_A [DM/a]   jährliche Abschreibungskosten
T_N [a]   Gesamtnutzungsdauer (Anzahl der Abschreibungsjahre)
WBW   [DM]   Wiederbeschaffungswert der Maschinenanlage

$$K_Z = \frac{WBW}{2} \cdot x_Z \qquad\qquad (1.8)$$

K_Z [DM/a]   jährliche Zinskosten
x_Z [1/a]   kalkulatorischer Zinssatz

Für Instandhaltungskosten werden 3-8% des Wiederbeschaffungswertes veranschlagt, wenn nicht andere Aufschreibungen vorliegen.

$$K_I = IHS \cdot WBW \qquad\qquad (1.9)$$

K_I [DM/a]   jährliche Instandhaltungskosten
IHS   [1/a]   Instandhaltungskostensatz (0.03 - 0.08)

Raum- und Energiekosten lassen sich über die entsprechenden Maschinendaten und die Verrechnungssätze je Flächeneinheit und Energieeinheit bestimmen.

$$K_R = w \cdot i \qquad\qquad (1.10)$$

K_R [DM]   jährliche Raumkosten

w $[\frac{DM}{m^2 \cdot a}]$ jährliche Raumkosten pro Quadratmeter

i $[m^2]$ Grundfläche der Anlage

$$K_E = T_L \cdot e \cdot P_{ges} \cdot ED \qquad\qquad (1.11)$$

K_E [DM/a]   jährliche Energiekosten
e [DM/kWh]   Energieeinzelkosten
P_{ges} [kW]   installierte Maschinenleistung
ED   [-]   Einschaltdauer

Das vierte Kriterium, nach dem Werkzeugmaschinen - gleichgewichtet mit den vorgenannten - bewertet werden müssen, ist die *Mensch-Umwelt-Technologie*: Werkzeugmaschinen werden nach ihrer Anpassung an den Menschen und nach ihrer

Umweltverträglichkeit beurteilt. Die Arbeitsperson, die an einer Werkzeugmaschine oder in ihrer Umgebung arbeitet, muß vor schädigenden Einflüssen bewahrt werden und die Arbeit an der Maschine soll sie physisch und psychisch so wenig wie möglich belasten. Dazu müssen für manuell bediente Maschinen die Arbeitshöhe, die Gestaltung der Stellteile, deren Anordnung zueinander sowie die Anordnung im Greifraum an die Maße des menschlichen Körpers angepaßt sein (Abb. 1.12), d.h. die Maschine soll ergonomisch günstig gestaltet sein.

Unter dem Aspekt schädigender Einflüsse kommt dem Geräuschverhalten von Werkzeugmaschinen besondere Bedeutung zu, denn mehr als die Hälfte aller Frührentenfälle in der Eisen- und Stahlindustrie werden durch Lärm verursacht.

Grenzwerte und Richtwerte für die Schallemmission auf die Beschäftigten und die Nachbarschaft und Anforderungen an Maschinen sind Gesetzen und Verordnungen sowie Normen und Richtlinien zu entnehmen [BImSchG], [UVV], [ASV], [GTA].

Beispielhaft seien hier Grenzwerte nach der Arbeitsstättenverordnung in Form von Beurteilungspegeln angeführt:

- bei überwiegend geistigen Tätigkeiten   55 dB(A)
- bei Bürotätigkeiten und vergleichbaren Tätigkeiten   70 dB(A)
- bei allen sonstigen Tätigkeiten   85 dB(A)

Der Beurteilungspegel ist der über einen Arbeitstag energetisch gemittelte Schallpegel.

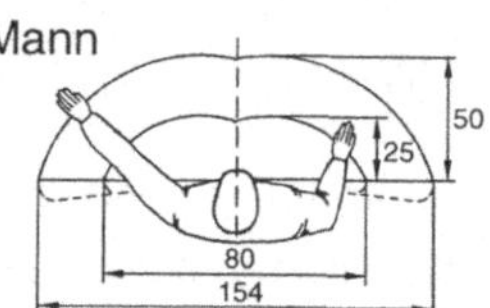
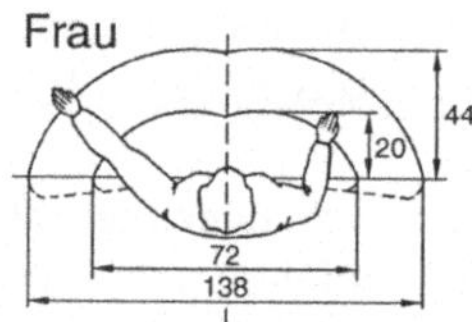

Die Maße des Greifraumes bei Männern und Frauen (optimaler und maximaler Bereich) Schnitt in normaler Arbeitshöhe. Werte in cm. (nach Stier und Rutenfranz)

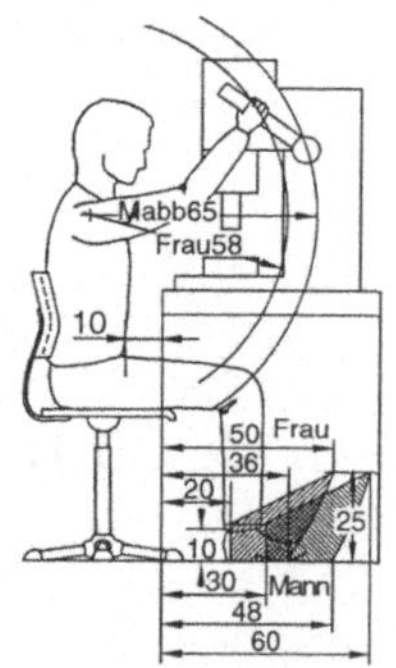

Die Werte für den Wirkraum von Armen und Beinen bei Männern und Frauen.
Werte in cm (Vertikalschnitt; nach Stier)

Abb. 1.12 Datenerfassung zur Arbeitsplatzgestaltung

Die Lärmminderung muß beim Fertigungsprozeß, am Werkzeug und an der Werkzeugmaschine beginnen. Abbildung 1.13 zeigt ein Beispiel, wie durch einfache Umgestaltung des Werkzeuges, hier eine Trennschleifscheibe für Hartgestein, der am Arbeitsplatz des Maschinenbedieners auftretende Schalldruckpegel um mehr als

10 dB(A) gesenkt wurde, das ist ein Herabsetzen auf etwa 1/3 des ursprünglichen Schalldruckes.

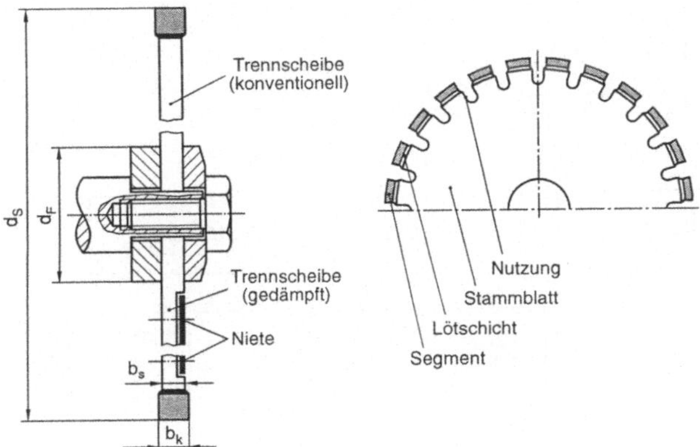

Abb. 1.13 Ringdämpfer in einer Trennschleifscheibe

1.5 Elemente einer Werkzeugmaschine

Aus der vorn gegebenen Definition einer Werkzeugmaschine, die notwendige und hinreichende Funktionen enthält, lassen sich diesen Funktionen unmittelbar zuzuordnende Funktionsträger ableiten, die in jeder Werkzeugmaschine vorhanden sein müssen (Abb. 1.14).

Das Gestell bestimmt die Struktur der Maschine. Es hat die Aufgabe, die übrigen Elemente im Raum festzulegen und insbesondere die mechanische und thermische Belastung aufzunehmen. Es können feststehende und bewegte Gestellteile unterschieden werden, das sind Betten, Ständer, Portale einerseits und Schlitten, bewegliche Querbalken und Supporte andererseits.

Unmittelbar mit dem Gestell verbunden sind die *Führungen*. Sie haben die Aufgabe, die bewegten Maschinenteile zu führen. Es können Führungen für Drehbewegungen und geradlinige Bewegungen unterschieden werden: Drehführungen und Geradführungen. Gestell und Führungen bestimmen wesentlich die Güte des mechanischen Aufbaus einer Werkzeugmaschine. Sie übernehmen insbesondere den Kraftfluß zwischen Werkzeug und Werkstück.

Die *Antriebe* wandeln elektrische, hydraulische oder pneumatische Energie in mechanische Energie zur Erzeugung der in einer Werkzeugmaschine erforderlichen Bewegungen. In diesem Funktionsbereich kann man zwischen den eigentlichen Motoren zur Energieumsetzung und den Getrieben zur Wandlung mechanischer Energie unterscheiden. Die Hauptantriebe erzeugen die für den Wirkvorgang zwischen Werkzeug und Werkstück leistungsbestimmende Bewegung, die Nebenantriebe dienen den Vorschub- und Stellbewegungen.

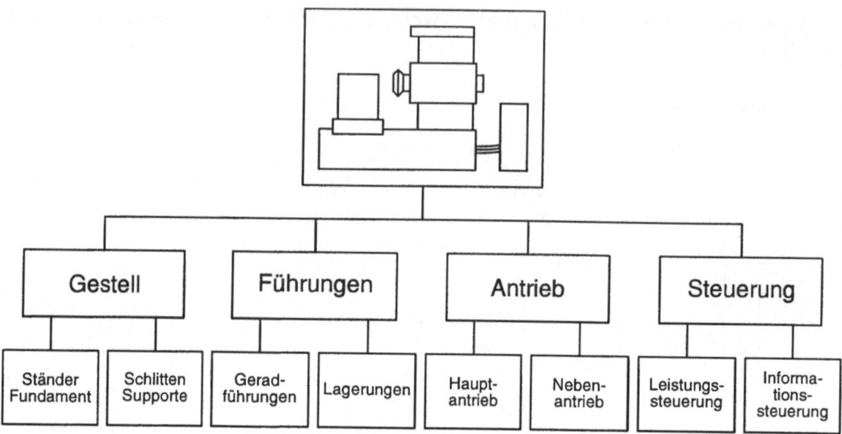

Abb. 1.14 Elemente einer Werkzeugmaschine

Schließlich müssen Bewegungen initiiert, in ihrer Geschwindigkeit in jedem Moment bestimmt und koordiniert werden. Dazu dient die Steuerung. Die Leistungssteuerung wirkt auf die Motore und andere auf höherem Leistungsniveau arbeitende Stellglieder, die Informationssteuerung dient nicht der Energieverteilung und -steuerung, sondern übernimmt nur die Informationsverarbeitung. Zwar erfolgt auch hier eine geringe Leistungsumsetzung, sie ist jedoch nicht der eigentliche Zweck.

1.6 Einteilung der Werkzeugmaschinen

Für die systematische Durchdringung eines Wissensgebietes ist es vorteilhaft, ja meist notwendig, eine Gliederung nach ein oder mehreren Kriterien vorzunehmen. Auf das Gebiet der Werkzeugmaschinen bezogen kann man hierzu zum einen eine Gliederung der Fertigungsverfahren, wie sie in DIN 8580 nach dem Ansatz von O. Kienzle gegeben ist, verwenden. Allerdings sind - wie vorn dargelegt wurde - Fertigungsanlagen nicht identisch mit Werkzeugmaschinen. Daher wird hier die in der industriellen Praxis übliche Gliederung in

- Spanende Werkzeugmaschinen,
- Umformmaschinen und
- Abtragende Maschinen

verwendet. Abbildung 1.15 gibt die Anteile dieser Maschinenarten an der Werkzeugmaschinenproduktion in Deutschland sowie den Anteil der Werkzeugmaschinenproduktion an der Produktion im Maschinenbau wieder.

Spanende Werkzeugmaschinen lassen sich nach der Art der Wirkbewegung unterteilen in

- Maschinen mit schraubiger Wirkbewegung (Abb. 1.16)
- Maschinen mit zykloidischer Wirkbewegung (Abb. 1.17)
- Maschinen mit geradliniger Wirkbewegung (Abb. 1.18)

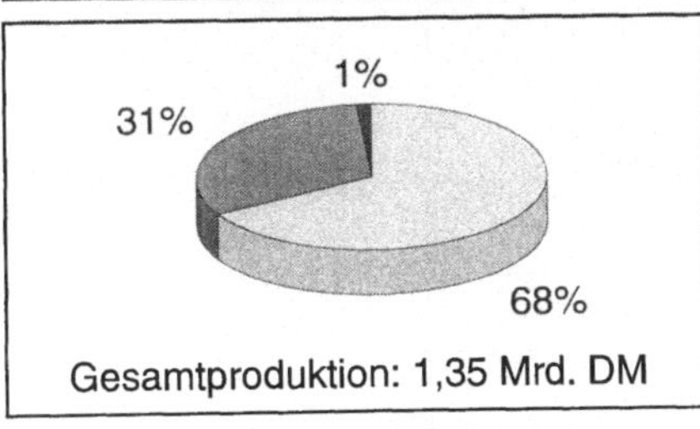

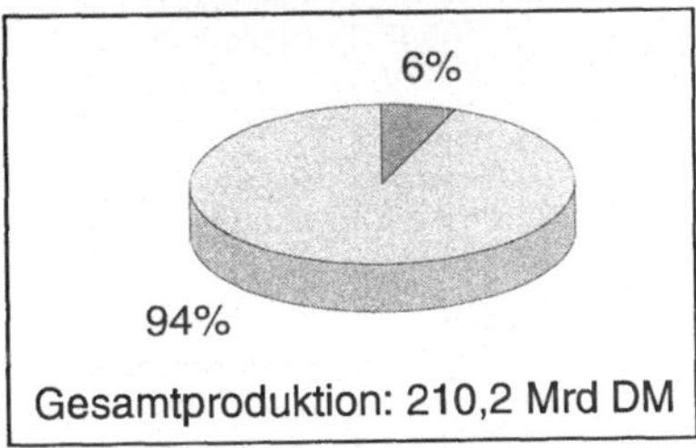

Abb. 1.15 Werkzeugmaschinenproduktion in Deutschland /Quelle: VDMA/VDW/ (Stand: 1992)

Verfahren		Maschine	Bewegung durch	
			Werkzeug	Werkstück
	Längs-drehen	Drehmaschine	f, a_p	v_c
	Plan-drehen	Drehmaschine	f, a_p	v_c
	Bohren	Drehmaschine Bohrmaschine	f v_c, f	v_c
	Auf-bohren	Drehmaschine Bohrmaschine	f, a_p v_c, f, a_p	v_c
	Reiben Senken	Drehmaschine Bohrmaschine	f, a_p v_c, f, a_p	v_c
	Gewinde-schneiden	Drehmaschine Bohrmaschine Gewinde-schneidmasch.	f v_c, f v_c, f	v_c

Abb. 1.16 Spanende Fertigungsverfahren, Schraubige Wirkbewegung

Verfahren		Maschine	Bewegung durch	
			Werkzeug	Werkstück
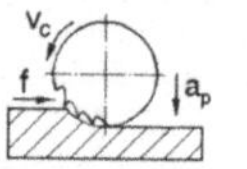	Walzen-fräsen	Fräsmaschine (Waagerecht-fräsmaschine)	v_c (f, a_p)	f, a_p
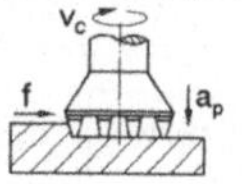	Stirn-fräsen	Fräsmaschine (Senkrecht-fräsmaschine)	v_c (f, a_p)	f, a_p
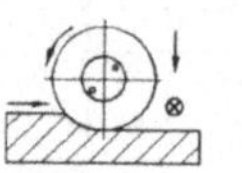	Flach-schleifen (Umfangs-schleifen)	Flachschleif-maschine	v_c, a_p, a_e	v_{ft}
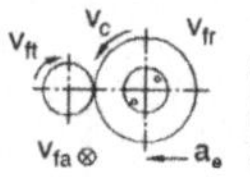	Rund-schleifen (Längs-schleifen)	Rundschleif-maschine	v_c, a_e v_{ft}, v_{fa}	v_{ft}
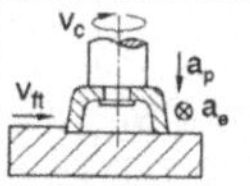	Flach-schleifen (Stirn-schleifen)	Flachschleif-maschine	a_e v_c, a_p	v_{ft}

Abb. 1.17 Spanende Fertigungsverfahren, Zykloidische Wirkbewegung

Verfahren		Maschine	Bewegung durch	
			Werkzeug	Werkstück
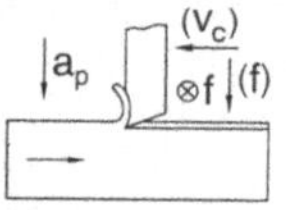	Hobeln Stoßen	Hobelmaschine Stoßmaschinme	f, a_p v_c, a_p	v_c f
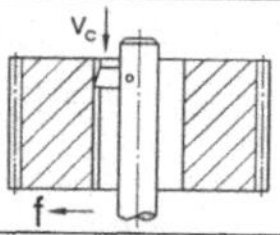	Ziehen	Nutenzieh-maschine	v_c, f	
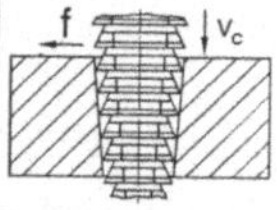	Räumen	Räum-maschine	v_c, (f)	(v_c)
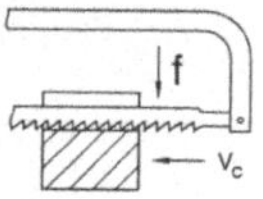	Sägen	Bügelsäge	v_c, f	

Abb. 1.18 Spanende Fertigungsverfahren, Geradlinige Wirkbewegung

Die Umformmaschinen werden nach der Art, wie die Werkstückendform bestimmt ist, gegliedert in

- weggebundene Maschinen (z.B. Kurbelpressen),
- energiegebundene Maschinen (z.B. Hämmer),
- kraftgebundene Maschinen (z.B. hydraulische Pressen).

Die Einteilung der abtragenden Maschinen richtet sich nach der Gliederung der Fertigungsverfahren (DIN 8990):

- thermisch abtragende Maschinen (z.B.Funkenerosionsmaschine, Laserwerkzeugmaschine)
- elektrochemisch abtragende Maschinen (z.B. EC-Senkmaschine)

1.7 Schrifttum

/ASV/   N.N.: Arbeitsstättenverordnung in Verbindung mit der Gewerbeordnung, Kohlhammer Verlag, Köln 1983

/BImSchG/   N.N.: Bundesimmissionsschutzgesetz (BImSchG), Heider Verlag, Bergisch Gladbach 1990

/BUX21/   Buxbaum, B.: Der englische Werkzeugmaschinenbau im 18. und 19. Jahrhundert; Beiträge zur Geschichte der Technik und Industrie; Bd. 11, Berlin 1921

/BWB70/   Das Rechnen mit Maschinenstundensätzen. Betriebswirtschaftsblatt BwB7, Nov. 1970 Verein Deutscher Maschinenbau-Anstalten (VDMA)

/DIN8601/   N.N.: DIN 8601-Abnahmebedingungen für Werkzeugmaschinen für die spanende Bearbeitung von Metallen.

/GTA70/   N.N.: Gesetz über technische Arbeitsmittel, Classen Verlag, Essen 1970

/KIE56/   Kienzle, O.: Die Grundpfeiler der Fertigungstechnik; VDI-Z 98 (1956) Nr. 23, S. 1389-1395

/KRU91/   Kruth, J.P.: Material Incress Manufacturing by Rapid Prototyping; Annals of the CIRP 40 (1991)2, S. 603-614

/SCH70/   Schmidt, R.-B.: Berthel, J.; Unternehmensinvestition; Rowohlts Deutsche Enzyklopädie 1970

/SCHL62/   Schlesinger G.: Prüfbuch für Werkzeugmaschinen; Verlag G.W. den Boer-Middleburg 1962

/SPU91/   Spur, G.: Vom Wandel der industriellen Welt durch Werkzeugmaschinen; München, Wien, Hanser 1991

/TÖN81/   Tönshoff, H.K.: Otto Kienzle als akademischer Lehrer und Forscher, Universität Hannover 1831-1981; Festschrift zum 150jährigen Bestehen. Bd. 1, S. 237-244

/TÖN93/   Tönshoff, H.K.: Grundzüge der Produktionstechnik; Skriptum zur Vorlesung, Hannover 1993

/TÖN95/   Tönshoff, H.K.: Spanen - Grundlagen; Berlin, New York, Tokio, Springer Verlag 1995

/UVV/   N.N.: Unfallverhütungsvorschrift (UVV-Lärm)

/VDI3258/   N.N.: Richtlinie VDI 3258: Kostenrechnung mit Maschinenstundensätzen Blatt 1 und 2

1.8 Fragen zur Aufbereitung

1.01   Was ist eine Werkzeugmaschine?

1.02   Welche Funktionen einer Werkzeugmaschine sind unerläßlich, welche Nebenfunktionen sind Ihnen bekannt?

1.03   Welche wirtschaftliche Bedeutung hat der Werkzeugmaschinenbau innerhalb des Maschinenbaus in Deutschland?

1.04   Wie ist die Stellung des deutschen Werkzeugmaschinenbaus auf dem Weltmarkt?

1.05   Welche Kennzahlen zeigen die Markt- und die Technikstärke?

1.06   Nach welchen Kriterien lassen sich Werkzeugmaschinen beurteilen?

1.07   Was ist die Haupttechnologie einer Werkzeugmaschine?

1.08   Was ist der Unterschied zwischen Fertigungskosten und Herstellkosten?

1.09   Wie lassen sich Fertigungskosten gliedern?

1.10   Geben Sie für verschiedene Fertigungsarten grobe Stückzahlbereiche an.

1.11   Gliedern Sie die Werkzeugmaschinen nach Verfahrensgruppen und inner-
        halb dieser nach weiteren Gesichtspunkten.

1.12   Aus welchen Kostenanteilen setzt sich der Maschinenstundensatz zusam-
        men?

1.13   Nach welchen Kriterien ist eine Investition zu beurteilen?

1.14   Nennen Sie Arten von Investitionsrechnungen und erläutern Sie diese.

1.9 Übungsbeispiel Investitionsentscheidung

In einem Fertigungsbetrieb ist eine Investitionsentscheidung zu treffen. Anhand eines repräsentativen Werkstücks soll mittels Stückkostenvergleich die kostengün-
stigste Fertigungsalternative ermittelt werden. Zur Diskussion stehen folgende Alternativen:

a) Ein Bearbeitungszentrum (**BAZ**)
b) Eine Flexible Fertigungszelle (**FFZ**), wobei das Rüsten der Maschine *parallel
   zum Maschinenlauf* vorgenommen wird. Die Bearbeitung erfolgt *überwachungs-
   frei.*

Planungsdaten

Jährliche Gesamtstückzahl:	250 Stück
Losgröße:	10 Stück
Schichten pro Tag:	2
Arbeitstage pro Jahr:	220
Arbeitsstunden pro Schicht:	8
mittlere Maschinennutzung [%]:	80

		BAZ	FFZ
Wiederbeschaffungswert	[DM]	690.000,-	975.000,-
Gesamtnutzungsdauer	[a]	10	10
Kalk. Zinssatz	[%]	12	12
Platzbedarf	[m^2]	36	65
jährl. Raumkostensatz	[DM/m^2]	75	75
Instandhaltungssatz	[%]	10	10
Leistung	[kW]	18	25
Einschaltdauer	[%]	25	25
Energieeinzelkosten	[DM/kWh]	0,18	0,18
Lohnkosten	[DM/h]	38,-	38,-
Werkzeugverschleißkosten	[DM/h]	12,-	12,-
Stückzeit incl. Verteil- und Erholzeit	[min]	22	20
Rüstzeit pro Los incl. Verteil- und Erholzeit	[min]	15	10
Vorbereitungskosten	[DM]	380,-	400,-
Folgekosten	[DM/Stk]	1,-	0,80

Ergebnis:

	BAZ	FFZ
Fertigungskosten	47,45 DM/Stk.	37,99 DM/Stk.

2 Gestelle

2.1 Aufbau und Aufgaben

Das Gestell und seine Teile werden je nach Lage und Form mit Bett, Ständer, Portal, Rahmen o.ä. bezeichnet (Abb. 2.1). Es ist das tragende Element einer Werkzeugmaschine.

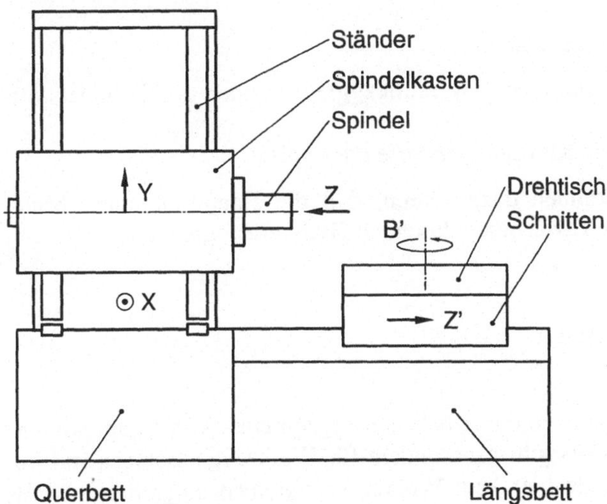

Abb. 2.1 Gestell- und Gestellbauteile

Das Gestell muß alle beweglichen Teile führen und die in der Werkzeugmaschine wirkenden Kräfte aufnehmen können. Damit sind seine *Hauptfunktionen*:

- Sicherung der geometrischen Lage der einzelnen Elemente
- Aufnahme von Kräften und Momenten

Auf dieses Funktionssystem wirken eine Reihe von Störgrößen ein. Sie führen zu Gestellverformungen und damit zu Verlagerungen zwischen Werkzeug und Werkstück. Im wesentlichen lassen sich diese Einflüsse in vier Gruppen zusammenfassen, die in Abb. 2.2 wiedergegeben sind.

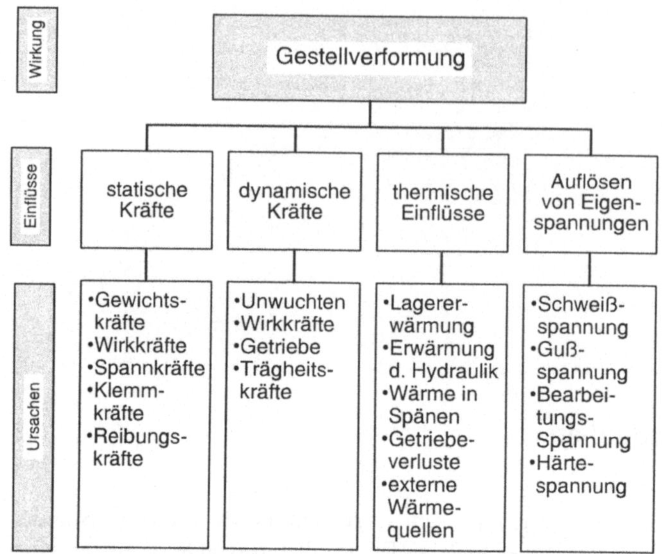

Abb. 2.2 Gestellverformung und deren Ursachen

Gestelle werden außerdem genutzt, um

- Funktionsgruppen, wie Getriebe, Hydraulikaggregate oder Kühlschmierstoff-
  systeme aufzunehmen
- Stoffströme zu führen, wie Kühlschmierstoffe oder Späne.

Diese *Nebenfunktionen* können dazu führen, daß die Hauptfunktionen beein-
trächtigt werden: z.B. lokale Erwärmung durch ein Hydraulikaggregat.

2.2 Thermische Einflüsse

Thermische Verformungen können die Arbeitsgenauigkeit einer Werkzeugmaschine
entscheidend beeinflussen. Dies gilt insbesondere für Werkzeugmaschinen mit hohem Automatisierungsgrad, da hier kein Werker korrigierend eingreifen soll. Es
sind deshalb geeignete Maßnahmen zu ergreifen, damit

- keine thermischen Verformungen auftreten,
- thermische Verformungen kompensiert werden können.

Thermische Verformungen Δl entstehen im einfachen Fall eines gleichförmig er-
wärmten Bauteils durch Temperaturänderungen $\Delta\vartheta$ proportional zur beaufschlag-
ten Länge l des Bauteils und zum linearen Ausdehnungskoeffizienten α:

$$\Delta l = \alpha \cdot l \cdot \Delta\vartheta$$

(2.1)

Durch ungleiche Temperaturverteilungen über dem Querschnitt eines Gestellbau-
teils kommt es jedoch zusätzlich zu Biegeeffekten und Kippungen, deren Wirkungen meist wesentlich stärker sind als reine Längung oder Verkürzung als Folge
gleichmäßiger Temperaturverteilung. Abbildung 2.3 zeigt einen typischen Verformungsverlauf bei instationärem Temperaturfeld im Gestell.

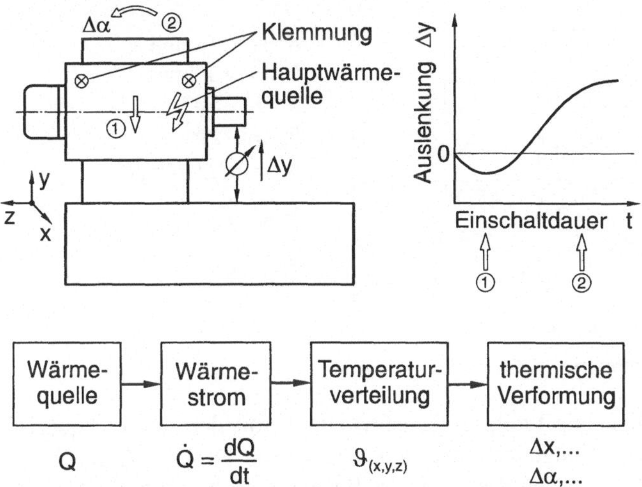

Abb. 2.3 Typischer Verformungsverlauf und Wirkungskette

Ein solches Temperaturfeld kommt z.B. nach Einschalten einer Wärmequelle, das
hier z.B. das Frontlager der Arbeitsspindel ist, zustande. Dann erwärmt sich zunächst der Spindelkasten, die Spindel verlagert sich wegen der Klemmung im oberen Teil des Spindelkastens in negativer Y-Richtung. Später erwärmt sich auch der
Ständer, allerdings einseitig, wodurch es zu einer Ständerbiegung um die X-Achse
kommt, hier als Winkeldrehung Δα bezeichnet. Δα hat einen starken Einfluß auf die
Lage der Spindelachse und bewirkt eine Verschiebung in positiver Y-Richtung. Der
ganze Vorgang ist stark instationär und damit zeitabhängig.

In Abb. 2.4 ist der instationäre, eindimensionale Wärmestrom durch einen isolier-
ten Stab dargestellt. Dabei wurde ein Temperatursprung von der Umgebungstem-
peratur ϑ_u auf $\vartheta_0 =$ const am linken Rand und Wärmeabgabe über freie Konvektion
am rechten Rand angenommen. Die Fouriersche Wärmeleitungsgleichung für den
vorliegenden Fall lautet:

$$\frac{1}{a} \cdot \frac{\partial \vartheta_{(x,t)}}{\partial t} = \frac{\partial^2 \vartheta_{(x,t)}}{\partial x^2} \tag{2.2}$$

mit der Temperaturleitfähigkeit a, die sich aus der Wärmeleitfähigkeit λ, der Wär-
mekapazität c und der Dichte ρ ergibt:

$$a = \frac{\lambda}{c \cdot p} \tag{2.3}$$

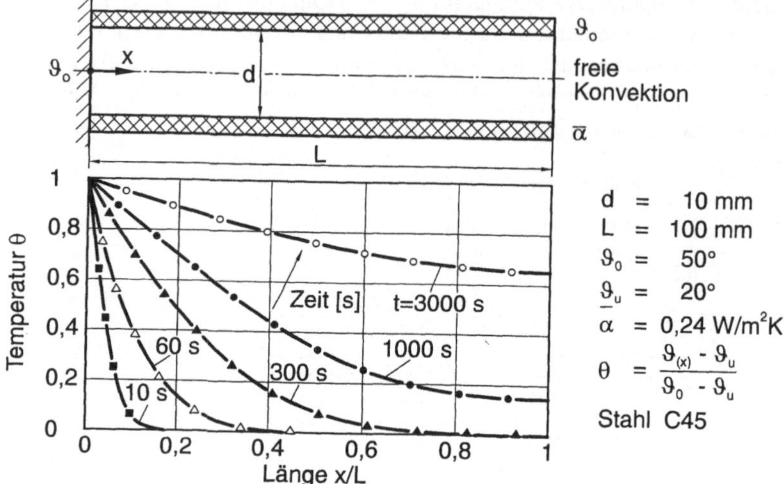

Abb. 2.4 Instationärer Temperaturverlauf im Stab

Die Lösung erfolgt über eine Laplace-Transformation, mit der sich die quasi-lineare, parabolische Differentialgleichung in eine homogene DGL zweiten Grades überführen läßt. Das Ergebnis der Rechnung ist für einen Stab aus Stahl C45 mit d = 10 mm und L = 100 mm in dimensionslosen Koordinaten in Abb. 2.4 eingetragen. Man erkennt die starke Zeitabhängigkeit des Temperaturverlaufs.

Grundsätzlich kann die Wärmeübertragung durch Wärmeleitung, durch Konvektion und durch Strahlung erfolgen. Innerhalb des Gestells überwiegt im allgemeinen die Wärmeleitung über Festkörper oder Flüssigkeiten, wie Hydrauliköl oder Kühlschmierstoffe. Konvektion vor allem an Außenflächen führt zu Wärmeaustrag. Die durch Strahlung abgegebene Wärme geht nach dem Stefan-Boltzmannschen Gesetz mit der 4. Potenz der absoluten Temperatur des strahlenden Körpers und ist für übliche Gestelltemperaturen gering. Allerdings können externe Wärmequellen wie strahlende Öfen oder Sonneneinstrahlung zu erheblichem Wärmeeintrag in das Gestell führen. In Tafel 2.1 sind für einige Stoffe, die für den Wärmehaushalt von Bedeutung sind, thermophysikalische Kenngrößen eingetragen.

Wesentliche Wärmequellen in einer Werkzeugmaschine sind:

- der Wirkvorgang
- Motore
- Getriebe
- Spindellagerungen
- Reibungswärme bei Schlupf von Kupplungen
- Widerstandserwärmung bei elektromagnetischen Elementen
- Hydraulik (Wärme entsteht an allen Drosselstellen)
- Kühlschmiermittel

Das in Abb. 2.5 dargestellte Sankey-Diagramm zeigt beispielhaft die Aufteilung der nahezu vollständig in Wärme umgewandelten vom Antrieb aufgenommenen elektrischen Energie. Dabei ist bemerkenswert, daß in diesem (allerdings ungünsti-

gen) Beispiel einer Schlichtbearbeitung überhaupt nur 30-40% der Leistung dem
Wirkprozeß als Nutzleistung zur Verfügung stehen.

	ϑ °C	ρ g/cm^3	c J/KgK	λ W/m·K	a m^2/h	α 10^{-6}/K
Baustahl	20	7,85	460	50	0,059	11,0
CrNi - Stahl	20	7,90	477	14,5	0,0139	-
Gußeisen	20	7,20	450	50	0,053	9,0
Beton, hydr.	20	2,10	780	0,9	0,0022	-
Beton, polym.	20	2,31	882	1,5	-	15
Aluminium	20	2,70	896	229	0,341	
Invar	20	-	450	-	-	1,4
Glas	20	2,70	830	0,66	0,0012	-
Wasser	20	0,99	4183	0,59	5,16	200
Spindelöl	20	0,87	1851	0,144	$3,22·10^4$	740

Tafel 2.1 Thermische Kenngrößen

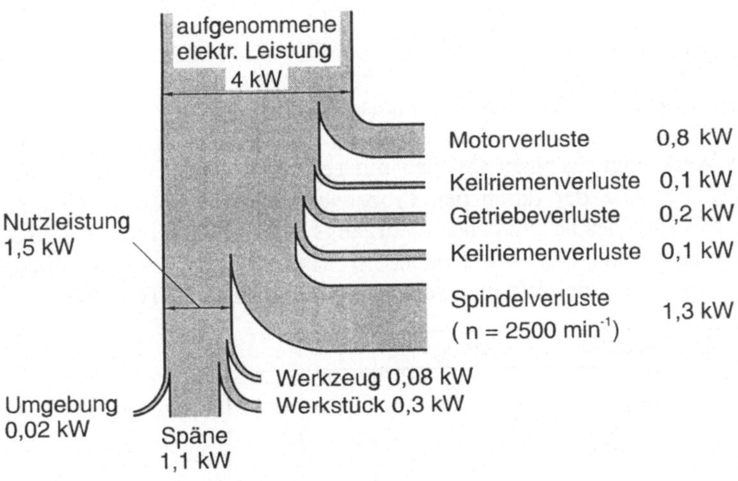

Abb. 2.5 Sankey-Diagramm einer Drehmaschine

Die Maßnahmen gegen thermische Verformungen lassen sich in zwei Blöcke gliedern (Abb. 2.6):

- passive Maßnahmen
- aktive Maßnahmen

Passive Maßnahmen sind gestalterische Änderungen im strukturellen Aufbau einer
Maschine. Sie werden bei der Konstruktion der Maschine bestimmt. Aktive Maßnahmen beeinflussen Energieströme in einer Maschine oder greifen in die Lage-
steuerung der bewegten Schlitten ein.

Die dem Wirkvorgang zugeführte Energie wird in Werkzeugmaschinen nahezu vollständig in Wärme umgesetzt. Diese Wärme kann auf unterschiedliche Weise aus dem Arbeitsraum abgeführt werden. Sie beeinflußt damit das thermische Verhalten einer Maschine wesentlich.

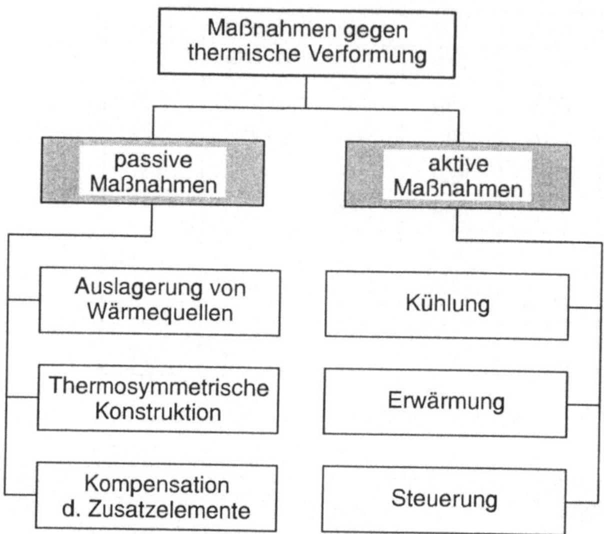

Abb. 2.6 Aktive und passive Maßnahmen gegen thermische Verformung

In spanenden Werkzeugmaschinen (Spanen mit geometrisch bestimmter Schneide) werden 60% bis 90% der durch den Prozeß entstandenen Wärme über die Späne abgeführt. Wegen des bestimmenden Vorgangs der Festkörperkonvektion ist die Schnittgeschwindigkeit von entscheidendem Einfluß, d.h. hohe Schnittgeschwindigkeiten vergrößern den Wärmeanteil der Späne (Abb. 2.7) /TÖN95/.

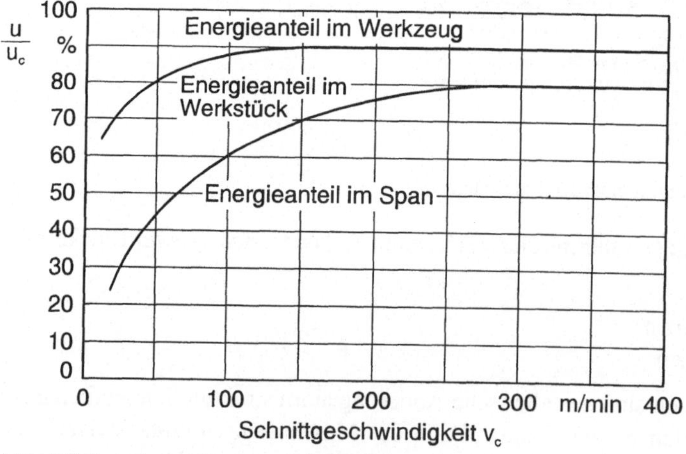

Abb. 2.7 Energieverteilung an der Wirkstelle

Späne sind somit eine Hauptwärmequelle. Sie müssen daher schnell aus dem Bereich von Bauteilen, die die Genauigkeit der Werkzeugmaschinen bestimmen, abtransportiert werden. Hierzu eignen sich besonders Schrägbettmaschinen, die ggf. mit einem Späneförderer ausgerüstet sind. Auch können Gestellteile gegen Späne abgedeckt werden.

In Maschinen der Warmumformung, wie bspw. Schmiedemaschinen, ist die Druckberührzeit, das ist die Zeitspanne, in der hohe Kontaktkräfte zwischen Werkzeug und Werkstück aufgebaut sind, von entscheidender Bedeutung für den Wärmefluß. Die Druckberührzeit wird wesentlich durch die Gestellsteifigkeit beeinflußt (s. Abschnitt "Statische Kräfte").

Es ist vorteilhaft, Baugruppen, in denen Wärme entsteht, aus dem Gestell auszulagern. Dazu gehören Hauptmotor, Getriebe und Hydraulikaggregate mit Tank (Abb. 2.8), wenn die Hydraulik aus thermischen Gründen nicht ohnehin durch elektrische Antriebe ersetzt wird.

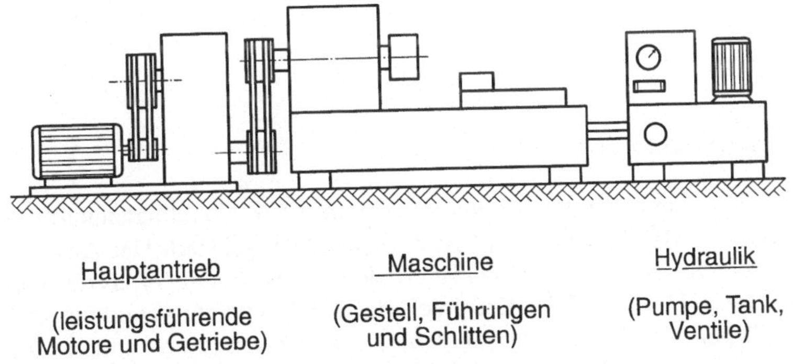

Abb. 2.8 Trennung der Wärmequellen vom Gestell

Arbeitsspindeln, Führungen und andere genauigkeitsbestimmende Bauteile können so angeordnet sein, daß sich Verlagerungen kompensieren oder sich in unkritischen Richtungen auswirken (Thermosymmetrische Konstruktion). Das Prinzip ist in Abb. 2.9 am Beispiel der Spindelkastenlagerung einer Drehmaschine dargestellt. Dabei wurde die räumliche, kompakte Struktur stark vereinfacht und durch ein Balkenmodell ersetzt. In der Drehmaschine tritt ein Durchmesserfehler nur auf, wenn die thermisch bedingte Verlagerung des Werkzeugs gegenüber dem Werkstück eine Komponente normal zur erzeugten Oberfläche aufweist. Die Wirkung der tangentialen Verlagerungskomponente ist dagegen von 2. Ordnung klein (Cosinusfehler) und kann vernachlässigt werden. Dies wird im Strukturmodell nach Abb. 2.9 durch die Wahl der Länge l_x, also den Ort des horizontalen Lagers erreicht.

$$\overline{\vartheta}_b \cdot l_b \cdot \cos\beta - \overline{\vartheta}_a \cdot l_x = 0 \tag{2.4}$$

$$l_x = \frac{\overline{\vartheta}_b}{\overline{\vartheta}_a}\, l_b \cos\beta \tag{2.5}$$

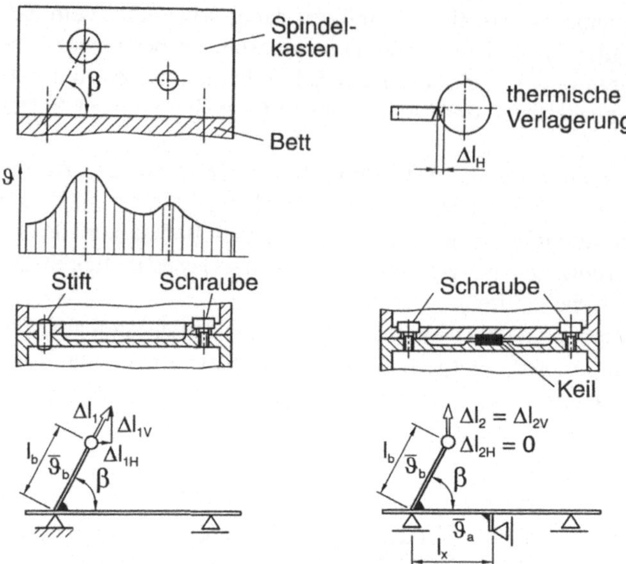

Abb. 2.9 Thermosymmetrische Konstruktion

Die Kompensation durch Zusatzelemente wurde in einer Koordinatenbohrmaschine genutzt (Abb. 2.10). Der Bohrkopf ist in Invarstäben gelagert. Der Ausdehnungskoeffizient von Invar ($1{,}5 \cdot 10^{-6}$ K^{-1}) ist um den Faktor 7 geringer als der von Stahl oder Gußeisen ($11 \cdot 10^{-6}$ K^{-1}). Entsprechend der Temperaturverteilung und der unterschiedlichen Baulängen in Gußeisen und Invarstäben ändert die Bohrkopfachse ihre Lage zur Bezugsebene nur wenig.

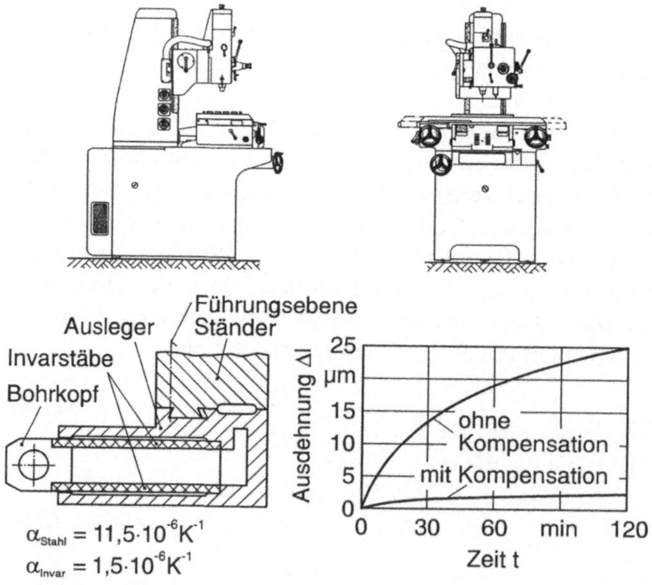

Abb. 2.10 Kompensation thermischer Ausdehnung in einer Koordinatenbohrmaschine

Unter aktiven Maßnahmen versteht man Eingriffe in den Wärmehaushalt oder in die Lageregelung der Maschine während des Arbeitsprozesses. Abbildung 2.11 verdeutlicht die Verringerung der vertikalen Spindelverlagerung an einem Bohrwerk durch Ölkühlung. Überdies bleibt die Verlagerung nach dem Warmlaufen nahezu konstant.

Eine Kompensation durch Erwärmung wird über den Temperaturausgleich durch Umwälzen des Schmieröls in der gesamten Maschine erreicht. Öl wird vom Getriebekasten zur Spindellagerung und zum Bettschlitten geleitet. Alle Teile wachsen ungefähr gleichmäßig (Abb. 2.12).

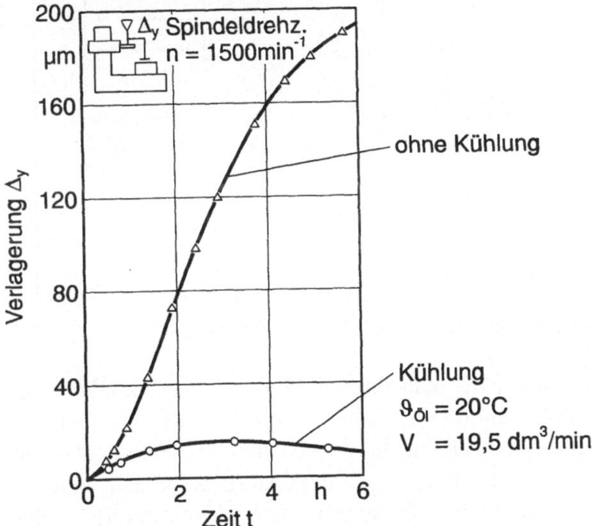

Abb. 2.11 Verringerung der vertikalen Spindelverlagerung durch Ölkühlung an einem Bohrwerk /Quelle: de Haas/

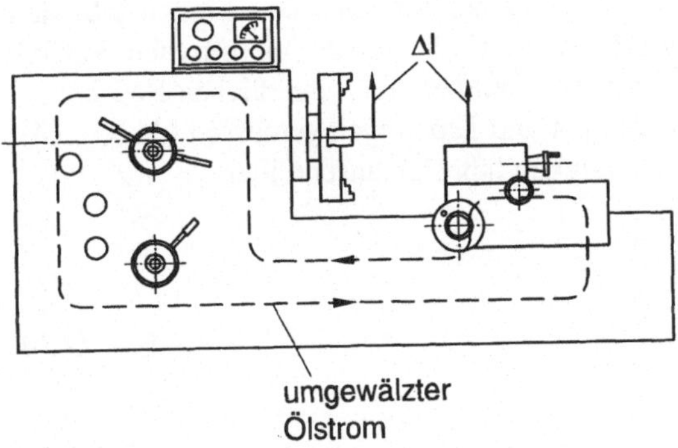

Abb. 2.12 Temperaturausgleich durch Ölumlauf

Schließlich können Verlagerungen oder Kippungen als Folge thermischer Beanspruchung direkt oder indirekt bestimmt und über die Steuerung der Maschinen ganz oder teilweise kompensiert werden. Bei direkter Messung wird die Verlagerung der kritischen Maschinenteile zueinander wie z.B. der Spindelkasten einer Planschleifmaschine gegenüber dem Werkstücktisch unmittelbar aufgenommen. Abbildung 2.13 zeigt die Anordnung eines Triangulationssensors in einer Schleifmaschine, sein Arbeitsprinzip und die Ergebnisse einer Meßreihe.

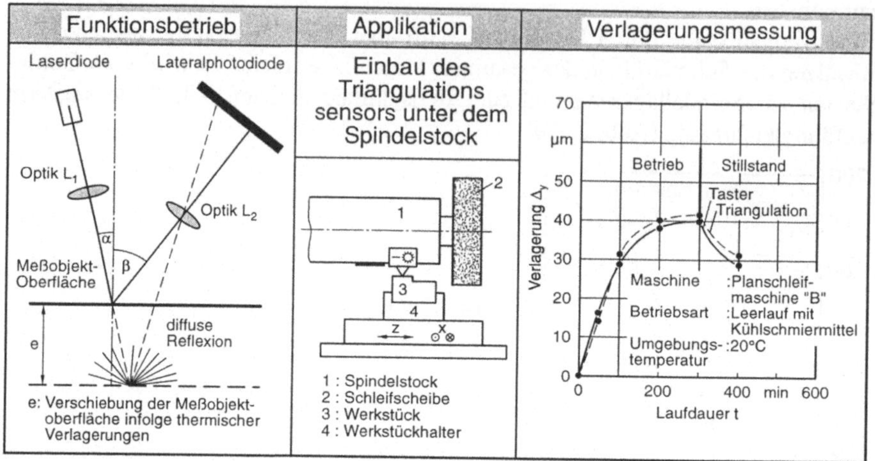

Abb. 2.13 Messung thermischer Verlagerungen mit einem Triangulationssensor

Aus Gründen der Meßgenauigkeit wird man direkte Meßverfahren möglichst in unmittelbarer Nähe der Wirkstelle anordnen wollen. Dort sind die Aufnehmer jedoch im allgemeinen starken Störeinflüssen ausgesetzt und in der Regel kann nicht während des Prozesses, sondern nur in der Prozeßpause gemessen werden. Diesen Nachteil vermeiden indirekte Verfahren zur Verlagerung oder Kippungsermittlung. Diese Zielgrößen werden nicht unmittelbar erfaßt, sondern über andere, leichter zugängliche Meßgrößen bestimmt, das sind hier zweckmäßigerweise Temperaturen und ihre Verteilungen. Um von diesen Meßgrößen auf die Zielgröße zu schließen, bedarf es eines Modells. Das Modell läßt sich experimentell aufbauen. An mehreren Meßstellen, die für die thermischen Verformungen entscheidend sind, werden Temperaturen bei unterschiedlichen Betriebszuständen und die zugehörigen Verlagerungen und Kippungen gemessen (Abb. 2.14). Unter der Voraussetzung linearer Abhängigkeit läßt sich anschreiben

$$\Delta y_1 = a_1 \vartheta_{11} + a_2 \vartheta_{12} + \ldots + a_m \vartheta_{1m}$$

$$\Delta y_2 = a_1 \vartheta_{21} + \ldots \ldots \ldots + a_m \vartheta_{2m},$$
$$\ldots$$
$$\ldots$$
$$\Delta y_n = a_1 \vartheta_{n1} + \ldots \ldots \ldots + a_m \vartheta_{nm}$$

$$(2.6)$$

worin die Temperaturen ϑ_{ij} mit dem Betriebszustand i und der Meßstelle j und die Verlagerungen Δy_i gemessen werden. Daraus lassen sich für $n \geq m$ die Modellkoeffizienten errechnen. Für $n > m$ kann eine Ausgleichsrechnung zur Fehlerreduzierung genutzt werden.

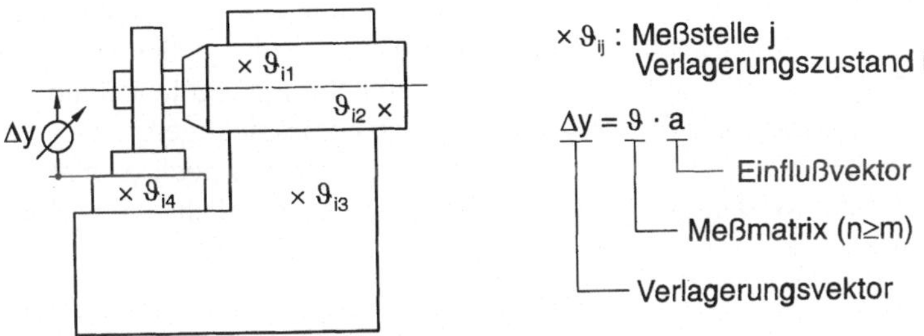

Abb. 2.14 Indirekte Kompensation durch Temperaturmessung

Im allgemeinen werden die Koeffizienten nicht völlig unabhängig sein vom Betriebszustand der Maschine. Sie müssen also für verschiedene Zustände ermittelt werden /HEI80/. Dem wird beim Kompensationsverfahren von Wulfsberg /WUL91/ Rechnung getragen. Wulfsberg kombiniert das direkte und indirekte Verfahren, indem er in den Bearbeitungspausen, z.B. beim Werkstückwechsel, die Verlagerungen direkt mißt und damit das Modell zur indirekten Verlagerungsbestimmung korrigiert, um dann während des Betriebes mit der indirekten Methode Kompensationswerte zu ermitteln.

Die bisher angesprochenen Maßnahmen bezogen sich auf interne thermische Störeinflüsse. Es können aber ebenso Fehler durch externe Wärmequellen auftreten. Dazu gehören:

- direkte Sonneneinstrahlung
- Strahlung von Öfen z.B. bei Umformmaschinen
- ungleichmäßige Umgebungstemperaturen

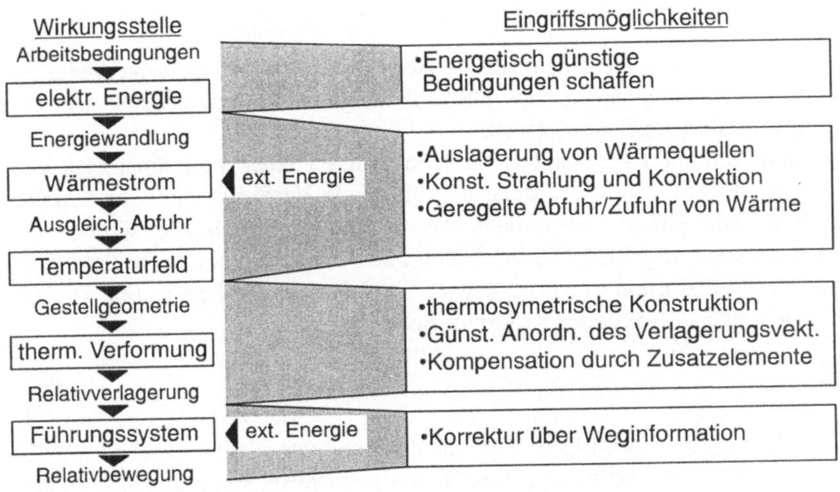

Abb. 2.15 Thermische Wirkungskette und Eingriffsmöglichkeiten

Durch Abschirmung und - für hohe Ansprüche - durch eine Aufstellung der Werkzeugmaschinen in klimatisierten Räumen kann diesen Fehlerquellen begegnet werden. Für die Auslegung der Kühleinrichtung im temperaturgeregelten Raum ist die aufgenommene Leistung der Werkzeugmaschinen zu berücksichtigen.

Abschließend soll der Komplex der thermischen Verformungen noch einmal anhand der energetischen Wirkungskette (Abb. 2.15) mit den möglichen Eingriffen dargestellt werden.

2.3 Statische Kräfte

Kräfte sind Störgrößen, die wie die Temperatur auf die Gestelle einwirken und die Fertigungsqualität beeinträchtigen. Es wird zwischen statischen und dynamischen Kräften unterschieden. Dynamische Kräfte sind zeitlich veränderlich, so daß ihre Wirkung nicht vernachlässigbare Beschleunigungskräfte hervorruft. Statische Kräfte können unterschiedlichen Ursprung haben:

- Wirkkräfte: aus Zerspanvorgang oder Umformvorgang
- Schwerkräfte: aus Gewichten
- Reibkräfte: aus Lagerungen, Führungen
- Spann- und Klemmkräfte: aus Eigenspannungen und Schlittenklemmungen

An dieser Stelle sollen nicht Größe und Richtung dieser Kräfte ermittelt werden, sondern nur ihre Wirkung auf die Gestelle.

2.3.1 Auslegungskriterien

Für die Auslegung von Gestellen gibt es zwei grundsätzlich unterschiedliche Betrachtungsweisen, unter denen nach physikalisch gänzlich verschiedenen Effekten Auslegungskriterien abgeleitet werden.

Einmal soll verhindert werden, daß Gestelle an irgendeiner Stelle überlastet werden, d.h. daß dort als Folge der Belastung bleibende Verformungen - bei duktilen Werkstoffen - oder Bruch - bei spröden Werkstoffen - auftreten. Hier wird ein Gestell auf *Festigkeit* ausgelegt. Die im Gestell auftretenden Spannungen werden mit den aus der Werkstoffkunde vorgegebenen Stoffwerten verglichen. Für kritische Normalspannungen, also für das Kriterium Bruch, gilt dann

$$\sigma_{max} \leq \sigma_{zul} \tag{2.7}$$

wobei sich σ_{max} bei einachsigem Spannungszustand unmittelbar angeben läßt, bei zusammengesetzter Beanspruchung - und damit mehrachsigem Spannungszustand - wird die maximale Hauptnormalspannung als Kenngröße für die Belastung angesetzt. σ_{zul} wird über einen Sicherheitsbeiwert aus der Bruchgrenze R_m des Gestellwerkstoffs abgeleitet.

Für kritische Schubspannungen, also für das Kriterium Fließen, gilt

$$\tau_{max} \leq \tau_{zul} \tag{2.8}$$

Bei einachsigem Spannungszustand ist (Hypothese nach Mises)

$$\tau_{max} = \frac{1}{\sqrt{3}} \cdot \sigma_{max} \tag{2.9}$$

Für zusammengesetzte Beanspruchung und damit mehrachsigen Spannungszustand läßt sich eine Vergleichsspannung nach der Gestaltänderungsenergiehypothese angeben.

$$\tau_{max} = \frac{1}{\sqrt{3}} \sqrt{\frac{1}{2}(\sigma_1 - \sigma_2)^2 + (\sigma_2 - \sigma_3)^2 + (\sigma_3 - \sigma_1)^2} \tag{2.10}$$

Darin sind die σ_i Hauptnormalspannungen. τ_{zul} wird über einen Sicherheitsbeiwert S aus $\tau_{zul} = 1/\sqrt{3}\, SR_{eH}$ abgeleitet. R_{eH} ist die Fließgrenze des Gestellwerkstoffs.

Zum anderen soll ein Gestell steif genug sein, d.h. es soll unter Last nur bis zu einem zulässigen Grenzwert auffedern. Die Auslegung erfolgt auf *Steifigkeit*.

Das Kriterium lautet also:

$$\Delta l \leq \Delta l_{zul} \tag{2.11}$$

oder in lastunabhängiger Schreibweise über die Federzahl ausgedrückt

$$c \geq c_{zul} \tag{2.12}$$

Dabei werden nur elastische Verformungen zugelassen. Der Werkstoffeinfluß wird über den Elastizitätsmodul E bei Normalverformungen bzw. über den Schubmodul G bei Schubverformung beschrieben. Über die Querkontraktionszahl ν sind Elastizitäts- und Schubmodul ineinander überführbar:

$$G = \frac{E}{2(1+\nu)} \tag{2.13}$$

Die Federzahl c eines Gestells oder eines Bauteils ist das Verhältnis von verursachender Kraft oder verursachendem Moment zu ihren Wirkungen, den Federwegen oder Federwinkeln. Für einige Belastungsfälle werden Federzahlen für einfache Balken oder Stäbe in Abb. 2.16 angegeben.

Schubverformung tritt bei jeder Biegung als Folge von Querkräften, also lediglich nicht bei reiner Momentbelastung auf. Sie kann jedoch bei großen Biegelängen ($l \gg h$) vernachlässigt werden. Das entspricht der Hypothese vom Ebenbleiben der Querschnitte (Bernoulli). Gestelle werden meist gedrungen gebaut mit möglichst kurzen auf Biegung beanspruchten Teilen. Hier kann die Schubverformung wesentlich sein. Abbildung 2.17 zeigt einen Vergleich von Normal- und Schubverformung eines Kragbalkens. Gefragt ist nach dem Verhältnis der zugehörigen Federzahlen.

c_B: Federzahl aus Normalbelastung

c_S: Federzahl aus Schubbelastung

Im Bereich h ≈ l ist die Schubverformung etwa gleich der Biegeverformung.

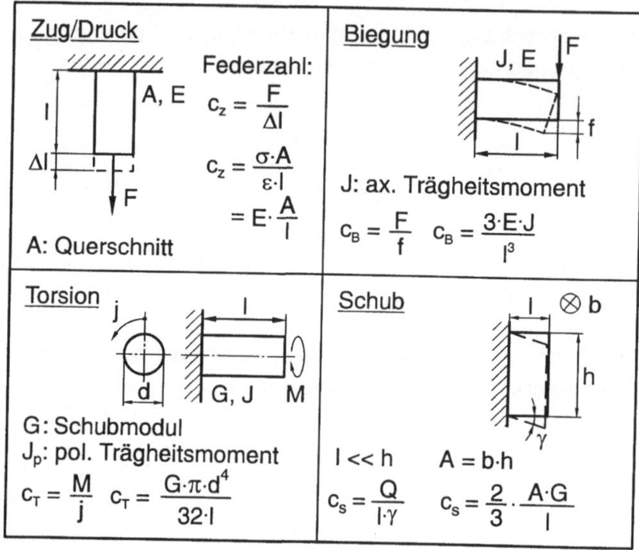

Abb. 2.16 Federzahlen unterschiedlicher Belastungsfälle

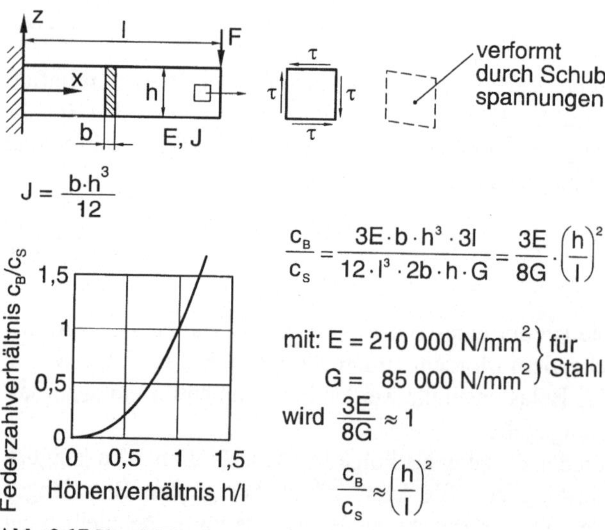

Abb. 2.17 Vergleich von Normal- und Schubverformung

Abbildung 2.18 macht deutlich, daß sich beide Stoffwertgruppen, R_m bzw. R_{eH} für die Auslegung auf Festigkeit und E bzw. G für die Auslegung auf Steifigkeit aus dem Spannungsdehnungsdiagramm ableiten lassen, daß sie jedoch physikalisch nicht miteinander verknüpft sind. So wird z.B. durch Härten oder Vergüten eines Stahlwerkstoffs lediglich dessen Bruch- oder Streckgrenze nach oben verschoben, die elastischen Eigenschaften bleiben praktisch unverändert.

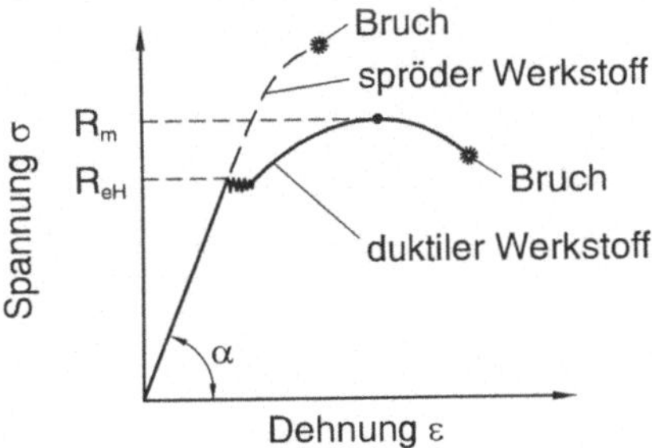

R_m : Bruchgrenze

R_{eH} : Hochlage der Elastizitätsgrenze

$\tan\alpha = \dfrac{\sigma}{\varepsilon} = E$

E   : Elastizitätsmodul

Abb. 2.18 Spannungs-Dehnungsdiagramm für Metalle

2.3.2 Einfluß der Steifigkeit auf das Maschinenverhalten

Die Steifigkeit des Gestells einer Maschine wirkt sich in verschiedener Weise auf ihre Funktion aus. Bei spanenden Werkzeugmaschinen sind Ursachen für Kraftänderungen während des Prozesses:

- unterschiedliche Spanungsquerschnitte
- Verschleiß der Werkzeuge
- Inhomogenität des Werkstoffes
- unterschiedliche Rohteilmaße

Diese Kraftänderungen führen zu Maß- und Formfehlern am Werkstück. Für eine Drehmaschine sind unter Berücksichtigung der gemessenen Gestellnachgiebigkeiten (einschließlich Arbeitsspindelsystem und Reitstock) die auf die Krafteinheit bezogenen Verlagerungen im Abb. 2.19 dargestellt. Der Durchmesserfehler am Werkstück entspricht der doppelten Verlagerung.

In Schleifmaschinen wird üblicherweise die während des Schleifvorgangs notwendige Verspannung durch Ausfeuern abgebaut (Abb. 2.20). Dazu wird der Schleifprozeß ohne weitere Zustellung oder weiteren Vorschub von außen vorzugeben fortgesetzt. Die Maschine einschließlich Werkstück entspannt sich dabei. Dieses Verfahren ist erforderlich, um ein durch die Steuerung vorgegebenes Maß am Werkstück zu erreichen. Die durch Auffederung der Maschine gegebene Abweichung des gesteuerten Abstandes zwischen Werkzeug und Werkstück hängt offenbar von der Schleifnormalkraft und der Steifigkeit (Federzahl) des Systems ab /TÖN95/. Man sieht also, daß unter sonst gegebenen Bedingungen die Länge eines

Schleifzyklus von der Steifigkeit beeinflußt wird. Hier wirkt sich die Steifigkeit unmittelbar auf die Mengenleistung einer Schleifmaschine aus.

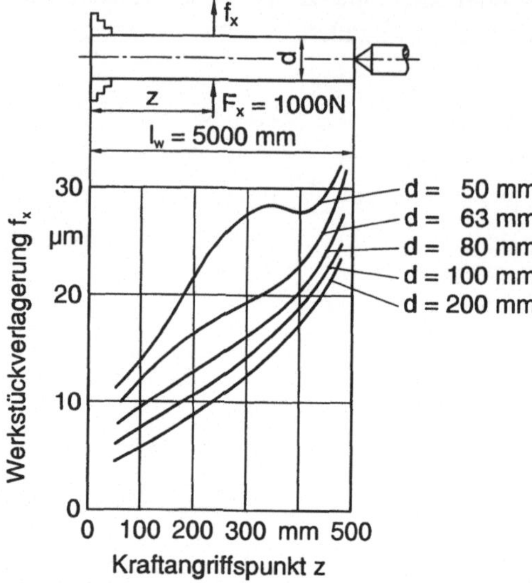

Abb. 2.19 Einfluß des Kraftangriffspunktes auf die Werkstückverlagerung

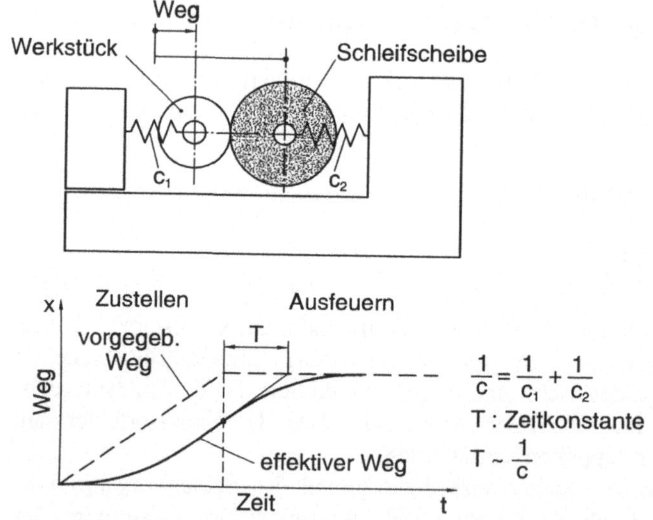

Abb. 2.20 Auffederung einer Schleifmaschine

In Umformmaschinen wirkt sich die Steifigkeit der Gestelle wegen der im allgemeinen herrschenden hohen Kraftpegel erheblich auf die Maß- und Formgenauigkeit der Werkstücke aus. Für das Stauchen zeigt Abb. 2.21 Stauchhöhendifferenzen bei steifen (harten) und weichen (nachgiebigen) Pressen.

Auch der Energieverbrauch von Umformmaschinen wird durch die Steifigkeit des Gestells beeinflußt (Abb. 2.22), wobei angenommen wird, daß die Federenergie nicht wieder genutzt werden kann. Der "elastische Wirkungsgrad" berücksichtigt die Federenergie. Sie ist der Federzahl umgekehrt proportional. Schließlich ist der Einfluß der Steifigkeit einer Warmumformmaschine auf die Druckberührzeit und damit auf die Wärmebilanz des Prozesses von Bedeutung. Eine lange Druckberührzeit führt zur ungewollten Abkühlung des Werkstücks. Der Wärmeübergang unter Druck ist wesentlich intensiver als ohne Last. Die Temperaturverteilung im Werkstück wird ungleichmäßig, die Umformkräfte steigen. Eine lange Druckberührzeit führt auch zu höherer thermischer Belastung des Werkzeuges (Abb. 2.23).

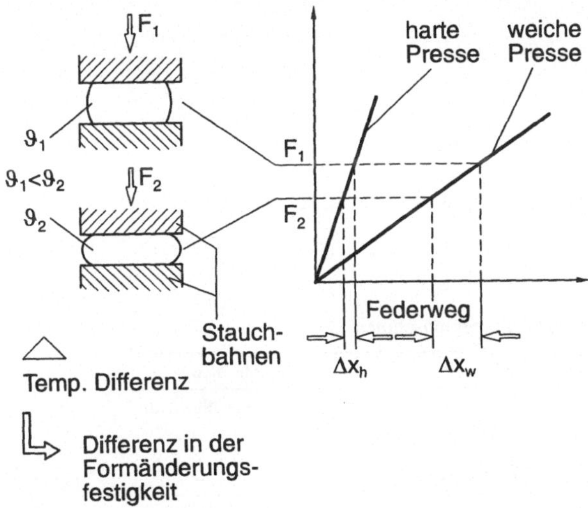

Abb. 2.21 Stauchhöhendifferenz in harten und weichen Pressen

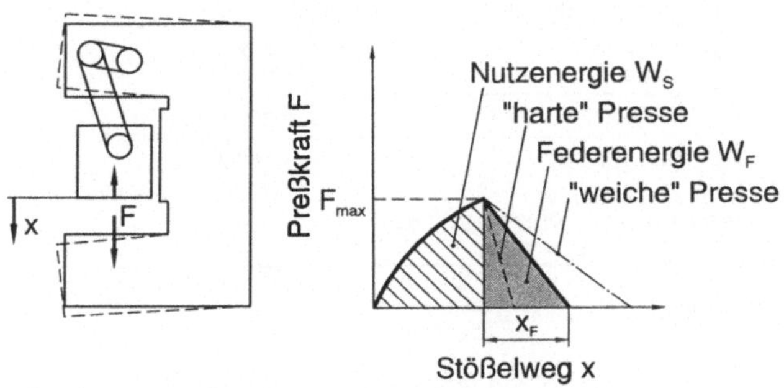

x_F = Auffederung des Gestells

$$\eta_{elast.} = \frac{W_S}{W_S + W_F} \quad \text{(elastischer "Wirkungsgrad")}$$

$$W_F = \frac{1}{2} \cdot x_F \cdot F_{max} = \frac{1}{2} \cdot \frac{F_{max}^2}{c}$$

Abb. 2.22 Federenergie und elastischer Wirkungsgrad "harter" und "weicher" C-Gestelle

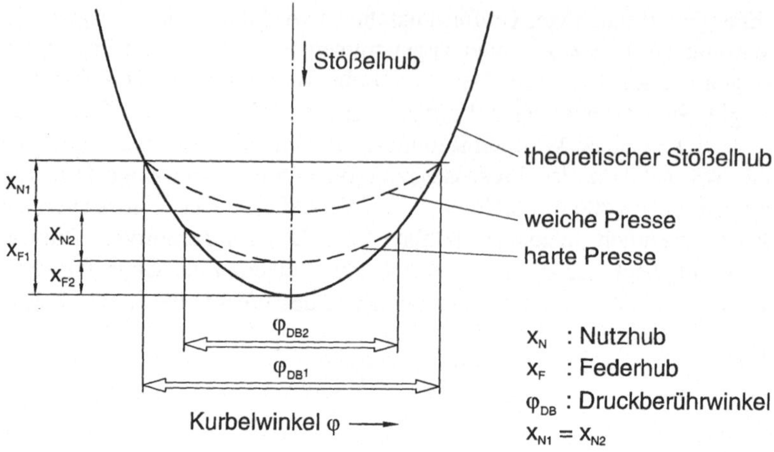

Abb. 2.23 Unterschiedliche Druckberührzeiten "harter" und "weicher" Pressen

In Tabelle 2.1 sind Steifigkeiten einiger Werkzeugmaschinen aufgeführt, die durch Messung bestimmt wurden.

Tabelle 2.1 Gemessene Steifigkeit von Werkzeugmaschinen

Maschine	Kenngrößen	Steifigkeit
Drehmaschine	Flachbett P_{ges} = 18,5 kW Dreh ø : 690 mm Drehlänge : 2540 mm	c_x = 200 N/μm
Außenrundschleifmaschine	P_{ges} = 10 kW d_s = 500 mm d_w = 250 mm (Spitzenhöhe) Schleiflänge : 400 mm	c_x = 50 N/μm
Innenrundschleifmaschine	P_{ges} = 7,5 kW d_{smax} = 40 mm	c_x = 6 N/μm
Hydr. Presse	F_N = 300 kN	c_z = 200 N/μm
Fräsmaschine mit Kreuztisch	P_N = 30 kN Arbeitsraum : 1500×600×500 mm³ (x × y × z)	c_z = 160 N/μm

2.3.3 Beanspruchung und Werkstoffnutzung

Für Gestelle stehen Werkstoffe mit unterschiedlichen elastischen und Festigkeitseigenschaften zur Verfügung (Abb. 2.24). Üblicherweise werden Stähle und Gußeisen eingesetzt. Hartmetall, Aluminium und Keramik sind zu Vergleichszwecken aufgeführt. Es ergibt sich nun die Frage, ob und in welchem Maße sich die Stoffeigenschaften auf die erforderlichen Querschnitte, damit auf den Stoffverbrauch und die Stoffkosten auswirken.

Werkstoff	E [kN/mm^2]	ν	G [kN/mm^2]	R_m [N/mm^2]	R_{eH} [N/mm^2]	ρ [g/cm^3]
Grauguß GG-25	110	0,25	45	250	140	7,35
Stahl St 37	210	0,3	80	400	235	7,8
Hartmetall	400	0,25	170	1000	700	13,2
Aluminium Al 99,5	72	0,34	27	100	70	2,7
Siliziumnitrid	315	0,28	123	300	-	3,19

Abb. 2.24 Kenngrößen einiger Werkstoffe

Für die folgende Betrachtung wird vorausgesetzt, daß die wirksamen Kräfte und Momente im Gestell vom Gestellwerkstoff unabhängig sind (Vernachlässigung der Gewichtskräfte) und daß sich der Arbeitsraum nicht verändert, d.h. die Länge der Gestellbauteile bleibt erhalten (Abb. 2.25). Die Querschnitte sollen sich zwar nach den elastischen oder festigkeitsmäßigen Erfordernissen verändern, dies aber nur geometrisch ähnlich (konstanter Geometriemaßstab für die Querschnitte). Die Untersuchung wird nach Belastungsart und Auslegungskriterium geführt.

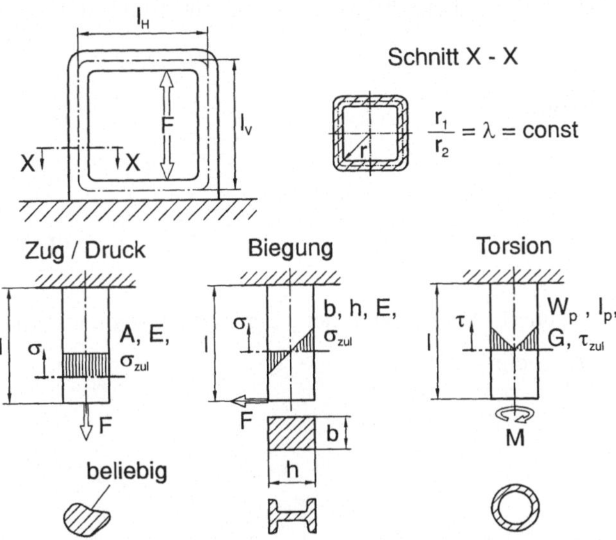

Abb. 2.25 Zur Werkstoffnutzung

Für *Zug-/Druckbelastung* gilt unter dem Kriterium Festigkeit für die Spannung

$$\sigma = \frac{F}{A} \leq \sigma_{zul} \tag{2.14}$$

mit der Zug-/Druckkraft F und dem Querschnitt des Stabes A. Der erforderliche Querschnitt ändert sich mit der zulässigen Spannung wie folgt

$$A_{erf} \sim \frac{1}{\sigma_{zul}} \qquad (2.15)$$

Unter dem Kriterium Steifigkeit gilt für einen Zug-/Druckstab der Länge l:

$$\Delta l = \varepsilon \cdot l = \frac{F \cdot l}{A \cdot E} \qquad (2.16)$$

mit dem Elastizitätsmodul E. Der erforderliche Querschnitt ist also

$$A_{erf} \sim \frac{1}{E} \qquad (2.17)$$

Allgemein kann also für Zug-/Druckbeanspruchung gefolgert werden, daß die Stoffwerte (σ_{zul} oder E) umgekehrt proportional in den erforderlichen Querschnitt eingehen. Die Beanspruchung ist über dem Querschnitt konstant.

Der Belastungsfall *Biegung* wird an einem rechteckigen Kragbalken untersucht. Die Ergebnisse sind aber generell für biegebeanspruchte Bauteile gültig. Unter dem Kriterium Festigkeit gilt für die maximale Biegespannung am Rand mit dem Widerstandsmoment W:

$$\sigma_{max} = \frac{F \cdot l}{W} \; ; \; W = \frac{1}{6} b \cdot h^2 \; ; \; A = b \cdot h \qquad (2.18)$$

$$W^2 = \left(\frac{1}{6} \frac{h}{b}\right)^2 b^4 h^2 \qquad (2.19)$$

wobei $\left(\frac{1}{6} \frac{h}{b}\right)$ als Formfaktor definiert werden kann, der voraussetzungsgemäß konstant ist (λ_q = const.). Es gilt folglich:

$$A_{erf} \sim \left(\frac{1}{\sigma_{zul}}\right)^{2/3} \qquad (2.20)$$

Die Steifigkeitsuntersuchung erfolgt entsprechend über die Durchbiegung f des rechteckigen Kragbalkens mit dem Trägheitsmoment I

$$f = \frac{F \cdot l^3}{3 \cdot E \cdot I} \; ; \; I = \frac{1}{12} b \cdot h^3 \; ; \; A = b \cdot h \qquad (2.21)$$

$$I = \left(\frac{1}{12} \frac{h}{b}\right) h^2 b^2 \qquad (2.22)$$

wobei $\left(\frac{1}{12}\frac{h}{b}\right)$ ein Formfaktor ist, der unverändert bleibt. Es gilt also

$$A_{erf} \sim \left(\frac{1}{E}\right)^{1/2} \tag{2.23}$$

Offenbar geht eine Veränderung der Stoffwerte bei Biegung nicht linear in den erforderlichen Querschnitt ein, sondern degressiv. Das liegt an der schlechteren Querschnittnutzung verglichen mit Zug-/Druckbeanspruchung.

Ähnliches gilt für *Torsionsbelastung* und die dabei auftretende ungleichmäßige Spannungsverteilung. Die Untersuchung wird mit Hilfe der Ähnlichkeitsmechanik geführt. Die Längenmaßstab ist λ_q, der Flächenmaßstab $\varphi_A = \lambda_q^2$ und die Maßstäbe des polaren Widerstandsmoments sind $\varphi_w = \lambda_q^3$ und des polaren Trägheitsmomentes $\varphi_I = \lambda_q^4$. Daraus folgt unter dem Kriterium Festigkeit

$$\varphi_w = \varphi_A^{3/2} \tag{2.24}$$

$$A_{erf} \sim \left(\frac{1}{\tau_{zul}}\right)^{2/3} \tag{2.25}$$

und unter dem Kriterium Steifigkeit

$$\varphi_I = \varphi_A^2 \tag{2.26}$$

$$A_{erf} \sim \left(\frac{1}{G}\right)^{1/2} \tag{2.27}$$

Der optimierte Querschnitt für Torsion ist der, der zu möglichst großen Widerstands- bzw. Trägheitsmomenten führt. Das sind geschlossene Rohrquerschnitte.

2.3.4 Gestaltungshinweise

Aus 2.3.3 folgt, daß kritische Teile (lange, vom Kraftfluß durchsetzte Elemente) des Gestells so angeordnet werden sollen, daß sie auf Zug/Druck beansprucht werden. In diesem Fall bleibt die Form der Elemente ohne Einfluß, lediglich die Größe des wirksamen Querschnittes ist ausschlaggebend für die Festigkeit oder Steifigkeit. Ähnliche allgemein gültige Aussagen lassen sich für Biegebeanspruchungen nicht treffen. Für Torsion ist eine analytische Ermittlung von Spannungen oder Verformungen außer für einfache Querschnitte nicht möglich (Ausnahme: Näherung mit

Bredtschen Formeln). Deshalb werden einige prinzipielle Hinweise für die Gestaltung von biege- oder torsionsbeanspruchten Bauelementen gegeben.

Bei Biegung werden hohe axiale Widerstands- und Trägheitsmomente um die Biegeachse gefordert. Der Doppel-T-Träger kommt bei bester Materialausnutzung dieser Forderung am nächsten. Hohe Spannungen wirken in den Flanschen. Rohre mit Rechteck- oder Kreisquerschnitt sind weniger günstig, da mehr Material an weniger beanspruchten Zonen angeordnet ist.

Bei Torsionsbeanspruchung sind vorzugsweise geschlossene Profile einzusetzen. Eine Öffnung der Profile setzt die polaren Trägheitsmomente stark herab. In Abb. 2.26 sind einige balkenförmige Bauteile mit relativen Gewichten, Biege- und Torsionssteifigkeiten wiedergegeben.

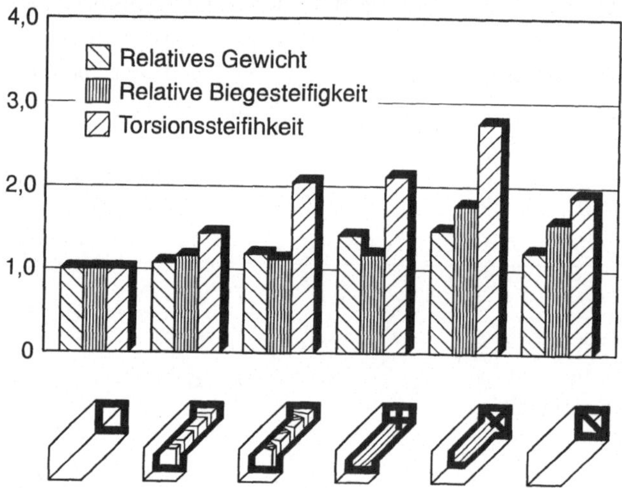

Abb. 2.26 Steifigkeiten von Gestellenelementen /Quelle: nach Atscherkan/

Gerade im Werkzeugmaschinenbau sind geschlossene Querschnitte häufig nicht zu erreichen. Durchbrüche werden benötigt für:

- Spänefall,
- Kühl- und Schmiermitteltransport,
- Einbau von Getriebeteilen, Spindeln, Kurbelwellen und
- Montageerleichterungen.

In Gußteilen müssen Durchbrüche für Kerne als Kernmarken und zum Ausbringen der Kernsande vorgesehen werden. In manchen Fällen wird Kernsand auch im geschlossenen Hohlraum belassen, um damit dynamische Vorteile zu erzielen. Abbildung 2.27 zeigt zwei Bauformen eines Drehmaschinenbettes. Durch die Anordnung von geschlossenen Torsionskästen statt der Diagonalverrippung lassen sich höhere Steifigkeiten erzielen.

Mit Öffnungen versehene Elemente können durch Verrippung verstärkt werden. Damit läßt sich die Schwächung ganz oder teilweise kompensieren. Durch seitlich aufgesetzte Rippen (Abb. 2.28) kann die Schwächung bei Biegung vollständig, bei Torsion nur zu einem geringen Teil behoben werden.

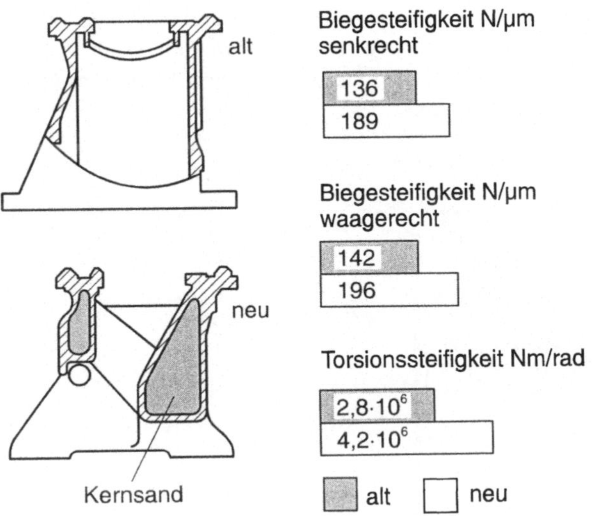

Abb. 2.27 Querschnittsformen von Drehmaschinen-Betten /Quelle: VDF/

Abbildung 2.28 zeigt die stark versteifende Wirkung von Diagonalrippen im Vergleich mit Rippen parallel zur Torsionsachse. Man erkennt, daß es außer der Verdrillung von I_{p1} auch noch zur Biegung um die Achse des Steges kommt.

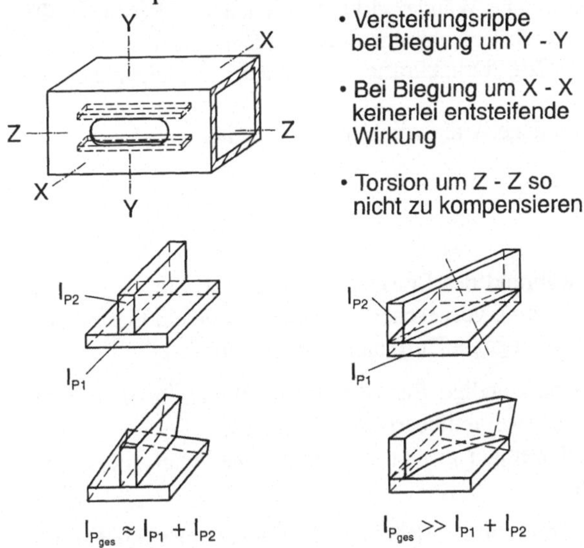

Abb. 2.28 Versteifende Wirkung von Rippen

Für Drehmaschinenbetten nutzt man dieses Prinzip durch Diagonalverrippungen - auch als "Petersverrippung" bezeichnet. Die Rippen werden unter einem Winkel von 30° bis 45° zur Längsachse des Bettes angeordnet. Drehmaschinen mit höherem Automatisierungsgrad, deren Schlitten nicht mehr durch mechanische Handhebel oder Handräder betätigt zu werden brauchen (Nachformdrehmaschine, NC-Drehmaschine), können in Schrägbettausführung aufgebaut werden (Abb. 2.29). Solche Betten zeichnen sich bei geschlossenem Querschnitt durch hohe Torsionssteifigkeit und außerdem gute Spanabfuhr aus.

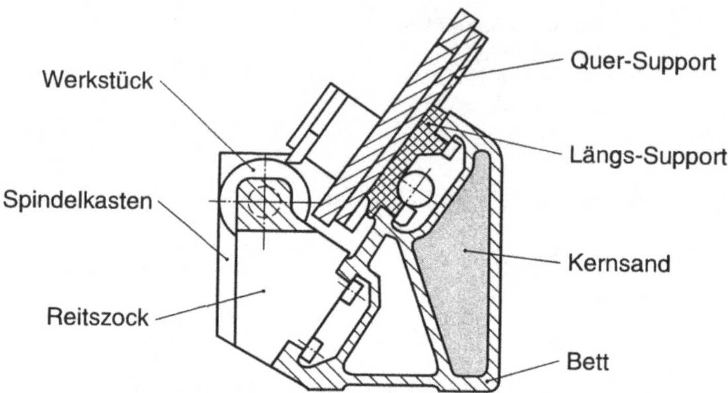

Abb. 2.29 Schrägbettmaschine

In Gestellen kommt es unvermeidbar zu Querschnittsprüngen. Hier müssen die Kräfte von einem in den anderen Querschnitt gut übergeleitet werden. Das Einleiten von Zug-/Druckkräften in biegeweiche Wände wirkt stark entsteifend (Abb. 2.30). Durch Versetzen von Wänden, durch Verrippungen und das Einbringen von Stegen kann erreicht werden, daß die Zug-/Druckkräfte unmittelbar in gleichgerichtete Wände eingeleitet werden.

In Gestellen lassen sich verschiedene Arten von Fugen unterscheiden:

- Führungsfugen
- geklemmte Fugen
- verschraubte Fugen.

Verschraubte Fugen werden während des Betriebes nicht gelöst. Sie werden aus Gründen der Montage und Bearbeitung vorgesehen. In welche Teile ein Gestell zerlegt wird, hängt häufig von folgenden gegenläufigen Einflüssen ab:

- Große Gestellteile erfordern aufwendige Bearbeitungsmaschinen, aber weniger Fügestellen (jede Fuge bedeutet zwei feinbearbeitete Flächen),
- Kleine Gestellteile können auf weniger großen Maschinen bearbeitet, müssen jedoch häufiger gefügt werden.

Jede Fuge stellt eine "weiche" Stelle im Kraftfluß dar. Die Fügeflächen sind wellig und rauh. So kommt es nur an wenigen Stellen zu metallischer Berührung. Entsprechend gering ist die Kontaktsteifigkeit (Abb. 2.30). Durch hohe Vorspannung kann die Kontaktsteifigkeit deutlich heraufgesetzt werden.

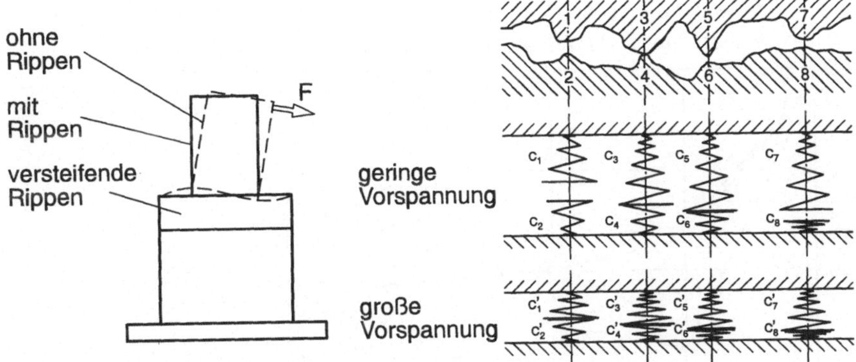

Abb. 2.30 Sprünge im Kraftfluß und Verspanungseinfluß auf Fugen

2.4 Eigenspannungen

Durch den Herstellprozeß können Eigenspannungen in Gestellbauteilen entstanden sein, so in geschweißten oder gegossenen Teilen. Im ungünstigen Fall können derartige Spannungen örtlich die Fließgrenze des Baustoffes erreichen. Bei zusätzlicher Belastung, z.B. beim Transport der Maschine oder bei hoher Betriebsbelastung, kann durch Spannungsüberlagerung örtliches Fließen auftreten. Die Folge sind Verzüge des Gestells.

Um Eigenspannungen in geschweißten oder gegossenen Gestellen gering zu halten, sollte beachtet werden:

- langsames, gleichmäßiges Abkühlen nach dem Gießen oder Schweißen,
- spannungsarmes Schweißen durch geringe Schweißnahtquerschnitte (wo es lediglich auf Steifigkeit, nicht auf Festigkeit ankommt) und durch günstige Wahl der Schweißstellen und Schweißreihenfolge,
- spannungsarmes Glühen (Abb. 2.31), wenn ausreichende Öfen zur Verfügung stehen.

Keine gesicherte Wirkung läßt sich bei Graugußteilen oder geschweißten Elementen durch Lagern oder durch Rütteln, d.h. durch eine niedrige Schwingbeanspruchung, erreichen (Abb. 2.32). Bei den üblichen Gestellbaustoffen wurde trotz Lagerzeiten von mehr als zwei Jahren kein Spannungsabbau erzielt.

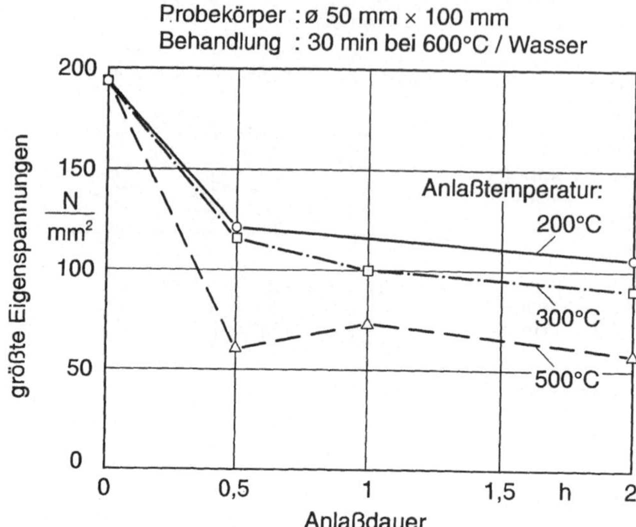

Abb. 2.31 Einfluß des Glühens auf Gußeigenspannungen /Quelle: H. Bühler, W. Schepp/

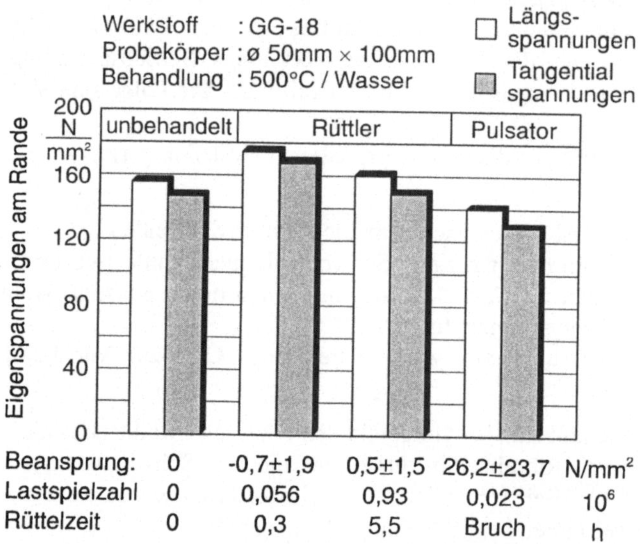

Abb. 2.32 Einfluß von Schwingungsbeanspruchungen auf Eigenspannungen in Gußeisen /Quelle: nach H. Bühler u. H.G. Pfalzgraf/

2.5 Schrifttum

/HAA75/   de Haas, P.: Thermisches Verhalten von Werkzeugmaschinen unter besonderer Berücksichtigung von Kompensationsmöglichkeiten; Dr.-Ing. Diss. TU Berlin, 1988

/HEI80/   Heisel, U.: Ausgleich thermischer Deformationen an Werkzeugmaschinen; Dr.-Ing. Diss. TU Berlin 1980

/TÖN95/   Tönshoff, H.K.: Spanen - Grundlagen Springer-Verlag, Berlin, New York, Tokio, 1995

/WUL91/   Wulfsberg, D.: Diagnose und Kompensation thermischer Verlagerungen in Schleifmaschinen; Dr.-Ing. Diss. Universität Hannover 1991

2.6 Fragen zur Aufbereitung

2.01   Was ist die Funktion eines Gestells?

2.02   Welche Störeinflüsse wirken auf die Funktion des Gestells ein?

2.03   Unterscheiden Sie zwischen herstellbedingten und betriebsbedingten Störeinflüssen.

2.04   Skizzieren Sie ein Gestell und bezeichnen Sie dessen Teile.

2.05   Erläutern Sie am Beispiel einer Drehmaschine, wie die zugeführte Energie zum Betrieb der Maschinen umgesetzt wird (nur qualitative Betrachtung).

2.06   Wie wird die Nutzenergie von der Wirkstelle einer Drehmaschine abgeführt?

2.07   Welche Wärmequellen sind in einer Werkzeugmaschine zu beachten?

2.08   Was sind externe thermische Einflüsse?

2.09   Wie läßt sich die Temperaturverteilung einer räumlichen Struktur errechnen (DGL)?

2.10   Welche Voraussetzungen liegen der Fourierschen DGL zugrunde?

2.11   Welche Eingriffsmöglichkeiten in die thermische Wirkungskette bestehen?

2.12   Welche Methoden zur Verformungskompensation über die Steuerung sind Ihnen bekannt?

2.13 Was ist der Grundgedanke des Verfahrens von Wulfsberg?

2.14 Wie lassen sich thermische Verformungen direkt messen oder indirekt bestimmen?

2.15 Nennen Sie systemeigene und nach außen wirkende Kräfte, die eine Werkzeugmaschine belasten.

2.16 Wie lassen sich statische und dynamische Kraftwirkungen auf Gestelle abgrenzen?

2.17 Was bedeutet es, wenn auf "Festigkeit" oder auf "Steifigkeit" konstruiert wird?

2.18 Erläutern Sie den Begriff "Kraftfluß" am Beispiel einer einfachen hydraulischen Presse (oder einer anderen Werkzeugmaschine).

2.19 Wie ist der Kraftfluß unter den Kriterien "Steifigkeit" und "Festigkeit" zu betrachten?

2.20 Definieren Sie Federzahlen für unterschiedliche Belastungsfälle.

2.21 Welchen Einfluß hat die Schubverformung im Vergleich zur Verformung durch reine Biegung (querkraftfrei) bei einem Rechteckbalken, der so hoch wie lang ist?

2.22 Geben Sie typische Federzahlwerte für verschiedene Werkzeugmaschinen an.

2.23 Wie wirkt sich die Steifigkeit auf das Maschinenverhalten bei spanenden und umformenden Werkzeugmaschinen aus?

2.24 Die Größe der Querschnittflächen verschiedener Gestellteile kann überschlägig als ein Maß für die Materialkosten eines Gestells dienen. Welche Voraussetzungen enthält diese Annahme?

2.25 Der Materialaufwand und damit lt. Frage 2.24 die Querschnittsflächen werden durch die notwendige Steifigkeit und Festigkeit bestimmt. Wie wirkt sich die Wahl des Werkstoffes bei unveränderter Querschnittsform (verhältnisgleiche Änderungen aller Abmessungen) auf den erforderlichen Querschnitt aus (Fallunterscheidung)?

2.26 Worin ist der Grund für eine nichtproportionale Wirkung der Werkstoffgrößen bei Biegung und Torsion zu suchen?

2.27 Welche Grundregeln können Sie für die Querschnittsverteilung bei auf Biegung und Torsion beanspruchten Elementen geben?

2.28 Wie lassen sich die durch Durchbrüche geschwächten Gestellteile verstärken (Fallunterscheidung)?

2.29   Geben Sie die 1. und 2. Bredt'sche Formel an. Welche Voraussetzung gilt?

2.30   Wie wirkt sich eine Querschnittsunterbrechung auf Festigkeit und Steifigkeit tordierter dünnwandiger Querschnitte aus?

2.31   Torsion ist eine in Werkzeugmaschinen-Gestellen häufig anzutreffende Beanspruchungsart. Wie lassen sich dünnwandige Balken und Platten versteifen?

2.32   Auf welchem Prinzip beruht die Petersverrippung?

2.33   Wie lassen sich Fügestellen versteifen?

2.34   Wie lassen sich Eigenspannungen in Gestellen (Gußspannungen oder Schweißspannungen) abbauen?

3 Dynamisches Verhalten von Werkzeugmaschinen

3.1 Bedeutung von Schwingungen

Werkzeugmaschinen sind schwingungsfähige Systeme. Ihre Güte wird nicht nur nach ihrem Verhalten unter statischer Belastung, sondern auch nach ihrem dynamischen Verhalten beurteilt. Schwingungen in Werkzeugmaschinen haben Auswirkungen auf die Qualität des herzustellenden Produktes, auf die Mengenleistung und damit auf die Wirtschaftlichkeit und auf den Bedienenden /TÖN80/. Schwingungen beeinträchtigen

- die Maß- und Formgenauigkeit sowie die Oberflächengüte eines Werkstückes.
- die Lebensdauer bei hochbeanspruchten Elementen einer Maschine über deren Dauerfestigkeit.
- die Mengenleistung, da bei Überschreiten einer kritischen Grenzauslastung Schwingungen mit unzulässig großen Amplituden auftreten (Ratterschwingungen).
- die Werkzeugstandzeit und damit wiederum die Mengenleistung; denn gerade in neuerer Zeit für hohe Leistungen entwickelte Werkzeuge und Schneidstoffe sind häufig empfindlich gegen schwingende Beanspruchung.
- physisch und psychisch den Bedienenden. Niederfrequente Schwingungen und der von einer Maschine emittierte Schall im höheren Frequenzbereich können eine Belastung des Bedienenden bedeuten.

Steigende Anforderungen an Werkzeugmaschinen setzen verbessertes dynamisches Verhalten voraus. Werkzeugmaschinen sollen damit folgende Eigenschaften haben:

- Die in ihnen wirkenden, schwingungsanregenden Kräfte sollen gering sein (Anregung).
- Werkzeugmaschinen sollen eine hohe dynamische Steifigkeit haben (Eigenverhalten).
- Werkzeugmaschinen sollen eine geringe Neigung zu selbsterregten Schwingungen haben (Prozeß- und Eigenverhalten).

Der Ursache nach lassen sich mechanische Schwingungen in Werkzeugmaschinen in drei Gruppen einteilen /MAG76/:

- freie Schwingungen,
- fremderregte Schwingungen und
- selbsterregte Schwingungen.

3.2 Freie Schwingungen

Wenn nach einer anfänglichen Anregung einer mechanischen Struktur keine weiteren zeitlich veränderlichen Kräfte oder Verschiebungen von außen (also keine Energiezufuhr) auf sie ausgeübt werden, führt sie freie Schwingungen oder Eigenschwingungen aus. Wegen unvermeidbarer Verluste sind die Schwingungen gedämpft und klingen ab. Die Frequenz der Schwingungen wird durch die Struktur selbst bestimmt. Freie Schwingungen sind Eigenschwingungen des Systems (s. a. Abschnitt 3.3.2).

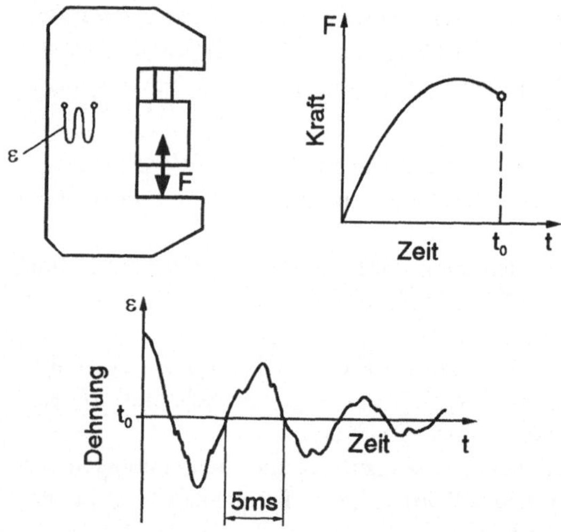

Abb. 3.1 Freie Schwingung eines Pressengestells

Die Anregung kann aus dem schnellen Auf- oder Abbau von Kräften folgen. Freie Schwingungen treten zum Beispiel auf in Schmiedehämmern nach Aufprall des Hammerbären auf die Schabotte, in Schneidpressen nach dem plötzlichen Durchreißen des Blechquerschnittes und dem damit verbundenen steilen Kraftabfall (Abb. 3.1) oder auch beim Werkzeugeingriff in Hobel- und Stoßmaschinen.

Freie Schwingungen lassen sich wegen der fehlenden äußeren Anregung durch eine homogene Differentialgleichung, in der sich Masse-, Dämpfungs- und Federkräfte das Gleichgewicht halten, beschreiben:

$$F_m + F_d + F_k = 0 \tag{3.1}$$

Für einen Einmassenschwinger gilt:

$$m\ddot{x} + d\dot{x} + kx + 0 \tag{3.2}$$

Hier wird, wie in guter Näherung für das allgemeine Gestellverhalten zulässig (gilt nicht für Reibleisten), geschwindigkeitsproportionale Dämpfung unterstellt. Die Lösung der homogenen DGL zweiter Ordnung mit konstanten Koeffizienten für den Fall, daß die Schwingung schwach gedämpft ist, d.h. daß $d/(2\sqrt{km}) < 1$ ist, ergibt sich zu

$$x(t) = e^{-\frac{d}{2m}t} \left(C_1 \cos \lambda t + C_2 \sin \lambda t \right) \tag{3.3}$$

mit

$$\lambda^2 = \omega_o^2 \left(1 - \frac{d^2}{4\,km} \right) \quad \text{und} \quad \omega_o^2 = \frac{k}{m} \tag{3.4}$$

Für geringe Dämpfung gilt praktisch $\lambda \approx \omega_0$. Die Konstanten C_1 und C_2 ergeben sich aus dem Anfangswert der Auslenkung $x(t=0)$ und der Geschwindigkeit $\dot{x}(t=0)$. Der aperiodische Grenzfall $d/(2\sqrt{km}) = 1$ und der Fall der starken Dämpfung $(d/(2\sqrt{km}) > 1)$ kommen für Werkzeugmaschinen im allgemeinen nicht in Frage.

3.3 Fremderregte Schwingungen

Periodisch wirkende Kräfte oder Verschiebungen, die von außen beeinflußbar (z.B. durch Drehfrequenzänderung) auf eine schwingungsfähige Struktur wirken, führen zu fremderregten Schwingungen. Schwingfrequenz und -amplitude werden durch die äußere Anregung und das Eigenverhalten der Struktur bestimmt (Abb. 3.2).

3.3.1 Anregungen bei Werkzeugmaschinen

Mögliche Anregungen sind in Abb. 3.3 am Beispiel des Triebwerks einer Fräsmaschine dargestellt.

Massenkräfte folgen aus der Linearbeschleunigung hin- und herbewegter Maschinenteile oder aus der Radialbeschleunigung bei rotierender Bewegung unwuchtiger Massen.

Ein rotierendes Bauteil (Rotor) der Masse m mit einer Unwuchtmasse u auf einem Radius r_u erfährt bei einer Winkelgeschwindigkeit Ω ein Unwuchtkraft von

$$\hat{F} = u \cdot r_u \cdot \Omega^2 \tag{3.5}$$

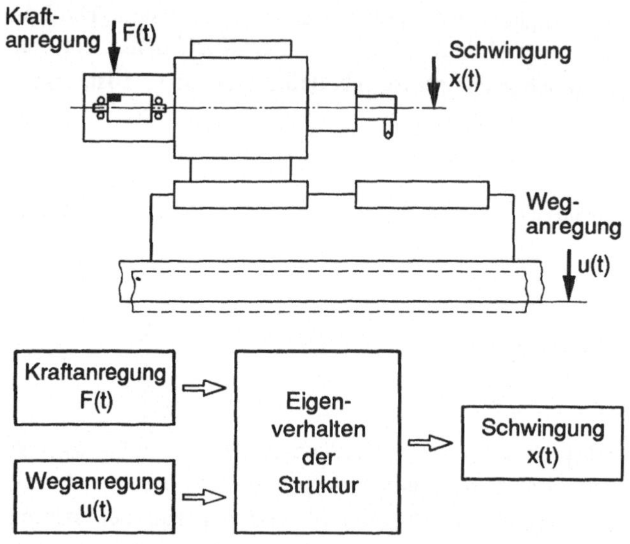

Abb. 3.2 Wirkungsweise fremderregter Schwingungen

In einer Richtung x folgt daraus eine anregende Kraft

$$F_x = \hat{F}\cos\Omega t \tag{3.6}$$

Die Anregung hat also einen harmonischen (sinus- oder cosinusförmig über der Zeit veränderlichen) Verlauf. Um dieser Anregung entgegenzuwirken, muß eine Ausgleichsmasse v auf einem Radius r_v in der Wirkebene der Unwucht um 180° phasenverschoben angeordnet werden, so daß gilt

$$u \cdot r_u = v \cdot r_v \tag{3.7}$$

Damit läßt sich der Rotor "statisch" *auswuchten*, was voraussetzt, daß er im wesentlichen scheibenförmig ist und die Scheibe senkrecht auf der Drehachse steht. Andernfalls müssen *starre Rotoren* "dynamisch" ausgewuchtet werden, d.h. Kompensationsmassen müssen in zwei Ebenen angeordnet werden; denn in längeren oder taumelnden scheibenförmigen Rotoren entstehen Unwuchtkräfte und -momente, die sich nur so auswuchten lassen. Unwuchten *elastischer Rotoren* sind zudem von der Drehfrequenz abhängig. Sie müssen theoretisch kontinuierlich entlang der Drehachse oder praktisch doch in mehreren Ebenen ausgewuchtet werden.

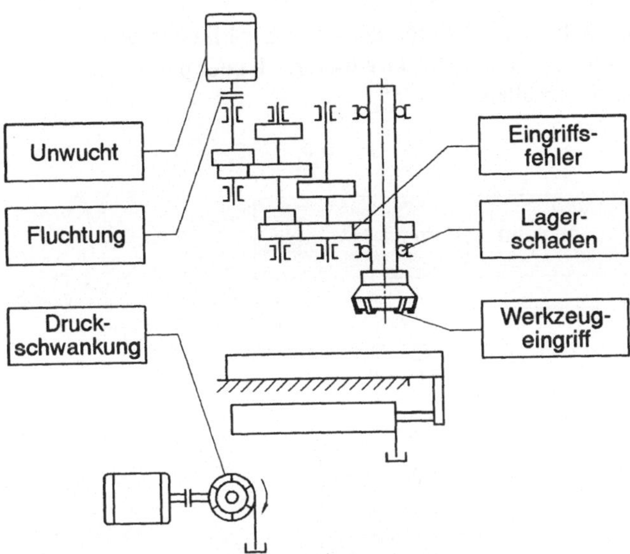

Abb. 3.3 Erregungen in Werkzeugmaschinen

Wenn ein Rotor mit der Masse m überkritisch läuft, versucht sich die Drehachse
so einzustellen, daß sie mit einer Hauptträgheitsachse zusammenfällt. Dann verlagert sich die Drehachse gegenüber der geometrischen Achse (Drehachse ohne Unwucht) um die Exzentrizität e. Dabei gilt

$$e \cdot m = u \cdot r$$

oder
(3.8)

$$e = \frac{u}{m} \cdot r$$

Nach DIN ISO 1940-1 ist die für Rotoren gleichen Typs zulässige Exzentrizität e_{zul} umgekehrt proportional zur Winkelgeschwindigkeit.

$$e_{zul} \, \Omega = const.$$
(3.9)

Auf diesem Zusammenhang beruht die Definition von Auswucht-Gütestufen. So
werden folgende Gütestufen als typisch angesehen.

G 2,5: $e_{zul} \cdot \Omega \leq 2,5$ mm/s für Werkzeugmaschinenantriebe, allgemein
G 1 : $e_{zul} \cdot \Omega \leq 1,0$ mm/s für Schleifmaschinenantriebe
G 0,4: $e_{zul} \cdot \Omega \leq 0,4$ mm/s für Feinstschleifmaschinenspindeln

Zum Ausgleich von Unwuchten werden Auswuchteinrichtungen verwendet, die es in verschiedenen Anordnungen und Bauarten gibt (Abb. 3.4). Die Auswuchtverfahren lassen sich gliedern nach Ordnungsgesichtspunkten

- wie sie Unwuchten erkennen, nämlich durch Schwer- oder Fliehkräfte,
- wie sie Unwuchten ausgleichen: manuell, aktiv motorisch oder passiv und
- wie sie Ausgleichsmassen verstellen.

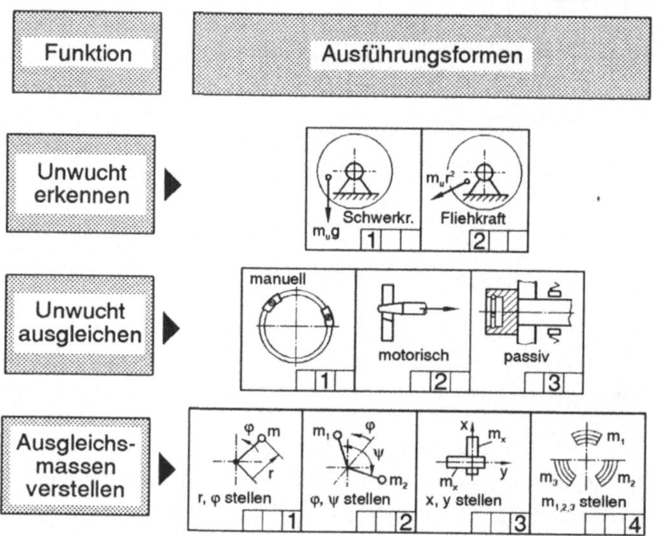

Abb. 3.4 Gliederung der Auswuchtverfahren von Schleifscheiben

Ein Beispiel für den Typ 2.2.4 ist in Abb. 3.5 dargestellt. Diese Auswuchteinrichtung wird zur selbsttätigen Kompensation von Schleifscheibenunwuchten eingesetzt. Gerade bei Schleifmaschinen mit ihren schnellaufenden Spindeln und hohen Anforderungen an die durch Schleifen erzeugte Form- und Oberflächengüte kommt es auf ruhigen Lauf an: Ein Schwingungsaufnehmer mißt die durch die Unwucht verursachten Schwingungen nach Amplitude und Phase. Diese Werte werden zur Ansteuerung von vier Ventilen benutzt. Sie ermöglichen das Ein- und Auslaufen von Kühlschmierflüssigkeit in vier Kammern. Auf diese Weise wird eine Zusatzmasse entgegengesetzt zur Unwuchtmasse aufgebaut und dauernd kontrolliert. In diesem Fall wurde in einer Ebene ausgewuchtet (statisches Auswuchten). In Achsrichtung ausgedehnte oder elastische Rotoren müssen in zwei oder mehr Ebenen ausgewuchtet werden. Auswuchteinrichtungen sind dort besonders wichtig, wo hohe Winkelgeschwindigkeiten vorliegen wegen der quadratischen Abhängigkeit der Fliehkraft. Daher werden sie häufig in Schleifmaschinen eingesetzt.

Fluchtungsfehler gekoppelter Wellen führen zu umlaufenden Verlagerungen und Kräften und wirken damit ebenfalls anregend. Da Wellenlagerungen in gefügten Bauteilen durch wenigstens drei Funktionsflächen - meist sind es mehr - in ihrer Lage festgelegt sind, sind geringe Fluchtungsfehler unvermeidbar. Gerade bei steifen Wellen können daraus bereits große Kräfte folgen. Um sie zu vermeiden oder zu mindern, können Kupplungen eingesetzt werden, die Achsversatz und Winkelfehler ausgleichen. Sie enthalten elastische oder gelenkige Elemente.

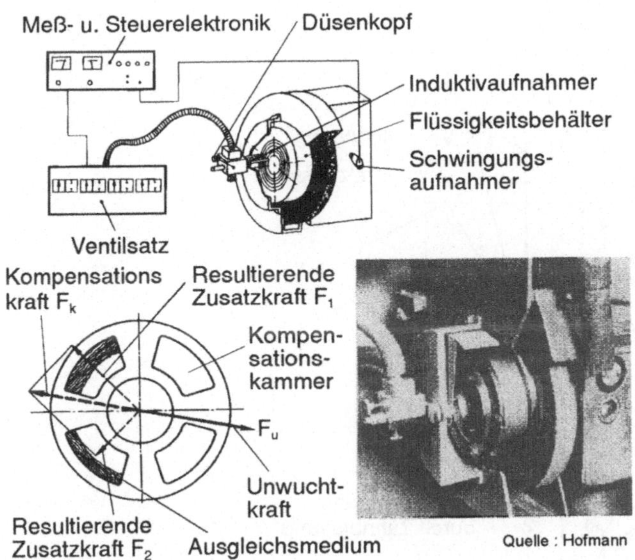

Abb. 3.5 Hydrokompensor

Auch *Zahnradgetriebe* können anregend wirken. Bei Rundlauffehlern der Räder tritt die Drehfrequenz auf, bei Zahnteilungsfehlern oder Zahnformfehlern ein Vielfaches der Drehfrequenz. Auch bei fehlerfrei gefertigten Rädern kommt es durch hohe Belastungen als Folge der Zahnbiegung zu Eingriffsstörungen (Abb. 3.6). Eine Erhöhung des Überdeckungsgrades führt zur Verringerung der Anregung.

Mögliche Erregerquellen sind auch *Wälzlager*. Fehlerhafte Lagerungen, besonders von Arbeitsspindeln, führen zu Relativbewegungen zwischen Werkstück und Werkzeug und können zu Schwingungen anregen. Rundlauffehler des umlaufenden Teils eines Wälzlagers erzeugen Verschiebungen und über bewegte Massen oder elastische Verformungen auch Kräfte im Takt der Drehung der Spindel. Daneben können bei schadhaften Laufringen oder Wälzkörpern andere Frequenzen auftreten. Aus dem Geschwindigkeitsplan in Abb. 3.6 lassen sich die Relativgeschwindigkeiten und -frequenzen in einem Wälzlager ableiten (Umlaufender Innenring mit Drehfrequenz n_1).

Danach werden Schäden, z.B. Ausbrüche an einzelnen Elementen eines Wälzlagers, zu Störungen mit folgenden Frequenzen (niedrigste Eigenfrequenz, da auch höhere harmonische auftreten können) führen.

$$\text{Außenring:} \qquad f_{AR} = z \cdot \frac{r_1}{2\,(r_1 + r_4)} \cdot n_1 \qquad\qquad (3.10)$$

Innenring: $f_{IR} = z \cdot \dfrac{r_1 + 2r_4}{2\,(\,r_1 + r_4\,)} \cdot n_1$ (3.11)

Wälzkörper: $f_{WK} \approx \dfrac{r_1}{r_4} \cdot n_1$ (3.12)

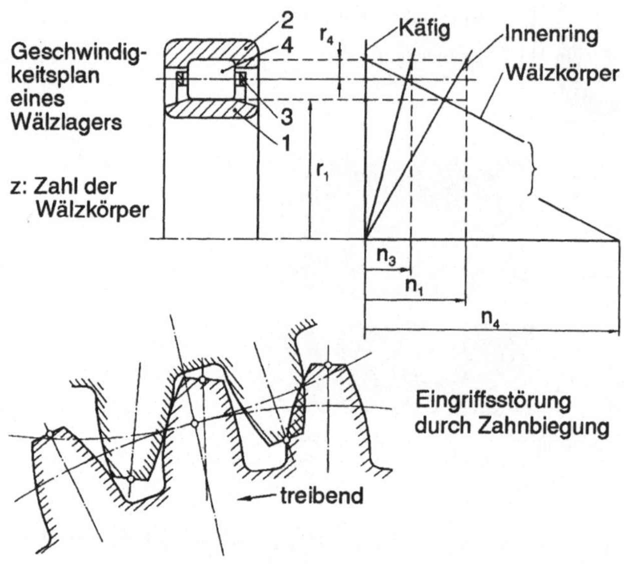

Abb. 3.6 Anregung durch Wälzlager und Zahnräder /Quelle: nach G. Niemann/

Auch durch nicht schadhafte Lager können als Folge hoher Belastung Schwingungen beim Wälzkörperdurchgang durch die Belastungszone verursacht werden. Bei gegenüber der Last stehendem Außenring ist die Frequenz dieser Störung f_{AR}.

Die in *Hydraulikkreisläufen* von Werkzeugmaschinen eingesetzten Verdrängerpumpen fördern keinen zeitlich konstanten Volumenstrom. Vielmehr schwankt der Förderstrom bei einem Umlauf der Pumpe entsprechend der Zahl der Förderkammern. Diese Welligkeit im Zeitverlauf des Volumenstroms führt zu Kraftschwankungen und zu zeitlich veränderlichen Verschiebungen, die ebenfalls als Erregerquelle für mechanische Schwingungen wirken. Die Grundfrequenz der Erregung folgt aus dem Produkt von Pumpendrehfrequenz und Anzahl der Förderkammern, bei Axialkolbenpumpen z.B. aus der Anzahl der Kolben.

Anregungen zu erzwungenen Schwingungen können durch *das Zusammenwirken von Werkzeug und Werkstück* entstehen. Zeitlich veränderliche Zerspankräfte treten auf, wenn im unterbrochenen Schnitt gearbeitet wird. Bei einigen Zerspanungsverfahren - so beim Fräsen - treten Schnittunterbrechungen prinzipbedingt auf.

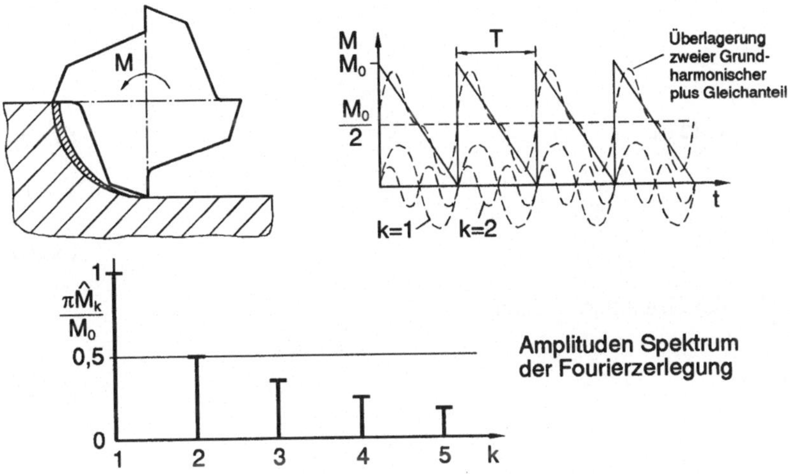

Abb. 3.7 Fourierzerlegung des Zerspankraftverlaufs beim Fräsen

In Abb. 3.7 ist als Beispiel der Momentenzeitverlauf eines speziellen Fräsers dargestellt. Dieser periodische Zeitverlauf läßt sich nach Fourier durch eine unendliche Reihe von harmonischen Funktionen darstellen /ZUR63/:

$$M(t) = M_0 \left[\frac{1}{2} + \frac{1}{\pi} \left(\sin \Omega t + \frac{1}{2} \sin 2\Omega t + \frac{1}{3} \sin 3\Omega t + ... \right) \right] \tag{3.13}$$

oder

$$M(t) = \frac{1}{2} M_0 + \sum_{k=1}^{\infty} \hat{M}_k \sin k\Omega t \tag{3.14}$$

mit

$$\hat{M}_k = \frac{M_0}{\pi} \cdot \frac{1}{k} \tag{3.15}$$

Allgemein gilt für eine periodische Anregung bei $\Omega = \frac{2\pi}{T}$ (Fourieranalyse für periodische Vorgänge)

$$f(t) = F_0 + \sum_{k=1}^{\infty} \left[S_k \sin k\Omega t + C_k \cos k\Omega t \right] \tag{3.16}$$

mit

$$F_0 = \frac{1}{T} \int_0^T f(t)\, dt \quad \text{(arithmetischer Mittelwert)} \tag{3.17}$$

$$S_k = \frac{2}{T} \int_0^T f(t)\sin k\Omega\, dt \qquad\qquad (3.18)$$

$$C_k = \frac{2}{T} \int_0^T f(t)\cos k\Omega\, dt \qquad\qquad (3.19)$$

$$k = 1,2\ldots,\infty \qquad\qquad (3.20)$$

Die Amplituden der Grundharmonischen

$$\hat{F}_k = \sqrt{S_k^2 + C_k^2} \qquad\qquad (3.21)$$

und die Phasenwinkel

$$\varphi_k = \arctan\left(\frac{C_k}{S_k}\right) \qquad\qquad (3.22)$$

sind also diskrete Werte im Frequenzbereich. Der Übergang zu nichtperiodischen Anregungen wird erreicht, indem man zu unendlich großen Periodendauern übergeht. Die Grundfrequenz $\Omega = \frac{2\pi}{T}$ wird dadurch unendlich klein. Der entsprechend durchgeführte Grenzübergang liefert jetzt kein diskretes Spektrum mehr, sondern ein kontinuierliches. Die Fouriersumme geht dadurch in das Fourierintegral über

$$f(t) = \int_{-\infty}^{\infty} F_{(\Omega)}\, e^{j\Omega t}\, d\Omega \qquad\qquad (3.23)$$

mit

$$F_{(\Omega)} = \frac{1}{2\pi} \int_0^{\infty} f(t)\, e^{-j\Omega t}\, dt \qquad\qquad (3.24)$$

Abbildung 3.8 zeigt einige Anregungssignale im Zeit- und im Frequenzbereich.

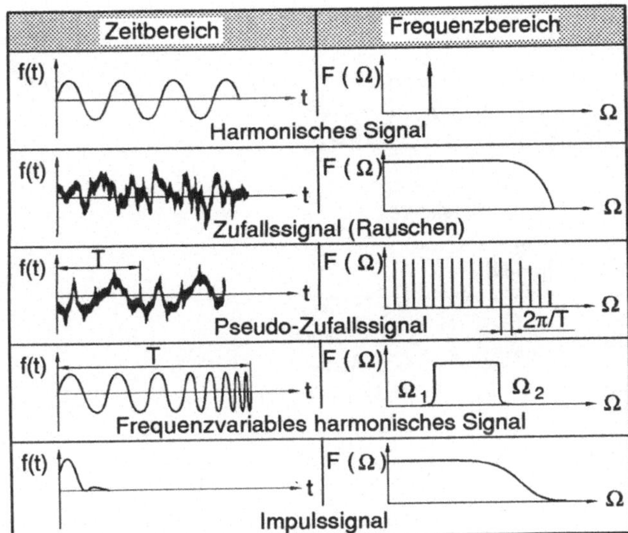

Abb. 3.8 Frequenzgehalt typischer Signalfunktionen

3.3.2 Eigenverhalten von Gestellen

Die Anregungen wirken auf die Gestelle der Werkzeugmaschinen ein. Diese sind schwingungsfähige Systeme mit kontinuierlich verteilten Massen, Federn und Dämpfern.

Folglich haben sie unendlich viele Freiheitsgrade, in denen sich Schwingungsformen ausbilden können, und damit eine entsprechende Zahl von Eigenfrequenzen. Die Eigenfrequenzen sind jedoch diskret. In einem beschränkten Frequenzbereich treten nur endlich viele Eigenfrequenzen und somit auch Eigenformen auf.

Das Verhalten linearer Systeme läßt sich zweckmäßig durch eine Übertragungsfunktion beschreiben (Abb. 3.9). Diese gibt das Verhalten im Frequenzbereich wieder. Um Übertragungsfunktionen experimentell zu bestimmen, werden Anregung (Eingangssignal) und Schwingung (Ausgangs- oder Antwortsignal) gemessen. Beide Signale werden in den Frequenzbereich überführt. Der Quotient aus Ausgangs- zu Eingangssignal ist die (komplexe) Übertragungsfunktion.

Dabei ist es prinzipiell gleichgültig, welchen zeitlichen Verlauf die Anregung hat; es kann harmonisch bei Durchstimmung über den interessierenden Frequenzbereich, impulsförmig oder stochastisch angeregt werden (Abb. 3.8).

Bei experimenteller Ermittlung der Übertragungsfunktion richtet sich die Auswahl einer Anregungsart nach versuchs- und meßtechnischer Zweckmäßigkeit. Abbildung 3.9 zeigt die Übertragungsfunktion einer Fräsmaschine als Nachgiebigkeitsfrequenzgang. Die Nachgiebigkeit wurde durch Anregung und Messung der Auslenkung an der Wirkstelle aufgenommen.

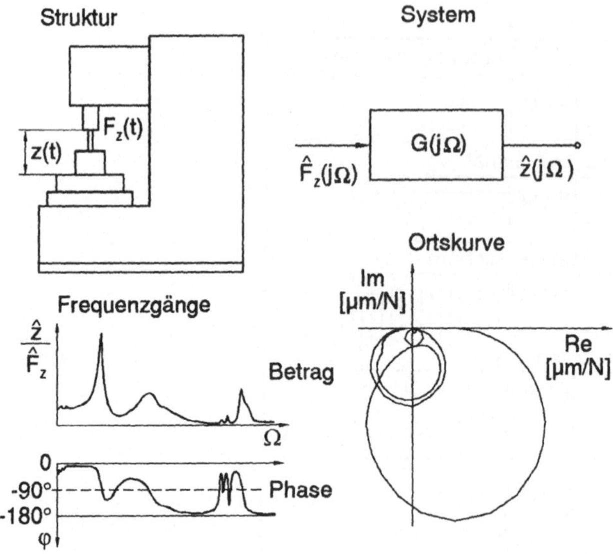

Abb. 3.9 Darstellungsformen der dynamischen Nachgiebigkeit

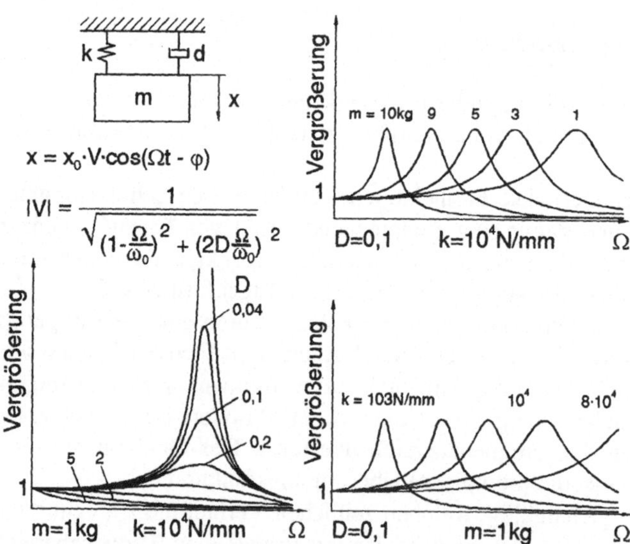

Abb. 3.10 Vergrößerungsfunktion und Parametervariation

Allgemein gilt, daß sich auch eine komplexe mechanische Struktur gut durch die Parameter mehrerer einläufiger Schwinger, d.h. durch das Zusammenwirken einer Masse m, einer Feder mit der Federzahl k und eines geschwindigkeitsproportionalen Dämpfers mit dem Dämpfungsfaktor d darstellen läßt. Für jede Eigenfrequenz gelten andere Parameter m, k und d. Regt man eine Struktur sinusförmig in einer ihrer Eigenfrequenzen an, verhält sie sich ähnlich wie ein einzelner Einmassenschwinger.

Aus diesem Grund und wegen der guten Anschaulichkeit tendenzieller Zusammenhänge sei zunächst der einläufige Schwinger behandelt: Ein Ersatzbild ist in Abb. 3.10 dargestellt. Es führt auf die lineare Differentialgleichung 2. Ordnung mit konstanten Koeffizienten

$$m\,\ddot{x} + d\,\dot{x} + k\,x = \hat{F}\cos\Omega\,t \tag{3.25}$$

worin sich die Massenkraft $F_m = m\ddot{x}$, die Dämpfungskraft $F_b = d\dot{x}$ und die Federkraft $F_k = kx$ mit einer harmonischen erregenden Kraft $\hat{F}\cos(\Omega t)$ das Gleichgewicht halten. Eine partikuläre Lösung, die den eingeschwungenen Zustand beschreibt, wird durch den Ansatz

$$x = x_0 \cdot V \cdot \cos(\Omega t - \varphi) \quad \text{mit} \quad \hat{F} = kx_0 \tag{3.26}$$

gewonnen. Darin ist x_0 die Auslenkung der Masse, die sich im statischen Fall bei der Wirkung der Erregerkraft $\hat{F}$ einstellen würde. Die reelle Vergrößerungsfunktion V gibt an, um wieviel x gegebenüber x_0 durch die dynamische Wirkung der Erregung verzerrt ist. Damit sind die Amplituden und Phasenlagen der Einzelkräfte:

$$
\begin{aligned}
\hat{F}_k &= k \cdot x_0 \cdot V & \varphi_k &= 0° \\
\hat{F}_d &= d \cdot \Omega \cdot x_0 \cdot V & \varphi_d &= 90° \\
\hat{F}_m &= m \cdot \Omega^2 \cdot x_0 \cdot V & \varphi_m &= 180°
\end{aligned}
\tag{3.27}
$$

Die Phasenverschiebungen der Einzelkräfte lassen sich elegant in komplexer Schreibweise berücksichtigen. Mit dem Ansatz

$$x = x_0 V * e^{j\Omega t} = \hat{x}e^{j\Omega t} \tag{3.28}$$

wobei die Vergrößerungsfunktion $V*$ jetzt komplex ist, geht Gleichung (3.25) in

$$\hat{x}e^{j\Omega t}(-m\Omega^2 + dj\Omega + k) = \hat{F}e^{j\Omega t} \tag{3.29}$$

über. Die Nachgiebigkeit des Systems ist nun

$$G(j\Omega) = \frac{\hat{x}}{\hat{F}} = \frac{1}{-m\Omega^2 + d\Omega j + k} \tag{3.30}$$

Eine inverse Vergrößerungsfunktion läßt sich anschreiben zu:

$$\frac{1}{V*(j\Omega)} = \frac{1}{kG(j\Omega)} = -\frac{m\Omega^2}{k} + \frac{d\Omega}{k}j + 1 \tag{3.31}$$

Die komplexe Größe 1/V* (Abb. 3.1) entsteht aus dem Realteil

$$u = 1 - \frac{m \cdot \Omega^2}{k} \tag{3.32a}$$

und aus dem Imaginärteil

$$v = \frac{d \cdot \Omega}{k} \tag{3.32b}$$

Durch Eliminieren von Ω in der Parameterdarstellung (3.32a) und (3.32b) ergibt sich der geometrische Ort der Zeiger 1/V* als Parabel

$$u = 1 - \frac{m \cdot k}{d^2} \cdot v^2 \tag{3.33}$$

die nach links geöffnet ist und den Abzissenabschnitt u =1 abschneidet (statischer Fall). Das Lot auf die Parabel als minimaler Zeiger 1/V* kennzeichnet den Resonanzfall.

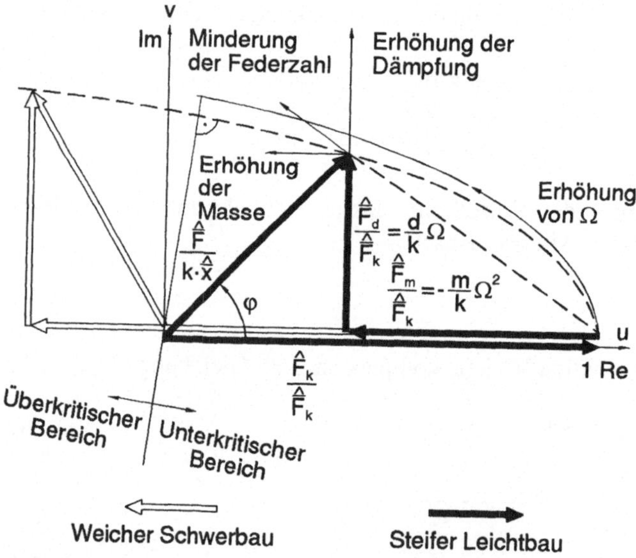

Abb. 3.11 Inverse Ortskurve eines Einmassenschwingers

Der Betreiber einer Werkzeugmaschine kann im allgemeinen nur die Drehfrequenzen beeinflussen, mit denen die Maschine läuft, also nicht das Eigenverhalten, sondern die Anregungsfrequenz. Wird die Maschine unterhalb der Eigenfrequenz betrieben, so heißt der Zustand unterkritisch, oberhalb der Eigenfrequenz spricht man vom überkritischen Bereich.

Der Konstrukteur einer Maschine kann durch Wahl des Werkstoffes, durch Wahl und Anordnung der Querschnitte, durch die Anordnung von Fugen und Führungen und durch zusätzlich dämpfende Glieder Federeigenschaften, Massen- und Dämpfungsverteilung des schwingungsfähigen Systems beeinflussen. Eine Veränderung der Steifigkeit eines Werkzeugmaschinengestells kann z.B. durch die Werkstoffwahl über den Elastizitätsmodul erreicht werden. Beim Übergang vom Baustoff lamellarer Grauguß auf Stahl nimmt der E-Modul nahezu um den Faktor 2 zu.

Für je einen gegebenen Betriebspunkt im unter- und überkritischen Bereich sind in Abb. 3.11 die Einflüsse von Steifigkeits-, Massen- und Dämpfungsänderungen eingezeichnet. Der geometrische Ort, der die jeweiligen Einflüsse beschreibt, ergibt sich aus der Darstellung in Abb. 3.11 durch Elimination der Einflußparameter; für die Federzahl folgt demnach

$$u = 1 - \frac{m \cdot \Omega}{d} \cdot v \tag{3.34}$$

die Gleichung einer Geraden durch den Betriebspunkt, der durch m, Ω und d bestimmt ist; die Masse wirkt sich nach (3.32a) nur auf den Abszissenwert aus, die Dämpfung nach (3.32b) nur auf die Ordinate.

Ziel für die Konstruktion einer Maschine wird es sein, die Eigenfrequenz ausreichend weit von der Anregungsfrequenz zu legen (möglichst großer Zeiger 1/V in Abb. 3.11 bedeutet, daß eine hohe Anregungsamplitude benötigt wird, um eine bestimmte Schwingamplitude zu erreichen). Das heißt nach Abb. 3.11

- "steifer Leichtbau" bei unterkritischer Anregung und
- "weicher Schwerbau" bei überkritischer Anregung.

Mit Rücksicht auf das statische Verhalten wird man jedoch die Steifigkeit unter dem Gebot "weicher Schwerbau" nicht beliebig herabsetzen können.

Der Einfluß der Dämpfung ist im Resonanzfall oder in seiner Nähe am größten. Da dies wegen der größten dynamischen Nachgiebigkeit der kritische Zustand ist, wird man versuchen, Werkzeugmaschinengestelle mit hoher Dämpfung auszustatten.

3.3.3 Dämpfungsvermögen der Gestelle

In einer schwingenden Struktur findet ein steter Austausch zwischen Speichern kinetischer und potentieller Energie statt. Das einläufige Feder-Masse-System ist im Zustand maximaler potentieller Energie bei maximaler oder minimaler Federlängung; dazwischen ist bei maximaler oder minimaler Geschwindigkeit im kraftlosen Zustand der Feder die kinetische Energie maximal. Dieses "Umpumpen" von Energien ist bei nicht konservativen Systemen mit Verlusten verbunden. Wegen dieser Energieabgabe an die Umwelt nimmt die Amplitude einer freien Schwingung mit der Zeit ab (Abb. 3.12). In diesem Fall spricht man von einer gedämpften Schwingung. Die zugehörige homogene Differentialgleichung

$$m\ddot{x} + d\dot{x} + kx = 0 \tag{3.35}$$

hat mit

$$\omega_0^2 = \frac{k}{m} \quad \text{und} \quad D = \frac{d}{2\sqrt{km}} = \frac{d}{2\omega_0 m} \tag{3.36}$$

die Lösung

$$x(t) = e^{-D\omega_0 t} \left[A_1 \cos\left(\sqrt{1-D^2}\,\omega_0 t\right) + A_2 \sin\left(\sqrt{1-D^2}\,\omega_0 t\right) \right] \tag{3.37}$$

Die Konstanten A_1 und A_2 folgen aus den Anfangsbedingungen

$$x(t=0) = x_0$$
$$\dot{x}(t=0) = 0 \tag{3.38}$$

zu

$$A_1 = x_0 \tag{3.39}$$

$$A_2 = \frac{Dx_0}{\sqrt{1-D^2}} \tag{3.40}$$

Die Funktion $e^{-D\omega_0 t}$ beschreibt das Abklingen der Amplituden. Die Abklingzeitkonstante ist

$$T_z = \frac{1}{D\omega_0} \tag{3.41}$$

Aus (3.37) läßt sich die k-te Amplitude x_k bestimmen. Mit der Periodizität des trigonometrischen Faktors in (3.37) folgt

$$\frac{\hat{x}_k}{\hat{x}_{k+1}} = e^{D\omega_0 T} = \text{const.} \tag{3.42}$$

Damit läßt sich das logarithmische Dekrement

$$\Lambda = \ln\frac{\hat{x}_k}{\hat{x}_{k+1}} = D\omega_0 T = \frac{2\pi D}{\sqrt{1-D^2}} \tag{3.43}$$

der abklingenden Schwingung angeben. Λ läßt sich durch Ausschwingversuche bestimmen. Aus (3.43) folgt das Lehrsche Dämpfungsmaß

$$D = \frac{\Lambda}{\sqrt{4\pi^2 + \Lambda^2}} \tag{3.44}$$

oder mit hinreichender Genauigkeit für $D < 0{,}05$ $(D^2 \approx 0)$

$$D \approx \frac{\Lambda}{2\pi} \qquad (3.45)$$

Während aus der Abklingkurve freier gedämpfter Schwingungen das Dämpfungsmaß im Zeitbereich bestimmt werden kann, wird es bei frequenzveränderbaren erzwungenen Schwingungen aus der Vergrößerungsfunktion bzw. dem Amplitudenfrequenzgang ermittelt. Nach Abb. 3.12 ist $\Delta\Omega$ beiderseits der Eigenfrequenz ω_0 durch einen Amplitudenabfall vom Maximalwert $\hat{x}_{max}$ um den Faktor $1/\sqrt{2}$ bestimmt. Damit gilt

$$D = \frac{\Delta\Omega}{2\omega_0} \qquad (3.46)$$

Wie vorn erläutert wurde, ist der Einfluß der Dämpfung im Resonanzfall maximal und es gilt näherungsweise für schwach gedämpfte Systeme

$$\frac{\hat{x}_{max1}}{\hat{x}_{max2}} = \frac{D_2}{D_1} \qquad (3.47)$$

d.h. die Resonanzamplitude ist dem Dämpfungsmaß umgekehrt proportional.

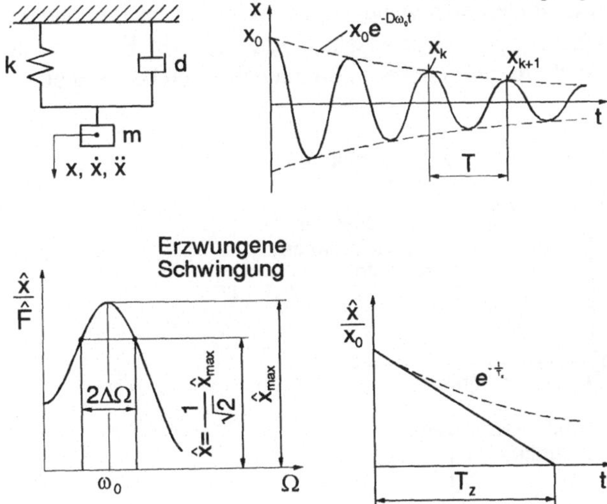

Abb. 3.12 Bestimmung des Lehrschen Dämpfungsmaßes

Die Gestellbaustoffe haben eine Eigendämpfung. In Tabelle 3.1 sind die Dämpfungsmaße der wichtigsten Gestellbaustoffe aufgeführt. Diese reine Materialdämpfung, die sehr klein ist, hat jedoch nur geringen Anteil an der Gesamtdämpfung des

Systems. Der weitaus größere Anteil beruht auf Reibung in Fügestellen zwischen Maschinenbauteilen.

Tabelle 3.1 Dämpfungsmaße von Baustoffen und Baugruppen

Baustoff/Baugruppe	Dämpfungsmaß
Stahl	$0,0005 \div 0,001$
Gußeisen GG-25	$0,003$
Stahlbeton	$0,02 \div 0,04$
Polymerbeton	$0,02$
Schweißkonstruktion	$0,004 \div 0,08$
Gestell	$0,04 \div 0,08$
Hilfsmassedämpfer	$0,3$

Reale Dämpfungswerte für Gestellstrukturen liegen in der Größenordnung $D = 10^{-2}$ bis $50 \cdot 10^{-3}$. Diese Werte können durch zusätzliche Elemente erhöht werden. Solche schwingungsmindernden Elemente werden Absorber genannt.

Passive Absorber lassen sich in flächig und diskret wirkende einteilen. Flächige Absorber werden bei dünnen Bauteilen, wie z.B. Blechen oder dünnen Wänden, mit über die Fläche verteilten Amplituden angewendet. Ihre Wirkung ist breitbandig. Sie werden häufig zur Minderung von Körperschall genutzt. Als Körperschall werden Schwingungen von Festkörpern im höheren Frequenzbereich bezeichnet.

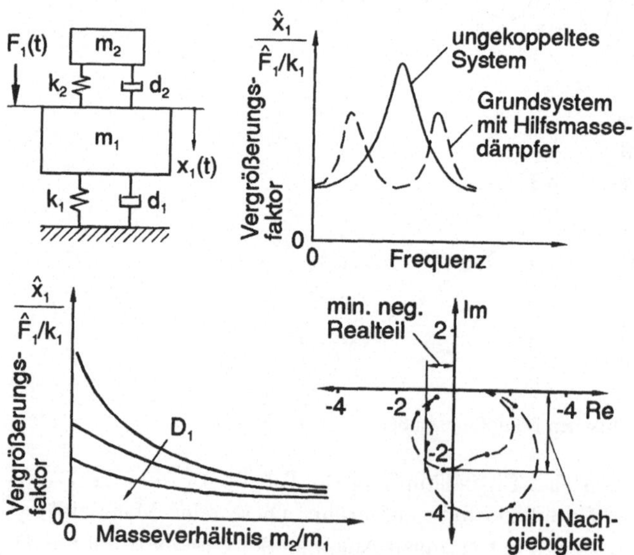

Abb. 3.13 Wirkung eines Hilfsmassedämpfers

Zur Minderung von (tieffrequenten) Schwingungen in Gestellen werden diskrete Absorber oder Hilfsmassedämpfer eingesetzt. Ihr Verhalten läßt sich zusammen mit der Struktur durch Koppelschwingungen beschreiben. Die Wirkungsweise eines Hilfsmassedämpfers zusammen mit einem einläufigen Schwinger ist in Abb. 3.13 dargestellt. Man erkennt, daß das System abgestimmt werden muß /TEL86/; denn eine Minimierung der Nachgiebigkeit gelingt immer für eine Frequenz, für andere können Amplitudenüberhöhungen auftreten. Abbildung 3.14 zeigt verschiedene Prinzipien von Zusatzmassedämpfern und die zugehörigen Frequenzgänge. Der Impakt- und der Lanchester-Dämpfer weisen keine zusätzliche Resonanzstelle auf, weil sie keinen Energiespeicher enthalten.

Der Lanchesterdämpfer läßt sich vorteilhaft dort verwenden, wo dem System keine zusätzliche Eigenfrequenz hinzugefügt werden darf. Verglichen mit dem Hilfsmassedämpfer benötigt er jedoch eine erheblich größere Zusatzmasse, was gerade im Arbeitsraum von Werkzeugmaschinen ungünstig ist.

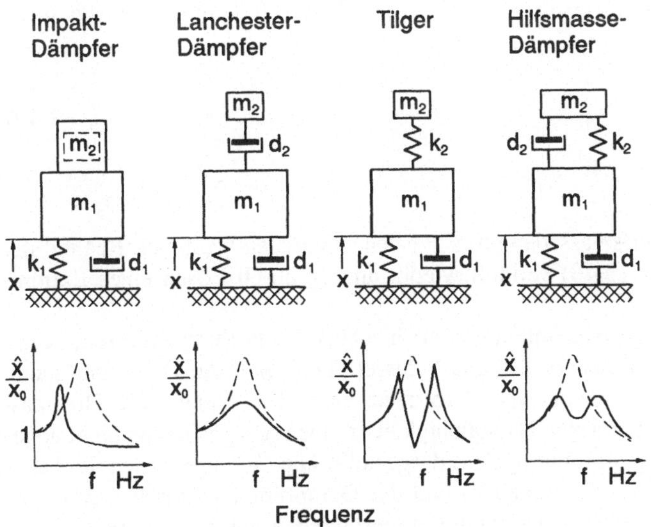

Abb. 3.14 Passive dynamische Zusatzsysteme

Zur Optimierung von Hilfsmassedämpfern lassen sich zwei verschiedene Kriterien je nach der Schwingungsart, bei der sie wirken sollen, anwenden (s.a. Abb. 3.13). Für fremderregte Schwingungen kommt es darauf an, die Nachgiebigkeit bei kritischen Eigenfrequenzen zu minimieren. Wie im Abschnitt "Selbsterregte Schwingungen" dieses Kapitels noch erläutert wird, ist es bei dieser Schwingungsart erforderlich, den Beitrag des negativen Realteils der Maschinenortskurve zu verringern, um die Ratterneigung zu vermindern /TEL86/. Die Nachgiebigkeitsfunktion eines gedämpften Zweimassenschwingers mit den Teilsystemparametern m_i, k_i und d_i ist

$$\frac{\hat{x}_1}{\hat{F}_1} = \frac{(k_2 m_2 \Omega^2 + j\Omega d_2)}{\left[k_1 + k_2 - m_1 \Omega^2 + j\Omega(d_1 + d_2)\right](k_2 - m_2 \Omega^2 + j\Omega d_2) - (k_2 + j\Omega d_2)^2} \qquad (3.48)$$

Das Grundsystem ist nicht veränderbar. Seine Parameter m_1, k_1 und d_1 bzw. D_1 seien bekannt. Mit zunehmendem Massenverhältnis m_2/m_1 sinkt die Nachgiebigkeit hyperbolisch, und zwar umso steiler, je geringer das Dämpfungsmaß D_1 des Grundsystems ist (Abb. 3.13). Es kommt also zunächst darauf an, die Hilfsmasse m_2 des Dämpfers so groß wie konstruktiv möglich zu machen. Für den Fall fremderregter Schwingungen sind dann die Parameter k_2 und D_2 so zu bestimmen, daß die maximale Resonanzüberhöhung so klein wie möglich wird. Die Übertragungsfunktion des gekoppelten Systems hat dann zwei gleichhohe Resonanzamplituden. Das Nomogramm in Abb. 3.15 enthält Kurvenscharen, die aus numerischen Berechnungen dieser Extremwertaufgabe mit zwei Veränderlichen ermittelt wurde. Ein Beispiel für $m_1 = 10\,\text{kg}$, $k_1 = 150\,\text{N/µm}$ und $D_1 = 0{,}025$ zeigt den Gebrauch des Nomogramms. Es führt mit $m_2 = 1\,\text{kg}$ auf die Parameter des Dämpfers $D_2 = 0{,}19$ und das Frequenzverhältnis $\omega_2/\omega_1 = 0{,}875$. Damit läßt sich dann die Federzahl des Dämpfers über

$$k_2 = \omega_2{}^2 \frac{m_2}{\sqrt{1 - 2 D_2{}^2}} \qquad (3.49)$$

ermitteln.

Die Auslegung des Hilfsmassedämpfers auf den minimalen negativen Realteil der Nachgiebigkeitsfunktion (3.48) verläuft wieder analog durch Lösen eines Extremwertproblems.

Rechnerisch sind solche Abstimmungen noch relativ leicht durchzuführen, in der Praxis ergibt sich jedoch eine zusätzliche Schwierigkeit, weil die Dämpfung kaum gezielt zu beeinflussen ist. In Abb. 3.16 sind eine Bohrstange mit Hilfsmassedämpfer sowie die zugehörigen Nachgiebigkeitsfrequenzgänge für das nicht abgestimmte und das gut abgestimmte System dargestellt. Die O-Ringe bilden die Hilfsmassenaufhängung mit der Steifigkeit k_2 und der Dämpfung d_2. Durch Aufbringen einer Vorspannung in axialer Bohrstangenrichtung werden die O-Ringe zusammengedrückt und verändern dabei ihre wirksame Federrate, aber auch ihre Dämpfung. Die Abstimmung kann daher das rechnerische Optimum nicht erreichen. Wie die Nachgiebigkeitsfrequenzgänge jedoch zeigen, kann mit dem Hilfsmassedämpfer eine deutliche Absenkung der Resonanzüberhöhung erzielt werden.

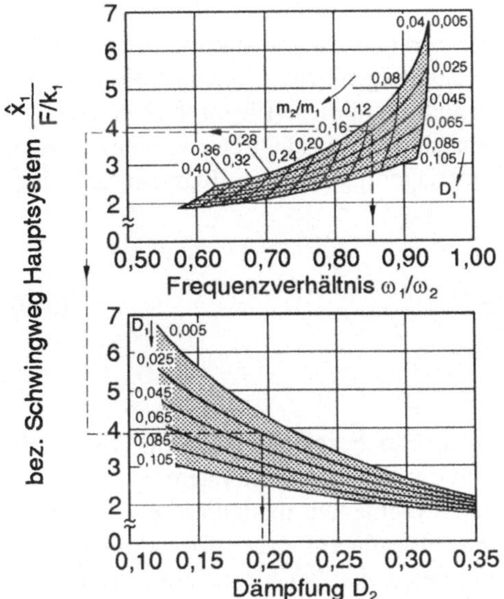

Abb. 3.15 Kennlinien für optimale Dämpfer (minimale Nachgiebigkeit) /Quelle: Diss. Tellbüscher/

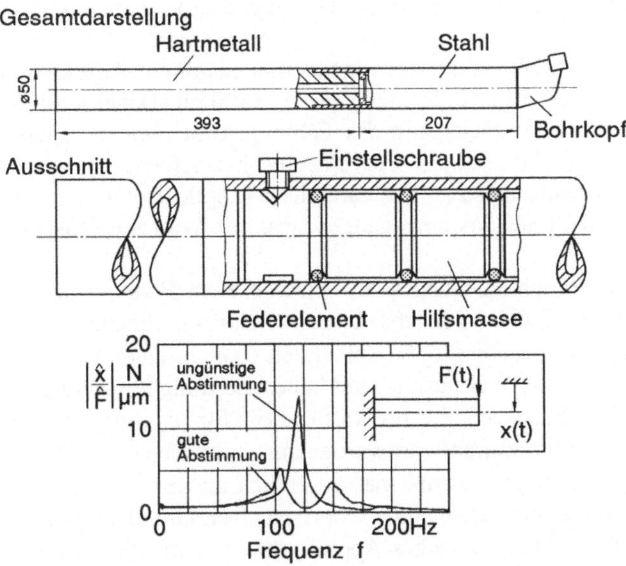

Abb. 3.16 Abstimmung einer Bohrstange durch Vorspannen der Federelemente

3.3.4 Experimentelle Modalanalyse

Wie erläutert, läßt sich das Verhalten einer mechanischen Struktur, wie es das Gestell darstellt, als Überlagerung mehrerer einläufiger Schwinger auffassen. Bei der Dämpfungsbestimmung nach der $\sqrt{2}$-Methode wird diese Eigenschaft genutzt. Ein beliebiger am Gestell gemessener Frequenzgang $G(j\Omega)$ kann bei Annahme proportionaler Dämpfung anschaulich durch Überlagerung fiktiver Einmassenschwinger dargestellt werden. Für ihn gilt somit

$$G(j\Omega) = \sum_{i=1}^{n} \frac{1}{k_i} \cdot \frac{R_i}{1 + 2\,jD_i\left(\dfrac{\Omega}{\omega_i}\right) - \left(\dfrac{\Omega}{\omega_i}\right)^2} \tag{3.50}$$

wobei k_i, D_i, ω_i sowie R_i als modale Parameter bezeichnet werden. Die R_i sind proportional zu den jeweiligen Eigenvektorkomponenten des Systems.

Wird das Gestell beispielsweise mit finiten Elementen modelliert, ergibt sich die obige Zerlegung durch Lösen eines Eigenwertproblems. Die Anwendung der FE-Methode ist jedoch äußerst aufwendig und liefert darüber hinaus nur ungenaue Ergebnisse über das Schwingungsverhalten, da Aufstellbedingungen, Federeigenschaften der Fugen und Lager sowie die Dämpfung des Systems nur unzureichend bekannt sind. Die experimentelle Bestimmung der Parameter ist dagegen wesentlich genauer, weil die oben genannten Unwägbarkeiten automatisch mit berücksichtigt werden. Darüber hinaus ist der Zeitaufwand für die Durchführung der experimentellen Modalanalyse deutlich geringer; sie setzt allerdings das Vorhandensein der Struktur voraus.

Die Parameter werden bei der Messung des Eigenverhaltens durch Anpassen gemessener Frequenzgänge an die Modellgleichung (3.50) ermittelt. Dabei wird zwischen gemessenem und Modellfrequenzgang das Fehlerquadrat minimiert. Dieser Prozeß der Kurvenanpassung wird auch als "Curve fitting" bezeichnet.

Für die experimentelle Modalanalyse gibt es zahlreiche Möglichkeiten der Anregung und Messung. Hier wird auf das eingegangen, was für Werkzeugmaschinen wesentlich ist.

Um Verformungen bzw. Beschleunigungen an verschiedenen Punkten der Maschine messen zu können, muß diese zunächst in Schwingungen versetzt werden. Wegen der hohen Steifigkeit und der großen beteiligten Massen einer Werkzeugmaschine ist dazu ein Erreger mit einer ausreichend hohen Leistung notwendig. Daher werden überwiegend hydraulische Wechselkrafterreger für die Anregung verwendet. Für die Messung der Strukturantwort werden aus praktischen Gründen Beschleunigungsaufnehmer eingesetzt, obwohl man eigentlich an den Verformungen und nicht an deren zweiter Zeitableitung interessiert ist. Der Grund hierfür liegt darin, daß Beschleunigungen durch einfaches Applizieren des Aufnehmers absolut gemessen werden. Ein Wegaufnehmer muß dagegen gegenüber der Maschine feststehen, was nur mit großem Aufwand und an unzugänglichen Stellen gar nicht realisierbar ist. Ein typischer Meßaufbau ist in Abb. 3.17 dargestellt. Neben der eigent-

lichen Aufnahme des Eingangssignals Erregerkraft f(t) und der Beschleunigungs-
antwort ü(t) ist noch die Signalaufbereitung für den Digitalrechner dargestellt.

Im Rechner wird dann eine Fourieranalyse der Signale mit anschließender Fre-
quenzgangberechnung durchgeführt.

Die Frequenzgänge bilden die Grundlage für die Schätzung der modalen Parameter. Für die Parameterschätzung kann heute auf käufliche Programmpakete zurück-
gegriffen werden. Stehen diese nicht zur Verfügung, kann man sich bei nicht allzu
großen Strukturen und unter bestimmten Voraussetzungen mit klassischen Methoden helfen. Wegen ihrer grundsätzlichen Bedeutung und Anschaulichkeit soll die
"Peak Picking" Methode hier kurz erläutert werden. Die Voraussetzungen für die
Anwendbarkeit dieser Technik sind

- eine schwache Dämpfung (in Werkzeugmaschinen gegeben) und
- weit auseinanderliegende, sich gegenseitig nicht beeinflussende Eigenfrequenzen

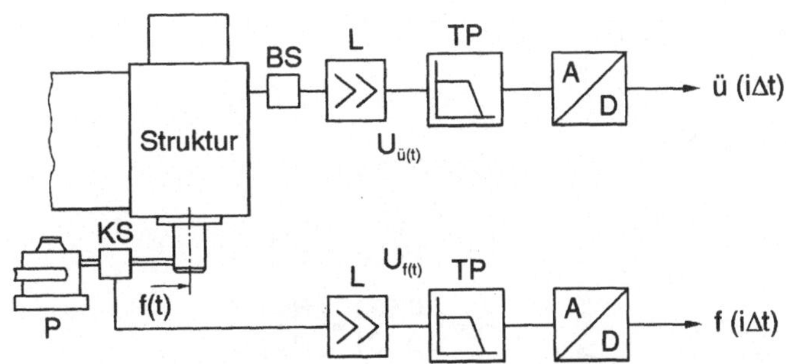

BS = Beschleunigungssensor   AD = Analog-Digital-Wandler
L = Ladungsverstärker   P = Pulser (Erregereinheit)
TP = Tiefpaß-(Anti-Aliasing)-Filter   KS = Kraftsensor

Abb. 3.17 Versuchsaufbau zur experimentellen Modalanalyse

Jetzt können vorhandene Eigenfrequenzen und Dämpfungen den Frequenzgängen
mit den für einläufige Schwinger bereits behandelten Methoden entnommen werden. Diese Parameter haben globalen Charakter, sind also an jedem Strukturpunkt
(mit Ausnahme von Schwingungsknoten) wiederzufinden. Das heißt, jeder Frequenzgang muß im Rahmen der Meßgenauigkeit gleiche Eigenfrequenzen und
Dämpfungen liefern. Interessanter für die Beurteilung dynamischer Schwachstellen
sind jedoch die Eigenformen der untersuchten Maschine. Eine Struktur, die die obi-
gen Voraussetzungen erfüllt, schwingt näherungsweise in einer Eigenform, wenn
sie sinusförmig in der zugehörigen Eigenfrequenz angeregt wird. Enthält das
Spektrum der Erregung nicht nur eine einzelne Frequenz, sondern mehrere oder ist
kontinuierlich, dann ergibt sich die resultierende Schwingungsform durch Überlagerung der angeregten Eigenformen. Die physikalische Bedeutung der Eigenformen
ist somit klar. Aus den Frequenz- und Phasengängen können nun die Komponenten
der Eigenform für die einzelnen Strukturpunkte abgelesen werden. Dies wird hier

beispielhaft für einen Zweimassenschwinger vorgeführt. Wird der Schwinger nach Abb. 3.18 mit der Kraft f(t) angeregt, lassen sich die Frequenzgänge

$$G_{22}(j\Omega) = \frac{\hat{x}_2(j\Omega)}{\hat{f}(j\Omega)}$$

$$G_{21}(j\Omega) = \frac{\hat{x}_1(j\Omega)}{\hat{f}(j\Omega)}$$

(3.51)

bestimmen. Aus ihnen ergeben sich jeweils zwei Werte R_{ij}, die zusammengefaßt eine dem Eigenvektor proportionale Größe ergeben. Im vorliegenden Fall wird die erste Eigenform durch eine gleichphasige Bewegung und die zweite Eigenform durch eine gegenphasige Bewegung gebildet.

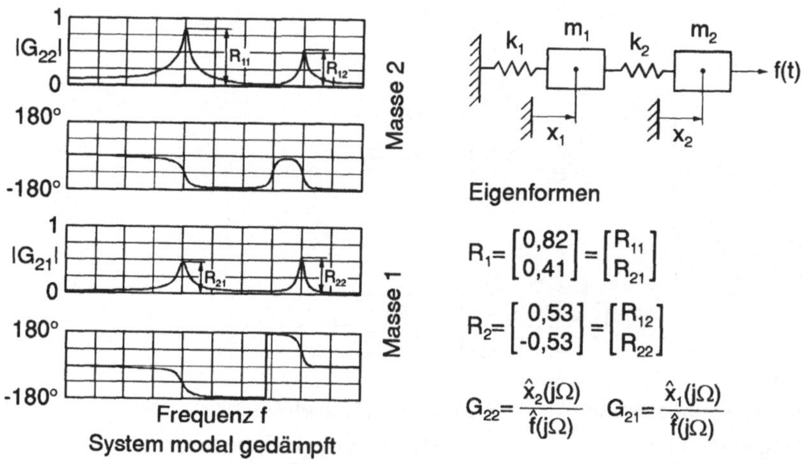

Abb. 3.18 Bestimmung der Eigenformen aus gemessenen Frequenzgängen

Bei Maschinenuntersuchungen liefert die Modalanalyse konkrete Hinweise auf dynamische Schwachstellen, die z.B. für eine Ratterinstabilität der Werkzeugmaschine verantwortlich sein können. Da die Ratterfrequenz in der Nähe einer Eigenfrequenz liegt, läßt sich die Schwachstelle durch Betrachtung der zugehörigen Eigenform lokalisieren. Insbesondere sind hier Eigenformen von Interesse, die mit einer Relativverlagerung an der Wirkstelle in Verbindung stehen. Ein Beispiel hierfür zeigt Abb. 3.19 für eine Konsolfräsmaschine.

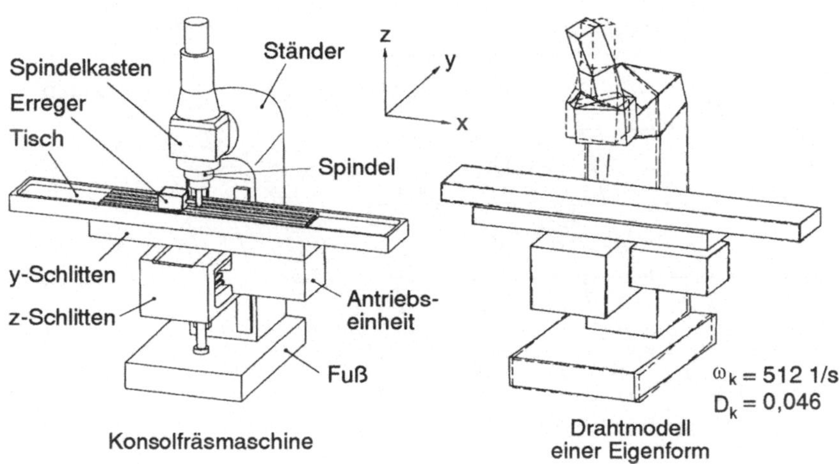

Abb. 3.19 Eigenform einer Konsolfräsmaschine

3.3.5 Erzwungene Schwingungen

Die Einwirkung von dynamischen Kräften oder Verschiebungen auf Werkzeugmaschinengestelle, gekennzeichnet durch ihr Eigenverhalten, führt zu erzwungenen oder fremderregten Schwingungen. Die vorn beispielhaft genannten Erregungen haben nicht sämtlich sinusförmigen Zeitverlauf, sind nicht notwendig harmonische Anregungen. Dies gilt zwar für Unwuchten, Erregungen aus Fluchtungsfehlern und hydraulischen Druckschwankungen meist mit ausreichender Genauigkeit, läßt sich aber im allgemeinen für periodische Anregungen aus Eingriffsstörungen oder Wirkkräften nicht voraussetzen. Man kann jedoch jede periodische Funktion beliebig genau durch eine Fourierreihe darstellen. So lassen sich auch diese Anregungen auf harmonische Zeitverläufe zurückführen. Bei nicht harmonischer periodischer Anregung wird eine Struktur nicht nur mit der Grundfrequenz, die der Periodizität der Anregung entspricht, sondern auch durch deren ganzzahlige Vielfache (höhere Harmonische) angeregt. Eine Werkzeugmaschine antwortet demnach auf ein Erregungsgemisch, das im allgemeinen einige dominante Überhöhungen zeigt, bei solchen Frequenzen mit besonders hohen Amplituden, wo Anregungsfrequenzen nahe den Eigenfrequenzen liegen. Im übrigen treten im Spektrum der Schwingung Überhöhungen an dominanter Stelle des Anregungsspektrums und bei Eigenfrequenzen auf, bei denen durch das Grundrauschen der Anregung (Untergrund des Anregungsspektrums) Schwingungen erzwungen wurden. Entsprechend kann man *Anregungsüberhöhungen* und *Strukturüberhöhungen* unterscheiden (Abb. 3.20).

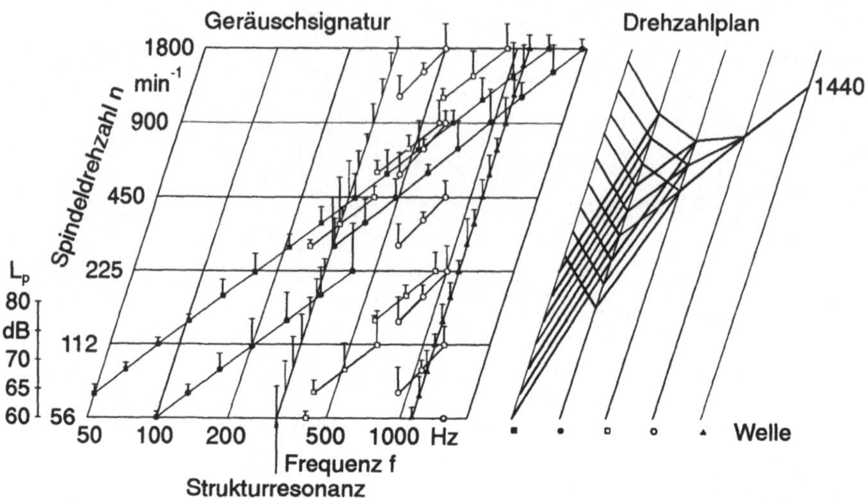

Abb. 3.20 Signatur beim statischen Abbremsversuch einer Fräsmaschine

Diese Zusammenhänge können zur Ursachenanalyse bei in Werkzeugmaschinen auftretenden Schwingungen genutzt werden. Meist treten mehrere Erregerquellen auf. Unter der Voraussetzung, daß die Quellen dominierende tonale Anteile im Spektrum besitzen und nicht zwei oder mehr Quellen Anteile bei gleichen Frequenzen haben, z.B. aus der Eingriffsfrequenz, kann durch Frequenzvergleich aus dem Spektrum des Ausgangssignals, also der gemessenen Schwingung, auf die Quellen geschlossen werden. Für kohärente Quellen, - z.B. miteinander über Zahnräder verbundene Wellen oder deren Lager - versagt diese Art der Analyse. Sind durch Versuche oder Rechnung die Einzelübertragungsfunktionen der Quelle zum untersuchten Meßpunkt bekannt, kann der Anteil jeder Quelle an der resultierenden Schwingung bestimmt werden. Zur Unterscheidung, ob es sich bei der Überhöhung im Spektrum um Anregungs- oder Strukturüberhöhungen handelt, kann die *Signaturanalyse* dienen. Hierzu wird die Anregungsfrequenz kontinuierlich oder diskret verändert und für verschiedene Zustände werden die Spektren der Schwingung aufgenommen. Dabei zeigen sich wie in Abb. 3.20 mit der Anregungsfrequenz mitlaufende Überhöhungen und stehende - wenn auch in der Größe veränderliche - Überhöhungen; diese sind kennzeichnend für die Struktur, jene für die Anregung.

3.4 Selbsterregte Schwingungen

Erzwungene Schwingungen in Werkzeugmaschinen werden deshalb als weniger gefährlich angesehen, weil sie auf äußeren Ursachen beruhen. Wenn man diese äußeren Ursachen erkannt hat, kann man sie in der Regel auch abstellen. Anders ist das bei selbsterregten Schwingungen. Wie bei den erzwungenen Schwingungen ist auch hier eine Energiequelle vorhanden, aus der die zur Anfachung notwendige Energie gespeist werden kann. Wie bei erzwungenen Schwingungen wird die Energie zur Aufrechterhaltung der Schwingung letztlich einem der Antriebe der Maschine entnommen, Abb. 3.21. Im Gegensatz zu den erzwungenen Schwingungen wird hier jedoch der Takt der Energiezufuhr nicht von außen gesteuert wie z.B. durch den Schneideneingriff beim Fräsen, sondern wird durch den Vorgang selbst vorgegeben. Die Schwingfrequenz kann nicht ohne weiteres von außen bestimmt werden wie im Beispiel über die Drehzahl der Frässpindel, sondern folgt aus den Eigenschaften des schwingenden Systems. Sie liegt in der Nähe einer Eigenfrequenz.

Selbsterregte Schwingungen in Werkzeugmaschinen werden in der Praxis häufig als *Ratterschwingungen* bezeichnet. Sie haben im allgemeinen so große Amplituden, daß schon ihre Entstehung unterdrückt werden muß. Die theoretische Behandlung dieser Schwingungen beschäftigt sich daher nicht nur mit der Ermittlung der Frequenzen und der Amplituden, mit denen Teile einer Werkzeugmaschine insbesondere Werkzeug und Werkstück relativ zueinander schwingen, sondern besonders auch mit der Frage, welche Betriebszustände überhaupt zu Ratterschwingungen führen. Solche Zustände müssen vermieden werden; die sich endgültig einstellenden Amplituden sind dabei weniger interessant. Die meisten theoretischen und experimentellen Arbeiten beschäftigen sich daher mit der Feststellung der *Rattergrenze*. Aus der Praxis ist bekannt, daß man z.B. bei einem Fräsvorgang auf jeden Fall Ratterschwingungen erzeugen kann, wenn man nur Spanungsdicke oder Spanungsbreite groß genug macht (Abb. 3.22).

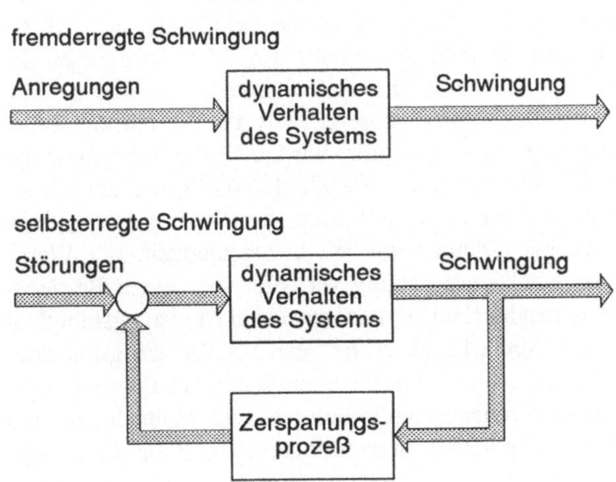

Abb. 3.21 Schwingungen an Werkzeugmaschinen

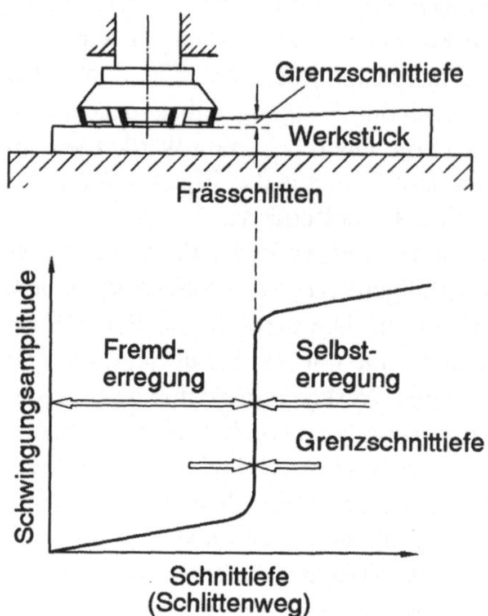

Abb. 3.22 Schwingungsamplituden bei Fremd- und Selbsterregung (schematisch)

Man kann beim Stirnfräsen an einem keilförmigen Werkstück beobachten, daß zunächst entsprechend der mit der Schnittiefe proportional zunehmenden Zerspankraft auch die Amplitude linear ansteigt. Von einer bestimmten Schnittiefe an wird der Vorgang instabil. Die Amplituden nehmen sprunghaft zu. Man bezeichnet die Größen, bei der diese plötzliche Zunahme der Schwingweite auftritt, als die Grenzgrößen, in diesem Fall also die Grenzschnittiefe. Falls nicht durch die starke Schwingbewegung ein Element im Kraftfluß zerstört wird, z.B. die Schneidplatten im Werkzeug, stellt sich nach der Erhöhung der Amplitude im allgemeinen wieder ein stabiler Zustand ein. Dieser ist aber für den Betrieb von Werkzeugmaschinen meist uninteressant, da man es aus Gründen der Werkzeugstandzeit, der Werkstückgenauigkeit und der Maschinenbeanspruchung vermeidet, in diesen Betriebszuständen zu arbeiten. Im vorliegenden Fall wird demnach die Leistungsfähigkeit der Maschine durch die Grenzschnittiefe begrenzt. Es besteht daher ein grundsätzliches Interesse, die Grenzbedingungen zu kennen, bis zu denen ein Bearbeitungsvorgang stabil abläuft und diese Grenzen durch konstruktive Maßnahmen und durch die Betriebsweise im Sinne möglichst großer Mengenleistung und hoher Genauigkeit hinauszuschieben.

Über die Ursachen von Ratterschwingungen sind eine Reihe von Theorien entwickelt worden, die verschiedene Phänomene als Grund für die Erregung nennen. Es erscheint heute gesichert, daß nicht eine einzelne Deutung des Vorgangs ausreicht /WEC77/. Ratterschwingungen können durch verschiedene Ursachen begründet sein. Als Beispiel seien für das Drehen die wichtigsten Theorien erläutert. Ihnen ist gemeinsam, daß sie Stabilitätsgrenzen beim Zusammenwirken von Zerspanprozeß und dynamischem Verhalten der Maschine bestimmen.

3.4.1 Fallende Schnittkraftcharakteristik

Aus Schnittkraftmessungen bei der Drehbearbeitung von Stahlwerkstoffen ist bekannt, daß die Schnittkraft von der Schnittgeschwindigkeit abhängt. In Abb. 3.23 ist ein typischer Schnittkraftverlauf dargestellt. Bei geringer Schnittgeschwindigkeit steigt die Schnittkraft geringfügig an, hat dann ein Maximum und fällt von dort aus ab. Bei weiterer Steigerung der Schnittgeschwindigkeit ist die Schnittkraft dann nahezu konstant. Die Ursachen für diese Schnittkraftcharakteristik liegen in thermischen Einflüssen und in sich ändernden Reibverhältnissen zwischen Werkzeug und Werkstück.

Zur rechnerischen Behandlung des dynamischen Geschehens zwischen den beiden Wirkpartnern wird das in Abb. 3.23 dargestellte Ersatzsystem als Modell eingeführt. Tatsächlich sind die Verhältnisse komplizierter: Nicht nur das Werkzeug, sondern auch das Werkstück weicht unter der Wirkung der Zerspankraft aus; die federnden Elemente sind massebelegt; auch die Dämpfung ist zum Teil kontinuierlich verteilt und in mehreren Fugen konzentriert. Deshalb kann dieses Modell nur eine erste Näherung sein, die grundsätzlich den Mechanismus des Ratterns bei fallender Schnittkraftcharakteristik wiedergeben soll. Beim Drehen mit einer Schnittgeschwindigkeit v_0 stellt sich eine Schnittkraft F_{y0} entsprechend Abb. 3.23 ein. F_{y0} und v_0 kennzeichnen den stationären Zustand. Dieser soll nun durch irgendeine Störung verlassen werden. Eine solche Störung kann eine Inhomogenität im Werkstückstoff sein. Dann schwingt die Masse m um die stationäre Mittellage. Beim Ausweichen nach unten ist die relative Schnittgeschwindigkeit $v = v_0 - \dot{y}$, also geringer als die stationäre Geschwindigkeit; folglich ist die Kraft $F_y > F_{y0}$. Für das Rückschwingen vom unteren Umkehrpunkt gilt das Umgekehrte.

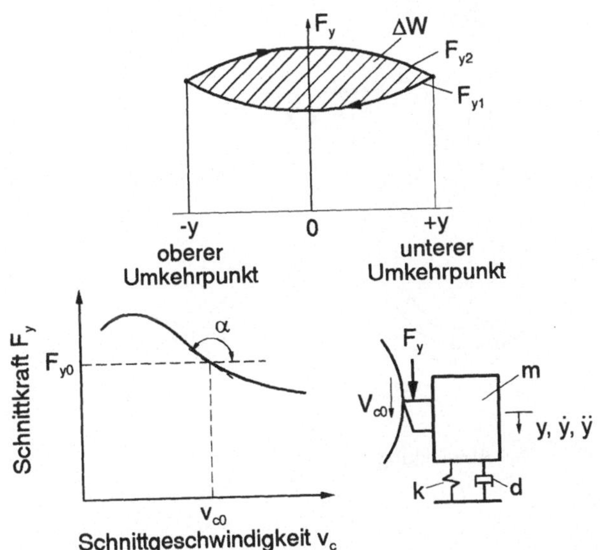

Abb. 3.23 Kraftverlauf und Rattern bei fallender Schnittkraftcharakteristik

Aus einer Energiebetrachtung in Abb. 3.23 folgt, daß je Schwingungsperiode ein Energiequantum ΔW von der Drehbewegung des Werkstückes in den Schwingungsvorgang eingespeist wird.

$$\Delta W = \int_{-\hat{y}}^{\hat{y}} F_{y2}\, dy + \int_{\hat{y}}^{-\hat{y}} F_{y1}\, dy \qquad (3.52)$$

Wenn diese zugeführte Energie größer ist als die je Periode durch Dämpfung in Wärme umgesetzte Energie, wird die Schwingung angefacht. Die dem System zugeführte Energie wird durch die Steilheit der Schnittkraftcharakteristik bestimmt. Dabei gilt, daß die Neigung zur Selbsterregung mit zunehmender Steilheit größer wird.

3.4.2 Regeneratives Rattern

Ratterschwingungen durch fallende Schnittkraftcharakteristik verlaufen in Schnittgeschwindigkeitsrichtung. Senkrecht zu dieser Richtung und zur Schneide des Werkzeugs können ebenfalls selbsterregte Schwingungen auftreten. Verschiebungen des Werkzeugs in dieser Richtung wirken sich unmittelbar auf die Spanungsdicke aus.

Die Schwingung regeneriert sich durch das Abspanen einer welligen Oberfläche, die bei der vorherigen Werkstück- oder Werkzeugumdrehung erzeugt wurde. Der Anstoß erfolgt durch eine zufällige Störung von außen, Abb. 3.24.

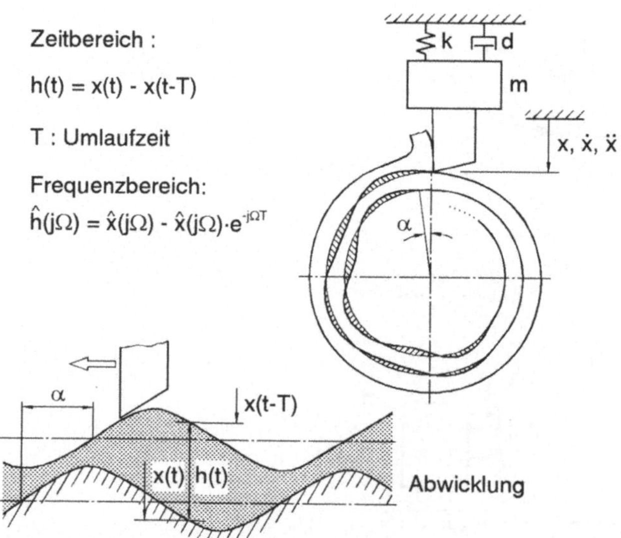

Abb. 3.24 Prinzip des regenerativen Ratterns

Je nach Phasenwinkel zwischen innerer und äußerer Modulation schwankt die Spanungsdicke h. Dadurch verändert sich im gleichen Takt die Drangkraft F_x. Die dynamische Drangkraft F_x wirkt auf das schwingungsfähige System Maschine-Werkzeug-Werkstück mit endlicher Nachgiebigkeit G_m und führt zu einer Verschiebung $x_i(t)$ (innere Modulation). Die momentane Spanungsdicke h(t) bestimmt mit der konstanten Spanungsbreite b die Zerspankraft und damit auch die Drangkraft:

$$F_x (t) = k_{Ddyn} \cdot b \cdot h (t) \tag{3.53}$$

Darin ist k_{Ddyn} die spezifische dynamische Drangkraft. Das Zusammenwirken von Prozeß und Maschinensystem wird in einem Regelkreis dargestellt (Abb. 3.25). Dieser Regelkreis kann instabil werden, d.h. die Amplitude wächst unkontrollierbar

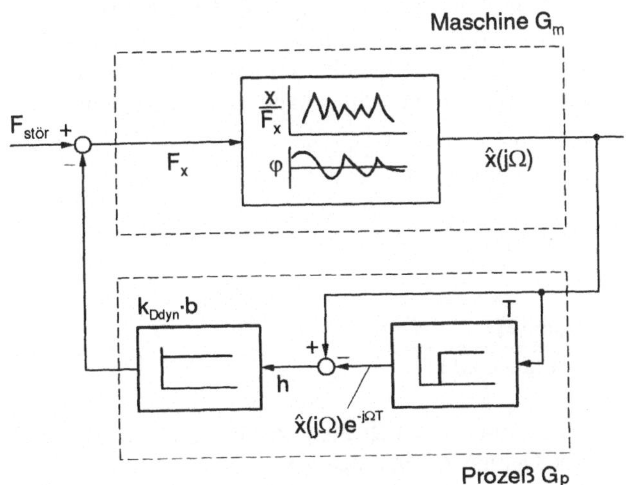

Abb. 3.25 Systemvorstellung zur Beschreibung selbsterregter Schwingungen

Um Grenzbedingungen angeben zu können, wird eine Stabilitätsprüfung durchgeführt. Hierzu wird das Störverhalten des Regelkreises

$$\frac{\hat{x}}{F_{Stör}} = \frac{G_m}{1+G_m G_p} \tag{3.54}$$

mit Hilfe des Nyquist-Kriteriums untersucht. Für den aufgeschnittenen Kreis $G_0 = G_m G_p$ gelten hiernach die folgenden Bedingungen:

$$> -1 \quad \text{stabil}$$

$$\mathrm{Re}\left\{G_0(j\Omega)\right\} = 0 \qquad \text{grenzstabil} \tag{3.55a}$$

$$< -1 \quad \text{instabil}$$

$$\mathrm{Im}\left\{G_0(j\Omega)\right\} \tag{3.55b}$$

Durch die Forderung (3.55b) wird nur der Schnittpunkt von $G_0(j\Omega)$ mit der reellen Achse betrachtet. An dieser Stelle gilt: $\mathrm{Re}\,\{G_0(j\Omega)\} = G_0(j\Omega)$.
Der Regelkreis wird also grenzstabil, wenn gilt:

$$G_0 = G_m G_p = -1 \tag{3.56}$$

Mit anderen Worten, wo die Maschinenortskurve G_m und die negative inverse Prozeßortskurve $-1/G_p$ nach Betrag und Phase übereinstimmen, liegt die Stabilitätsgrenze. G_m kann, wie vorn beschrieben, experimentell ermittelt werden. Der Frequenzgang des Zerspanprozesses für die ausschließliche Berücksichtigung des Regenerativeffektes lautet:

$$G_p(j\Omega) = k_{Ddyn} \cdot b \cdot \left(1 - e^{-j\Omega T}\right) \tag{3.57}$$

und umgeformt

$$-\frac{1}{G_p} = -\frac{1}{2\,k_{Ddyn} \cdot b} + \frac{j \cdot \sin \Omega T}{2\,k_{Ddyn} \cdot b \cdot (1 - \cos \Omega T)} \tag{3.58}$$

Die Ortskurve hat demnach einen konstanten Realteil, der Imaginärteil ist mit Ω parametriert. Diese Kurve ist eine Gerade, die im Abstand

$$-\frac{1}{2\,k_{Ddyn} \cdot b} \tag{3.59}$$

parallel zur imaginären Achse verläuft. Mit größerer Spanungsbreite b rückt die negative inverse Ortskurve weiter in Richtung der positiven reellen Achse. Wenn die Maschinenortskurve tangiert wird, ist eine notwendige Bedingung erfüllt, die die minimale Grenzspanungsbreite $b_{gr\,min}$ festlegt.

$$b_{gr\,min} = \frac{1}{2\,k_{Ddyn}\left|\mathrm{Re}\{G_m\}_{neg\,max}\right|} \tag{3.60}$$

Dieser Fall ist in Abb. 3.26 dargestellt. Unterhalb dieser Grenzspanungsbreite ist *immer* eine stabile Bearbeitung möglich. Da der Imaginärteil in (3.58) jedoch von der Drehzahl bzw. der Dauer pro Umdrehung T abhängt, lassen sich bei geeigneter

Drehzahl auch oberhalb $b_{gr\,min}$ noch stabile Bereiche /WEC77/ finden. Dies kann besonders beim Fräsen ausgenutzt werden.

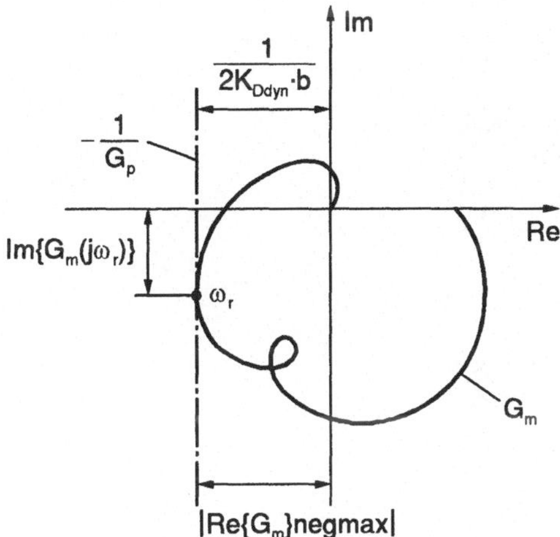

Abb. 3.26 Bestimmung der Rattergrenze - aus der Maschinen- und inversen Zerspanortskurve

3.4.3 Rattern durch Lagekopplung

Wenn ein Werkzeug zwei oder mehr Freiheitsgrade in verschiedenen Richtungen besitzt, kann es zum Rattern durch Lagekopplung kommen. Ein einfaches System ist in Abb. 3.27 dargestellt.

Die Masse mit dem Werkzeug wird über die Federn k_1 und k_2 abgestützt. Es soll der Fall betrachtet werden, daß die Masse in den Richtungen 1 und 2 mit gleicher Frequenz, aber im allgemeinen phasenverschoben und mit unterschiedlicher Amplitude schwingt. Dann beschreibt die Meißelspitze die eingezeichnete Ellipsenbahn. Es wird weiter vorausgesetzt, daß sie die Ellipse im angegebenen Richtungssinn durchläuft. Während der Bewegung vom Punkt A zum Punkt B muß gegen die Zerspankraft F_z Energie W_1 an den Zerspanvorgang abgegeben werden. Auf dem Rückweg von B nach A gibt dagegen der Prozeß an den Schwinger Energie W_2 ab. Aus der elliptischen Meißelbewegung folgt aber, daß auf dem Hinweg A nach B die Spanungsdicke geringer ist als auf dem Rückweg B nach A. Daraus folgt auch, daß $W_1 < W_2$; d.h. dem Schwinger wird während seiner Bewegung Energie zugeführt. Wenn die zugeführte Energie die Dämpfungsverluste überwiegt, werden Schwingungen angefacht.

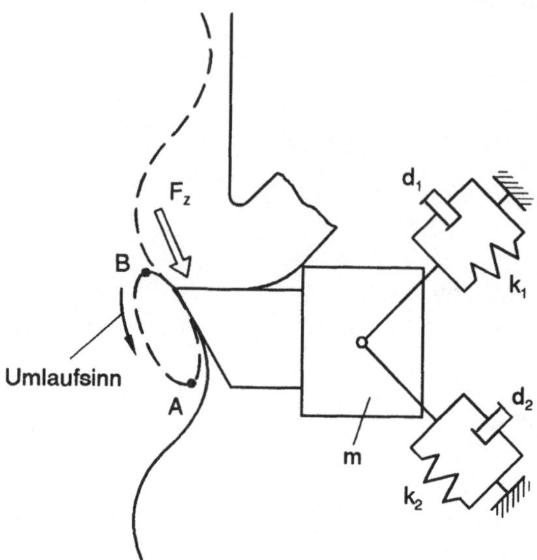

Abb. 3.27 Rattern durch Lagekopplung

Es folgt daraus, daß die Ratterneigung einer Werkzeugmaschine nicht nur durch die Steifigkeit, Dämpfung und Masseverteilung beeinflußt wird, sondern auch von der Richtungsorientierung und der Frequenzlage einzelner Eigenschwingungen abhängt.

3.5 Schrifttum

/DIN/   Norm DIN ISO 1940-1: Anforderungen an die Auswuchtgüte starrer Rotoren

/MAG76/   Magnus, K.: Schwingungen. Teubner Studienbücher: Mechanik, B.G.Teubner, Stuttgart 1976

/TEL86/   Tellbüscher, E.: Konstruktion von Dämpfern und deren Einsatz an Rundschleifmaschinen. Dr.-Ing. Diss. Universität Hannover 1986, Fortschr.-Ber. VDI Reihe 11 Nr. 80, VDI-Verlag Düsseldorf 1986

/TÖN80/   Tönshoff, H.K.: Schwingungen in Werkzeugmaschinen. Handbuch, Schwingungen beim Betrieb von Maschinen BW 32-11-03, VDI-Bildungswerk, Düsseldorf 1980

/WEC77/   Weck, M.; Teipel, K.: Dynamisches Verhalten spanender Werkzeugmaschinen. Springer Verlag Berlin 1977

/ZUR63/   Zurmühl, R.: Praktische Mathematik. Springer Verlag Berlin 1963

3.6 Fragen zur Aufbereitung

3.01   Welche Wirkung haben Schwingungen in Werkzeugmaschinen?

3.02   Welche Arten von Schwingungen kennen Sie? Geben Sie jeweils ein Beispiel an.

3.03   Geben Sie die Eigenschwingung eines Einmassenschwingers an. (Schwinger mit 1 Freiheitsgrad).

3.04   Wie groß ist die erste (niedrigste) Eigenfrequenz eines Systems aus Maschine und Fundamentplatte, wenn sich das System unter der Wirkung des Eigengewichts um w durchsenkt (einläufiger Schwinger angenommen)? Wie kommt die Faustformel $5/\sqrt{w}$ mit f [Hz] und w [cm] zu Stande?

3.05   Welche Schwingungserreger können in Werkzeugmaschinen auftreten?

3.06   Was ist statisches, was dynamisches Auswuchten?

3.07   Erläutern Sie einige Auswuchtverfahren.

3.08   Mit welcher Frequenz schwingen harmonisch angeregte Strukturen? Was ist bei nicht harmonischer Anregung zu beachten?

3.09   Warum ist eine Werkzeugmaschine kein einläufiger Schwinger?

3.10   Was versteht man unter der Steifigkeit bzw. Nachgiebigkeit für statisches Verhalten und der dynamischen Steifigkeit bzw. dynamischen Nachgiebigkeit? Wie läßt sich mit diesen Begriffen die Vergrößerungsfunktion verbinden (am Beispiel des einläufigen Schwingers)?

3.11   Wie kann das Eigenschwingverhalten einer Werkzeugmaschine (an einem ausgewählten Meßpunkt) experimentell bestimmt werden? Welche Anregungsmöglichkeiten sind gegeben? Welche Vor- und Nachteile verbinden Sie mit einzelnen Anregungsarten?

3.12   Wie läßt sich experimentell aus dem Übertragungsverhalten, das für einzelne Meßpunkte bestimmt wurde, die Eigenform der Struktur ermitteln?

3.13   Welche Maßnahmen können tendenziell Betreiber oder Konstrukteure von Werkzeugmaschinen ergreifen, um die dynamische Steifigkeit zu erhöhen (einläufiger Schwinger)? Machen Sie Fallunterscheidungen.

3.14   Wie läßt sich das Lehr'sche Dämpfungsmaß im Zeitbereich, wie im Frequenzbereich bestimmen?

3.15   Wie wirkt sich das Dämpfungsmaß auf die Resonanzamplituden aus?

3.16   Welche Größenordnung haben Materialdämpfungen der wichtigsten Gestellbaustoffe? Welche Dämpfungsmaße haben Werkzeugmaschinengestelle?

3.17   Welche Dämpfungseffekte sind Ihnen bekannt?

3.18   Geben Sie die Vergrößerungsfunktion eines Schwingers ohne und mit Zu-
satzdämpfer an.

3.19   Welche Überlegungen müssen zur Auslegung eines Zusatzmassedämpfers
angestellt werden?

3.20   Wie lassen sich Anregungs- und Strukturüberhöhungen in Schwingspektren
unterscheiden?

3.21   Grenzen Sie selbst- und fremderregte Schwingungen gegeneinander ab.

3.22   Wodurch werden die Schwingfrequenzen bei fremd- und selbsterregten
Schwingungen bestimmt?

3.23   Geben Sie ein Blockschaltbild an (Regelkreis), das zur Stabilitätsuntersu-
chung beim Regenerativen Rattern verwendet werden kann.

3.24   Welche Größe der Nachgiebigkeitskurve geht in die Stabilitätsbetrachtung
ein?

3.25   Unter welchen Kriterien muß ein Zusatzmassedämpfer bei Fremd- oder
Selbsterregung optimiert werden?

4 Geradführungen

4.1 Funktion, Anforderungen und Eigenschaften

Führungen haben die Aufgabe, die nach Lage und Richtung vorgegebene Bewegung eines Maschinenteils störungsfrei zu ermöglichen und dabei Bewegungen in anderen Freiheitsgraden zu unterbinden. Nach dem zulässigen Freiheitsgrad lassen sich unterscheiden

- Geradführungen und
- Drehführungen.

Hier werden Geradführungen behandelt (Abb. 4.1). Einige Merkmale und Zusammenhänge können gleichwohl auf Drehführungen übertragen werden.

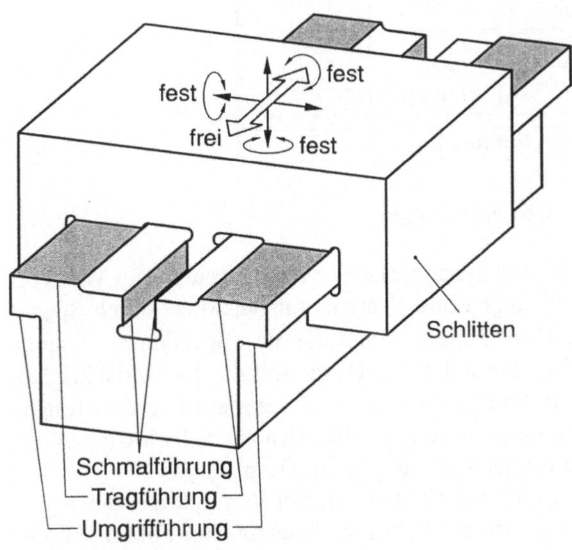

Abb. 4.1 Aufbau einer Geradführung

Spezielle Anforderungen und Kriterien für Führungen lassen sich aus den Störeinflüssen ableiten, denen Führungen ausgesetzt sind (Abb. 4.2). *Herstellfehler* sind unvermeidbar, wenn auch die Führungen einer Werkzeugmaschine als genauigkeitsbestimmende Elemente im allgemeinen nach besonderen Qualitätsansprüchen gefertigt werden. Die Vermessung der Führungen ist daher ein wichtiger Bestandteil der Abnahmebedingungen einer Werkzeugmaschine. Neuere Meßmittel wie Laserinterferometer machen die Aufnahme von Führungsfehlern während der Bewegung möglich. Die so gewonnenen Daten sind Grundlage für die Abschätzung der mit einer Maschine erreichbaren Werkstückgenauigkeiten; sie können aber auch dazu benutzt werden, um über die Steuerung der Maschine die betroffenen Maschinenkoordinaten zu korrigieren, um so die herstellbedingten Fehler zu verringern. Schwierigkeiten können durch große Korrekturdatenumfänge entstehen, wenn die Führungsfehler nicht nur von einer, sondern von mehreren Achsen abhängen (Fehlervernetzung).

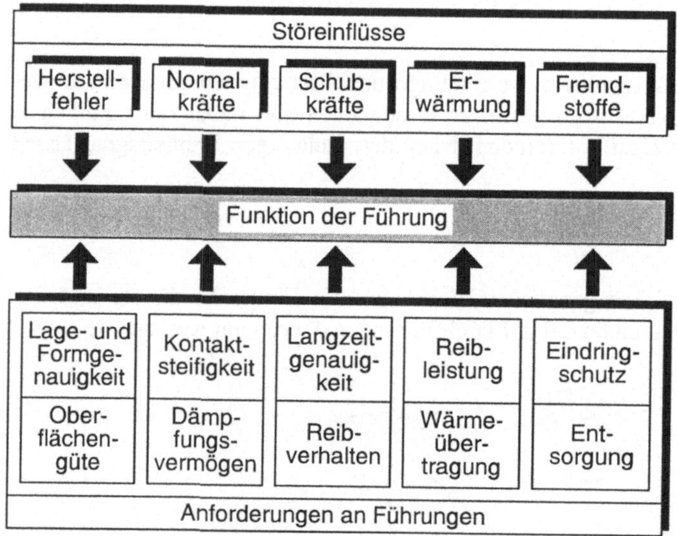

Abb. 4.2 Störeinflüsse und Anforderungen an Führungen

Auf Führungen werden statische und dynamische *Normalkräfte* aus dem Wirkvorgang durch Gewichte, Beschleunigungen oder Verzögerungen sowie durch Spann- und Klemmvorgänge ausgeübt. Die Führungen und die sie tragenden Gestellteile verformen sich unter dem Einfluß dieser Kräfte. Daher soll die Kontaktsteifigkeit der Führungen und die Steifigkeit ihrer Umbauteile hoch sein, um Lageänderungen gering zu halten. Ein gutes Dämpfungsvermögen wirkt sich auf Schwingungen insbesondere in den kritischen Eigenfrequenzen günstig aus (Kap. 3).

Schubkräfte oder *Reibkräfte* in Führungsrichtung entstehen durch die Bewegung selbst und sind wesentlich von der Art der Führung abhängig. Bei Führungen, die im Mischreibungsgebiet arbeiten, sind die Schubkräfte bestimmend für den Reibverschleiß. Die Werkstoffpaarung und die Makro- und Mikrogeometrie der Führungsflächen sollen daher so gewählt werden, daß ein hoher Verschleißwiderstand gegeben ist. Im Zusammenwirken mit dem Vorschubantrieb des geführten Schlittens oder Maschinenteils kommt es weiterhin auf die Gleichmäßigkeit der Schubkräfte an; insbesondere sollen die Schubkräfte möglichst geringe Abhängigkeit von der Verfahrgeschwindigkeit und Normalbelastung aufweisen.

Die Schubkräfte bestimmen zudem mit der Verfahrgeschwindigkeit die Reibleistung und damit die *Erwärmung* der Führungen und der Umbauteile. Andererseits wirken sich Temperaturdifferenzen in den tragenden Gestellteilen und Schlitten auf das Führungsverhalten aus. Je nach Bauform der Führung ändert sich das Führungsspiel. Eine gute Einbindung der Führung und ihrer Umbauteile in den Wärmefluß der Maschine kann größere Temperaturdifferenzen vermeiden.

Für die Funktion und Lebensdauer einer Führung ist von wesentlicher Bedeutung, daß sie vor dem *Eindringen von Fremdkörpern* geschützt ist. Zunder, Quarzteilchen aus der Haut bearbeiteter Gußteile oder metallische Hartstoffe, die sich an der Oberfläche eines Werkstücks befinden und bei der Bearbeitung abgetrennt werden, haben eine stark verschleißende Wirkung. Dagegen müssen Führungen abgedeckt sein oder es muß durch *Abstreifer* dafür gesorgt werden, daß Fremdkörper nicht in den Führungsspalt gelangen können (Abb. 4.3). Abstreifende Anordnungen nutzen die Führungsflächen selbst als Sperrfläche, gegen die mechanische oder in seltenen Fällen auch fluidische Abstreifer wirken. Dabei muß sichergestellt sein, daß die Abstreifer über den gesamten Verfahrweg mit der Gegenfläche Kontakt haben. *Abdeckungen* können starr ausgeführt werden. Sie vergrößern dann die durch die Führungsbahnlänge gegebene Abmessung der Maschine um den Verfahrweg. Deshalb werden häufig faltende, teleskopierende oder aufrollbare Abdeckungen gewählt. In jedem Fall sollten abstreifende oder abdeckende Anordnungen bereits beim Entwurf der Führungen berücksichtigt werden. Sie sind für die Funktion einer Maschine ein wesentliches Element.

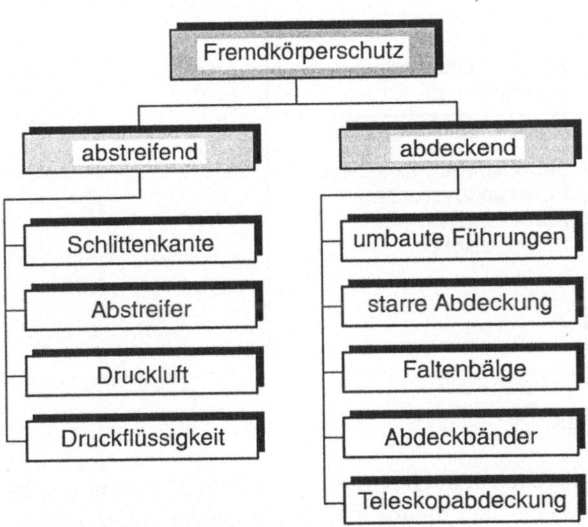

Abb. 4.3 Möglichkeiten zum Führungsbahnschutz

Um unterschiedlichen Anforderungen in verschiedenen Einsatzfällen zu genügen, sind eine Vielzahl von Führungen entstanden, die nach folgendem Einteilungsschema (Abb. 4.4) gegliedert werden können. In der Abbildung ist eine gebräuchliche Ausführungsform hervorgehoben.

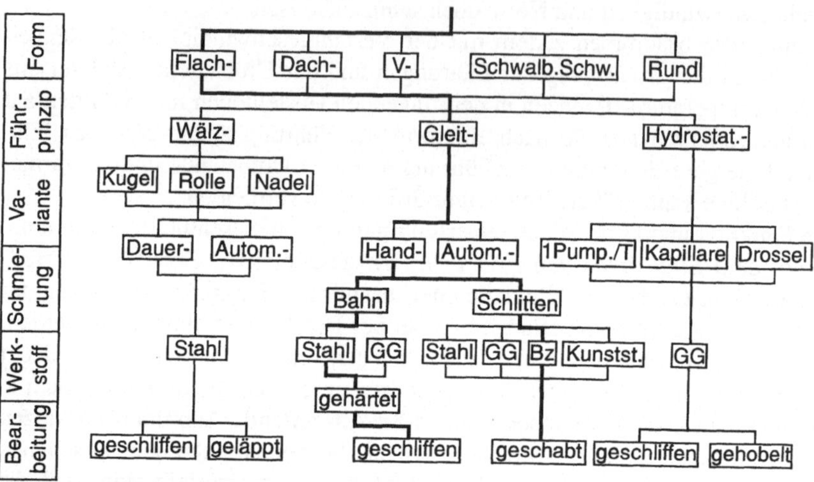

Abb. 4.4 Schema zur Auswahl von Führungen

Eigenschaften von Führungen	
Lastaufnahme	**Geometrie und Aufwand**
Steifigkeit Lastrichtungsbereich Freßneigung Dämpfung, längs Dämpfung, quer Klemmbarkeit	Baugröße Herstellgenauigkeit Spiel Nachstellbarkeit Montierbarkeit Schmiermittelbedarf Herstellkosten
Betriebsverhalten	**Langzeitverhalten**
μ-v-Verhalten Erwärmung/Verlustleistung Einlaufverhalten Geräuschverhalten Fremdkörperschutz Wartung Unfallschutz	Lebensdauer/Verschleiß Korrosionsverhalten Auswechselbarkeit Störanfälligkeit

Abb. 4.5 Eigenschaften von Führungen

Nach dem Führungsprinzip, das nach dem Übertragungsmedium im Führungsspalt bestimmt ist, kann man Wälz-, Gleit- und hydrostatische Führungen unterscheiden. In Sonderfällen - so in Meßmaschinen - werden auch aerostatische Führungen eingebaut. Von weiterer Bedeutung sind die Form des Führungsprofils -das ist ein

Querschnitt durch das Führungssystem normal zur Verfahrrichtung - die Schmierung, je nach Führungsprinzip die Werkstoffpaarung und die Bearbeitung sowie die Wärmebehandlung der metallischen Führungsbahnwerkstoffe. Damit entsteht eine Vielzahl von Varianten, aus denen nach den im Einzelfall geforderten Eigenschaften ausgewählt werden muß. In Abb. 4.5 sind Eigenschaften aufgeführt, die für die Wahl und Auslegung eines Führungssystems von Interesse sind. Sie können in die Gruppen Lastaufnahme, Betriebsverhalten, Geometrie/Aufwand und Langzeitverhalten gegliedert werden.

4.2 Formen

Führungsprofile lassen sich auf drei Grundformen, das Dreieck, das Rechteck und den Kreis zurückführen (Abb. 4.6). Bereits durch die Wahl des Führungsprofils werden wesentliche Eigenschaften festgelegt.

4.2.1 Abgeleitete Formen

Die aus dem Dreieck abgeleiteten Formen weisen Führungsflächen auf, die nicht rechtwinklig zueinander liegen. Da heute Führungsbahnen kaum noch geschabt, sondern geschliffen werden, ist der Fertigungsaufwand für die Feinbearbeitung von schräg liegenden Flächen im allgemeinen größer als für die Flächen, die aus der Grundform Rechteck abgeleitet sind. Allerdings ist die Zahl der Führungsflächen bei Systemen, die aus dem Dreieck abgeleitet sind, um eines oder zwei geringer. Entsprechendes gilt für die Zahl der Nachstellfugen. Die Zahl der Führungsflächen und Nachstellfugen geht in den Herstellaufwand ein.
In Abb. 4.6 wird zwischen offenen und geschlossenen Führungen unterschieden. Offene Profile haben einen eingeschränkten Lastaufnahmebereich; meist darf die Wirkungslinie der resultierenden Lasten (einschließlich der Gewichtskraft) einen Winkelbereich von 90° nicht wesentlich überschreiten. Geschlossene Führungen können dagegen Lasten aus allen Querrichtungen aufnehmen, ihre Steifigkeit ist im allgemeinen jedoch nicht isotrop, sondern hängt von der Lage der Führungsflächen ab.
Offene, aus dem Dreieck abgeleitete Führungen sind nach unten oder oben geöffnete Prismen in Abb. 4.6 (1.1 und 1.2). Die nach 1.1 ausgeführte Doppel-V-Führung ist als Gleitführung besonders geeignet, Schmieröl zu speichern. Sie wird für schnell bewegte Schlitten z.B. in Hobelmaschinen eingesetzt. Die dachförmig nach 1.2 gebaute Führung bietet demgegenüber Vorteile für das Abweisen von Fremdkörpern von den Führungsflächen. Beide Profile sind in der Normalebene überbestimmt. Eine durch äußere Einflüsse wie Erwärmung bedingte Veränderung des Führungsbahnabstandes bewirkt, daß je Bahn nur noch eine Führungsfläche trägt. Solange die Störung nicht zu instabiler Lage des Schlittens führt, erzeugt die Überbestimmtheit nur ein ungünstiges Tragbild und muß nicht zwangsläufig die Funktion der Führung in Frage stellen. Auch werden Führungssysteme nicht erst

durch die Überbestimmtheit in der Normalebene statisch unbestimmt, sie sind es vielmehr als Fuge zwischen großflächig aufliegenden Körpern in jedem Fall. Instabile Lagen entstehen, wenn das Momentanzentrum (Drehpol) des geführten Teiles unterhalb dessen Schwerpunkt liegt (Abb. 4.7).

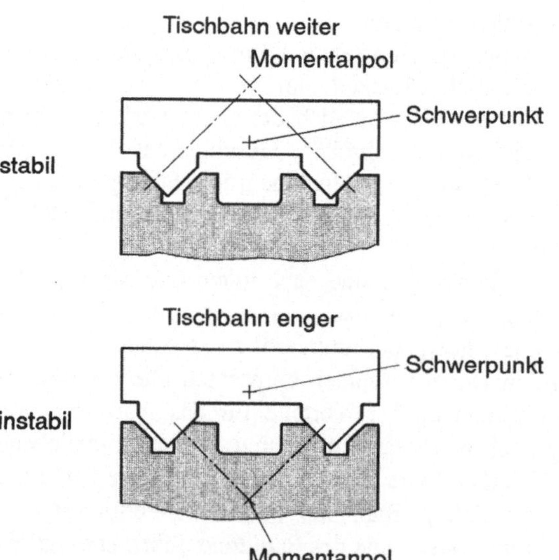

Abb. 4.6 Grundformen und abgeleitete Führungsformen

Abb. 4.7 Lagestabilität von Führungen

Profile nach 1.3 bis 1.5 in Abb. 4.6 werden als Schwalbenschwanzführungen bezeichnet. Sie lassen sich direkt auf die Dreieckform zurückführen. Schwalbenschwanzführungen weisen nur vier Führungsflächen auf und lassen sich über nur eine Nachstellfuge einstellen. Sie zeichnen sich zudem durch geringe Bauhöhe aus. Aus diesen Gründen waren sie häufig in Werkzeugmaschinen zu finden. Das Vordringen geschliffener Führungsflächen führt jedoch dazu, daß sie seltener eingesetzt werden.

Die Entwicklung geht zu den Flachführungen. Sie sind auf die rechteckige Grundform zurückzuführen. Wegen der rechtwinkligen Anordnung der Führungsflächen lassen sie sich vergleichsweise einfach herstellen und feinbearbeiten. Auch können sie ohne zusätzliche Vorrichtungen vermessen werden. Die bei 2.1 (Abb. 4.6) dargestellte Führung ist für Lasten im oberen Halbraum geeignet. Im Gegensatz zu den Prismenführungen unter 1.1 und 1.2 zentrieren sich Rechteckführungen bei Verschleiß oder Montagespiel nicht selbst. Die Profile nach 2.2 bis 2.6 (Abb. 4.6) sind geschlossen. Während in 2.2 die Seitenführung durch Flächen auf beiden Seiten des Profils übernommen wird, sind in 2.1, 2.3 und 2.4 Schmalführungen vorgesehen. Sie erlauben eine enge Spieleinstellung und sind geringeren Störeinflüssen z.B. durch thermische Abstandsänderungen ausgesetzt als breit angeordnete Richtführungen. Dabei weist 2.4 noch den Vorteil der Symmetrie auf, was allerdings mit zusätzlichem Bearbeitungsaufwand erkauft wird. Die unter 2.5 und 2.6 dargestellten Profile erfordern nur vier Führungsflächen. 2.4 wird in Wälzführungen eingesetzt. 2.6 hat sich als Führung für Pressenstößel und Hammerbären bewährt. Das Profil bietet insbesondere den Vorteil, daß sich bei Erwärmung des Innenteils keine Spielveränderungen einstellen; denn die Führungsflächen des Innenteils verlagern sich radial nach außen, also tangential zu den Fugen.

Unter 3. (Abb. 4.6) sind kreisförmige Profile dargestellt. Um Momente aufnehmen zu können, müssen wenigstens zwei Bahnen vorgesehen werden. Diese Flächen reichen dann allerdings aus, so daß solche Profile mit der geringsten Anzahl von Führungsflächen auskommen. Zudem sind Zylinderflächen sehr genau herzustellen. Sie bieten damit interessante Vorteile. Von Bedeutung aber ist, daß sich Rundführungen nicht leicht nachstellen lassen. Wenn jedoch wenig verschleißende Führungen eingesetzt werden, sollte hierin kein Nachteil liegen. Geschlossene Führungen sind aus Steifigkeitsgründen in der Länge begrenzt. Die Rundführungen nach 3.2 und 3.3 sind nur an den Enden unterstützt. Sie müssen daher ausreichendes axiales Trägheitsmoment aufweisen, das mit der Führungslänge nahezu in der dritten Potenz zunehmen muß. Eine Abhilfe schafft die Anordnung nach 3.4, allerdings mit dem Nachteil, daß die Führungsschalen nicht mehr geschlossen sind und dadurch an Steifigkeit verlieren.

Kombinationen von Rund- und Rechteckführungen (4.1 und 4.2 in Abb. 4.6) oder Dreieck- und Rechteckführungen (4.3 bis 4.5 in Abb. 4.6) sind unter 4. dargestellt. Der Mangel von 4.1, begrenzt Momente um die Verfahrachse aufnehmen zu können, ist in 4.2 ausgeglichen. Diese Führung vereinigt den Vorteil exakter Führung mit geringer Anzahl von Führungsflächen, wenn durch das Führungsprinzip oder die Werkstoffpaarung sichergestellt ist, daß der Verschleiß vernachlässigt werden kann. Allerdings sind der Verfahrlänge Grenzen gesetzt. 4.3 und 4.4 sind selbstzentrierend, 4.5 bietet den Vorteil guter Einstellbarkeit der Schmalführung.

4.2.2 Einstellen von Führungen

Bei der Montage oder als Folge von Verschleiß nach längerer Betriebsdauer müssen Führungen ein- oder nachgestellt werden. Für Führungen, die auf die Grundformen Dreieck oder Rechteck zurückgeführt werden können, bestehen drei Möglichkeiten, das Führungsspiel einzustellen (Abb. 4.8), durch die Verwendung von

- Paßleisten,
- Stelleisten oder
- Keilleisten.

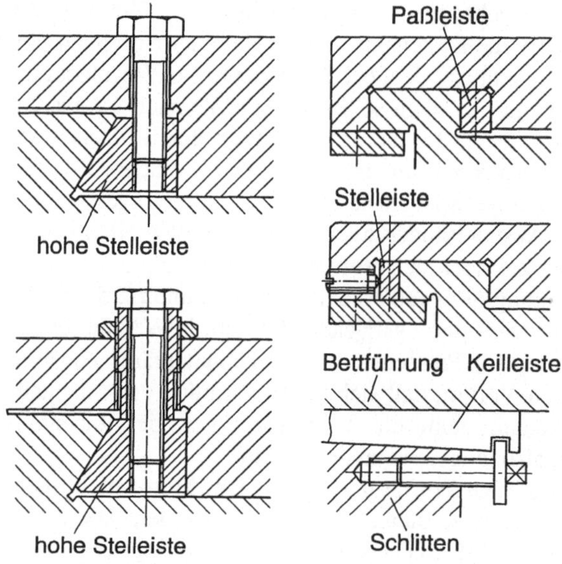

Abb. 4.8 Einstellmöglichkeiten von Führungen

Paßleisten werden durch Ausmessen des nach der Montage verbleibenden Spiels auf Maß gefertigt und eingesetzt. Sie bieten dann keine weitere Anpaßmöglichkeit. Bei Verschleiß müssen sie durch stärkere Paßleisten ersetzt werden.

Stelleisten werden über Stellelemente, das sind überwiegend Schrauben, eingestellt. Sie verbinden den Vorteil geringeren Herstellaufwandes mit der Einstellbarkeit. Wegen des punktuellen Angriffs der Stellelemente ergeben sich jedoch meist ein ungleichmäßiges Tragbild und eine eingeschränkte Steifigkeit der Führung. Dies läßt sich mildern, wenn auf hohes axiales Trägheitsmoment der Leiste um die kritische Biegeachse geachtet wird (Abb. 4.8). Wegen der funktionellen Nachteile werden Stelleisten eher für Stellführungen als für Arbeitsführungen eingesetzt. Stellführungen werden nach Abschluß eines Einstellvorganges geklemmt und führen keine Bewegung während eines Arbeitsvorganges. Die Stellelemente können auch für eine Klemmfunktion genutzt werden.

Keilleisten schließlich weisen eine Verjüngung in Führungsrichtung auf. Sie können daher durch Verstellen in Führungsrichtung feinfühlig zur Spieleinstellung verwendet werden; werden dann geklemmt und bewirken damit kaum eine Einbuße an Steifigkeit. Der Herstellaufwand für die schrägen Leisten selbst und für die schräge Einbaufläche am bewegten Teil ist höher als für prismatische Leisten.

Das *Nachstellen von Rundführungen* ist schwierig; denn mit einer Spieleinstellung, d.h. Veränderung des Radius der umgebenden Schale ist auch eine Krümmungsänderung erforderlich. Über elastische Verformungen der Führungshülse kann eine Nachstellung in Grenzen vorgenommen werden (Abb. 4.9); allerdings verändert sich dabei das Tragbild.

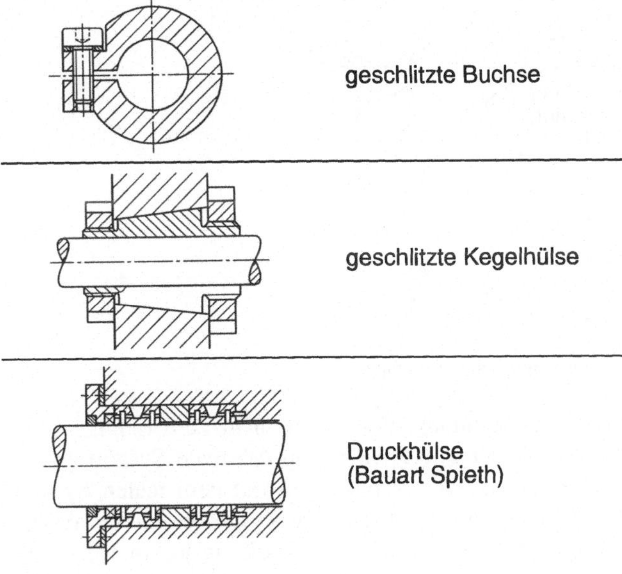

Abb. 4.9 Einstellen von Rundführungen

4.3 Berechnung von Führungen

Bei bekannten Lasten, die auf eine Führung ausgeübt werden, führt bereits die Ermittlung der Oberflächenkräfte in den Führungsfugen auf Schwierigkeiten. Wegen der großflächigen Auflage der in Kontakt stehenden Elemente ist die Lagerung vielfach statisch unbestimmt. Abhilfe kann durch die Annahme einer Diskretisierung der Oberflächenkräfte zu Einzelkräften erreicht werden. Nach Berechnung der angesetzten Einzelauflagekräfte muß dann abgeschätzt werden, wie sich diese tatsächlich auf die Kontaktflächen verteilen. Diese Darstellung entspricht nicht der Realität. Vielmehr wird hier von der Realität abstrahiert, ein Verfahren wie es für Ingenieuraufgaben typisch ist und das daher zunächst allgemein formuliert werden soll (Abb. 4.10).

Tatsächlich wird vom realen System nur ein Ausschnitt betrachtet, der so gelegt ist, daß mit Hilfe eines mathematischen Modells auf die Fragestellung - in diesem

Fall ist das die Verteilung der Oberflächenkräfte - eine Lösung und damit eine
Antwort gegeben werden kann. Diese Antwort hängt von der Modellbildung ab.

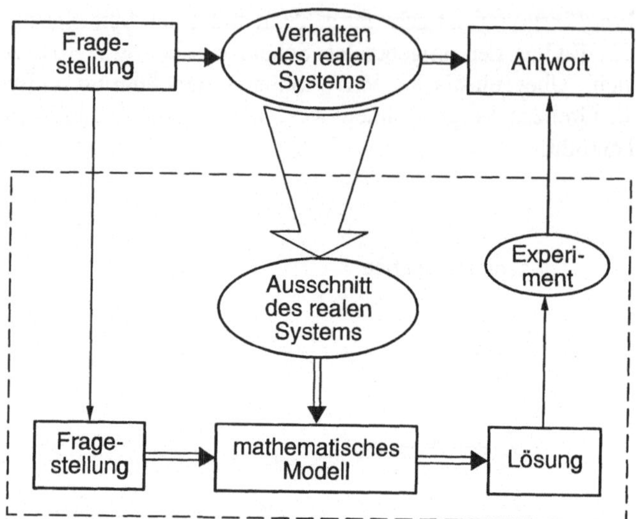

Abb. 4.10 Allgemeine Formulierung von Ingenieuraufgaben

Selbst eine mathematisch richtige Rechnung muß daher nicht zum richtigen Ergebnis führen, das ursprünglich mit der Fragestellung an das reale System erzielt
werden sollte. Vielmehr müssen *praktische Erfahrungen* mit dem realen System
oder *experimentelle Untersuchungen* zeigen, ob der Ansatz der Rechnung ausreichend war. Diese Verifizierung durch Praxis oder Versuch ist in jedem Fall unerläßlich. Dabei ist auch zu beurteilen, ob das Abstrahieren eines Ausschnittes der
Realität ökonomisch erfolgte. Einmal soll eine hinreichende Antwort auf die vorlie-
gende Fragestellung gegeben werden, andererseits soll aber auch der Aufwand der
Rechnung nur so gering wie notwendig sein. Soweit die allgemeine Formulierung.
   Hier werden zunächst die Oberflächenkräfte als diskrete Auflagerkräfte an den
Enden der Führungsflächen angesetzt (Abb. 4.11):

    4 Auflagerkräfte an den Ecken der Tragbahnen
    2 Auflagerkräfte an den Ecken der Richtbahn
    1 Reaktionskraft des Vorschubantriebes
    -
    7 Auflagerreaktionen

   Diesen sieben Auflagerreaktionen stehen nur sechs Gleichgewichtsbedingungen
gegenüber. Die Aufgabe ist demnach immer noch einfach statisch unbestimmt. Eine
weitere Bedingung muß aus dem Kontaktverhalten der Führung bezogen werden.
Dies hängt in erster Linie vom Führungsprinzip ab. Hier soll als Beispiel eine
Gleitführung behandelt werden wegen der weiten Anwendung dieses Führungs-

prinzips und wegen der gerade hierfür notwendigen starken Abstraktion vom realen Verhalten einer solchen Führung.

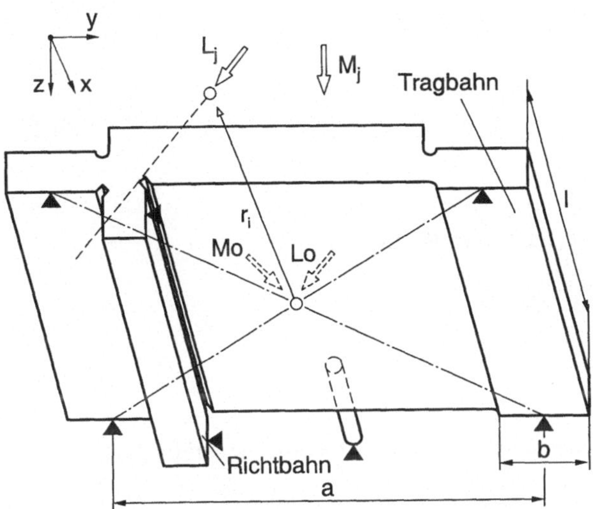

Abb. 4.11 Lasten und Auflagerreaktionen an einem Schlitten

Es wird angenommen, daß sich die Umbauteile der Führung starr verhalten und daß die Nachgiebigkeit der Gleitführung nur auf die Fuge selbst beschränkt ist. Weiterhin wird hier zunächst angesetzt, daß sich Flächenkräfte und Auslenkung der Führung linear verhalten (Tatsächlich kommt ein von G. Filter /FIL77/ gewählter Ansatz der Realität wesentlich näher (Abb. 4.12)). Mit diesen Voraussetzungen ist das Fugenverhalten ausreichend beschrieben, um eine zusätzliche Bedingung für die Kräfteverteilung unter den Führungsflächen zu bieten.

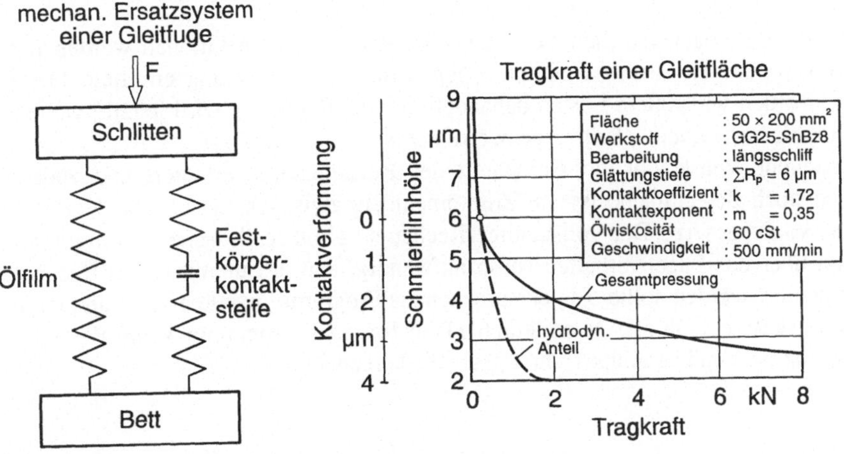

Abb. 4.12 Fugenverhalten einer Gleitführung

Sämtliche äußeren Kräfte L_i und Momente M_j, die am Schlitten angreifen, werden im gewählten Koordinatenanfangspunkt in der Mitte zwischen den Tragbahnen in einer Kraft L_0 und einem Moment M_0 zusammengefaßt (mit $\rightarrow$ überstrichene Größen sind Vektoren).

$$\vec{L}_0 = \sum_i \vec{L}_i$$
$$\vec{M}_0 = \sum_j \vec{M}_j + \sum_i (\vec{r}_i \times \vec{L}_i) \tag{4.1}$$

Für eine Tragbahn, z.B. die rechte (Index R) gilt dann

$$L_R = \frac{1}{2}L_{oz} + \frac{1}{a}M_{ox}$$
$$M_R = \frac{1}{2}M_{oy} \tag{4.2}$$

und mit dem vorausgesetzten linearen Ansatz für die Oberflächenkräfte p(x)

$$L_R + b \int_{-1/2}^{1/2} p(x)\,dx = 0$$
$$M_R + b \int_{-1/2}^{1/2} p(x)\,x\,dx = 0 \tag{4.3}$$

Daraus folgt die kritische maximale Oberflächenkraft an einem Ende der Tragführung

$$p_{max} = \frac{L_R}{b \cdot 1} \pm \frac{6}{b \cdot 1^2} M_R \tag{4.4}$$

Aus den Oberflächenkräften bzw. den diskreten Auflagerreaktionen werden mit dem coulombschen Ansatz Reibkräfte gegen die Verfahrrichtung ermittelt. Diese Kräfte werden wie äußere Lasten behandelt und die Rechnung wird iterativ weitergeführt, bis ausreichende Konvergenz erreicht ist.

Vorstehend wurde nur ein Ausschnitt des Rechenganges erläutert und zudem wurden noch der einfache lineare Zusammenhang zwischen Lasten und Verlagerungen vorausgesetzt. Der vollständige Rechengang mit realistischeren Voraussetzungen über das Fugenverhalten ist so aufwendig, daß er nur mit einem Rechner durchgeführt werden sollte. Ein entsprechendes Programm wurde erstellt und ist in standardisiertem FORTRAN erhältlich /TÖN76/. Das Programm kann alle Führungsprinzipien und beliebige Führungsprofile berechnen.

4.4 Fugenverhalten

Je nach dem Medium im Führungsspalt, über das die Kräfte übertragen werden, sind verschiedene Führungsprinzipien bekannt. Sie unterscheiden sich wesentlich im Fugenverhalten, das gekennzeichnet werden kann durch

- das Reibverhalten,
- den Verschleiß und
- das Last-Verformungsverhalten.

4.4.1 Gleitführungen

Gleitführungen und hydrostatische Führungen lassen sich durch die *Stribeck-Kurve* kennzeichnen (Abb. 4.13). Die Gleitführungen arbeiten je nach Verfahrgeschwindigkeit im Mischreibungsgebiet bei unterschiedlich hohen Reibkoeffizienten. Bei hohen Geschwindigkeiten "schwimmt" die Führung gänzlich auf, es findet keine Festkörperberührung mehr statt; die Gleitung erfolgt durch den hydrodynamischen Effekt nur im Bereich der Flüssigkeitsreibung jenseits vom Ausklinkpunkt. Dieser Übergang zur ausschließlichen Flüssigkeitsreibung verschiebt sich mit zunehmender Belastung zu höheren Geschwindigkeiten. Die Reibkoeffizienten im Mischreibungsgebiet sind bei höherer Belastung geringer als bei kleiner Last (Abb. 4.14).

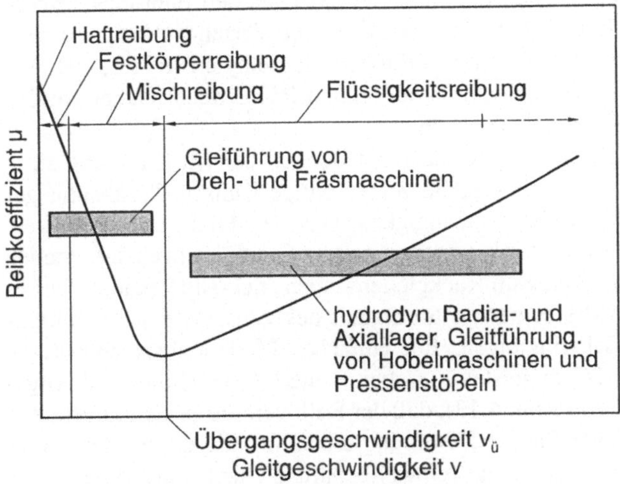

Abb. 4.13 Stribeck-Kurve /Quelle: nach Weck/

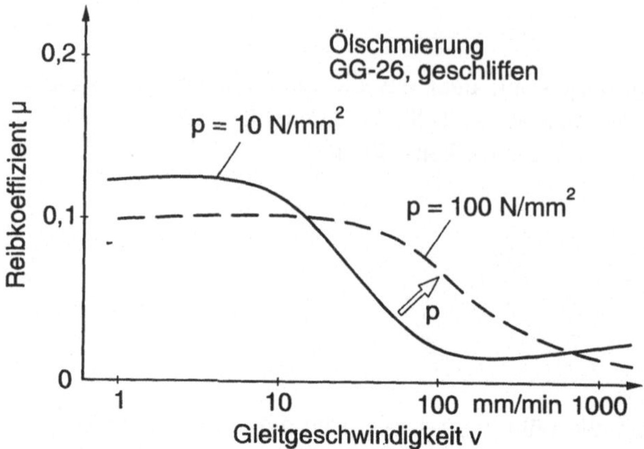

Abb. 4.14 Einfluß der Flächenpressung auf den Reibkoeffizienten

In Abb. 4.15 sind für verschiedene Stoffpaarungen und Bearbeitungen Reibkoeffizienten in Abhängigkeit von der Gleitgeschwindigkeit dargestellt. Es fällt auf, daß trotz eines langen Gleitweges von 60 km die Art der Bearbeitung im Mischreibungsgebiet wesentlichen Einfluß auf den Reibkoeffizienten hat. Immerhin entspricht der Gleitweg einer Maschinenlaufdauer bei 2-schichtigem Betrieb und mittlerer Auslastung von 4 bis 6 Jahren. Offenbar ist der Stirnschliff eher geeignet, auch bei niedrigen Gleitgeschwindigkeiten Schmierkeile zwischen den Führungspartnern zu bilden. So erweisen sich auch Schmiernuten quer zur Verfahrrichtung als günstig. Sehr geringe Reibwerte lassen sich mit Polytetrafluorethylen (PTFE, z.B. Teflon) erzielen. Allerdings ist der Verschleiß bei reinem PTFE hoch. Daher werden Beimengungen, z.B. von Bronze, beigegeben.

Das Reibverhalten von Gleitführungen hängt im Bereich der Mischreibung stark von der Werkstoffpaarung ab; insbesondere zeigen einige Kunststoffe absolut geringere Reibwerte und kaum eine Abhängigkeit von der Gleitgeschwindigkeit. Wenn eine fallende Reibcharakteristik vorliegt, neigen Gleitführungen im Bereich niedriger Verfahrgeschwindigkeit zum Ruckgleiten - auch stick-slip genannt. Dieses typische Reibverhalten und die begrenzte Steifigkeit des Antriebs eines Schlittens führen zu selbsterregten Schwingungen. Ein einfaches Modell eines einläufigen Schwingers ist in Abb. 4.16 dargestellt, wobei weiterhin vereinfachend angenommen wird (abweichend von Abb. 4.13), daß der Reibwert die beiden konstanten Werte μ_H für die Ruhe und μ für die Bewegung annimmt. Die dafür anzuschreibende Bewegungsgleichung ist durch das reibwertbehaftete Glied R nichtlinear

$$m\ddot{x} + k\,x = -R$$
$$\text{mit } R \leq \mu_H N \text{ für } \dot{x} = v$$
$$R = \mu N \quad \text{für } \dot{x} < v$$
$$R = -\mu N \quad \text{für } \dot{x} > v$$

$$(4.5)$$

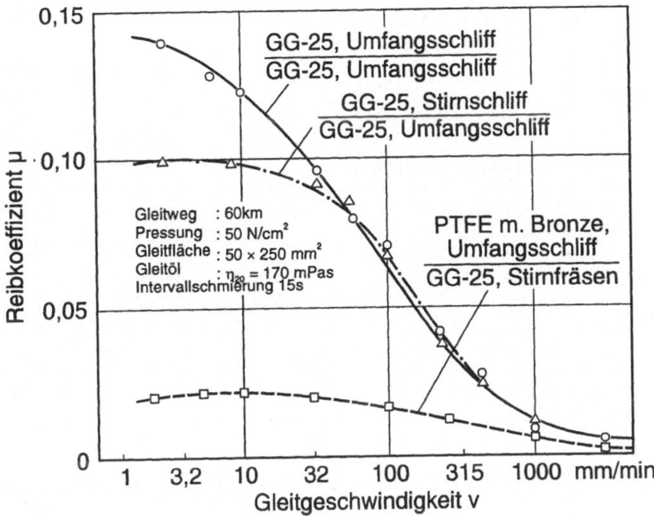

Abb. 4.15 Einfluß der Bearbeitung und des Werkstoffes auf den Reibkoeffizienten

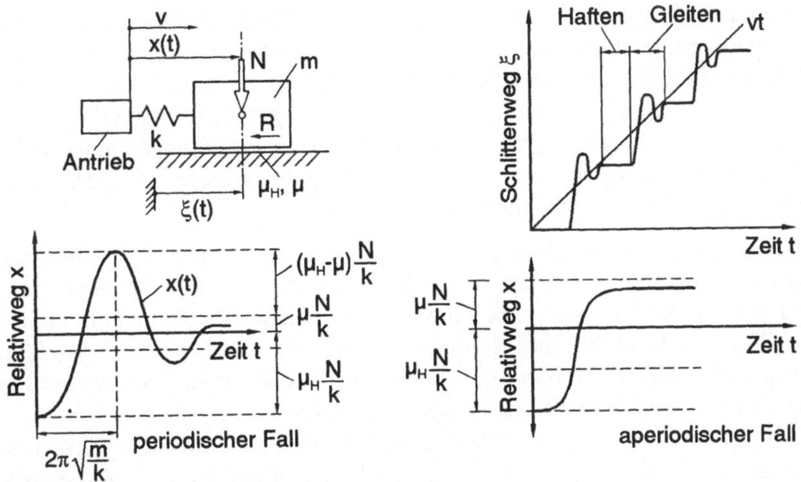

Abb. 4.16 Ruckgleiten, Modell des einläufigen Schwingers

Durch den Antrieb wird der Schlitten mit konstanter Geschwindigkeit beaufschlagt. Er bleibt dennoch zunächst in Ruhe ($\dot\xi(t) = 0$, $\dot x(t) = v$) bis durch Zusammendrücken der Feder die Grenzreibkraft $R = \mu_H N$ erreicht ist. Dann beginnt der Schlitten mit einer systemeigenen Geschwindigkeit zu gleiten. Ist der Reibwert der Bewegung ausreichend gering ($\mu < \frac{1}{3}\mu_H$), kommt es zum Überschwingen mit der Eigenkreisfrequenz $\omega_0 = \sqrt{k/m}$. Sonst kommt es zu einer aperiodischen Bewegung. In jedem Fall folgt der Schlitten nicht exakt dem Antrieb, sondern führt eine

Eigenbewegung aus, die Fehler gegenüber der Sollage des Schlittens darstellt. Aus der Lösung der Differentialgleichung für die erste Halbschwingung

$$x(t)=\frac{N}{k}\left[(\mu-\mu_H)\cos\omega_0 t-\mu\right]$$
(4.6)

lassen sich die maximalen Ausschläge ermitteln bei

$$t=0;\quad x=-\frac{N}{k}\mu_H$$
(4.7)

und bei der halben Periode

$$t=\pi\sqrt{\frac{m}{k}};\quad x=\frac{N}{k}(\mu_H-2\mu)$$
(4.8)

Aus diesen Beziehungen ist abzulesen, wie sich der stick-slip-Effekt verringern oder vermeiden läßt:

1. Der Reibwert der Ruhe sollte gering gehalten werden.
2. Die Reibwertdifferenz oder die fallende Tendenz des Reibwertes über der Verfahrgeschwindigkeit müssen verringert werden. Dies wird durch die Wahl spezieller Schmiermittel teilweise oder durch den Einsatz von Reibpartnern wie Metall-Kunststoff, die diese Charakteristik nicht zeigen, erreicht.
3. Eine Versteifung des Vorschubantriebes wirkt sich amplitudenmindernd aus.
4. Eine Verringerung der Normalkraft z.B. durch stützende Führungen eines anderen Prinzips (Wälzführung, aerostatische oder hydrostatische Unterstützung) verringern ebenfalls den stick-slip-Effekt.

Für frei positionierende oder bahngeführte Schlitten, wie in nachformgesteuerten oder numerisch gesteuerten Maschinen, auch für die Zustellung in Schleifmaschinen, ist der stick-slip-Effekt eine direkt einwirkende Fehlerquelle. Deshalb muß dort durch die Werkstoffwahl für die Führungsflächen oder durch ein anderes Führungsprinzip dafür gesorgt werden, daß Schlitten die ihnen vom Antrieb und der Steuerung vorgegebenen Bewegungen tatsächlich ausführen.

Gleitführungen müssen auf *Verschleiß* ausgelegt werden. Zwei Grenzkriterien sind dabei zu beachten. Der Gleitverschleiß ist bei Gleitführungen unvermeidbar. Bei metallischen Paarungen unter mittleren Pressungen von 0,5 N/mm^2 und guter Schmierung ohne Verschmutzung liegt der Verschleiß unter 0,1 µm je km Gleitweg (Tafel 1). Mit der Flächenpressung steigt der Gleitverschleiß nahezu linear an. Den stärksten Einfluß kann allerdings die Verschmutzung der Führungsbahn haben; wenn insbesondere harte Fremdkörper wie karbidische oder oxidische Partikel in den Führungsspalt gelangen, kann es gerade bei gehärteten metallischen Führungsflächen zu schnellem Verschleiß kommen.

Ein weiteres Verschleißkriterium ist der Freßverschleiß. Mangelnde Schmierung und zu hohe Oberflächenkräfte sind die Ursache. Dabei kommt es zwischen den Führungspartnern örtlich zu Verschweißungen, die dann die Oberflächen stark aufrauhen und zum schnellen Funktionsende führen. Freßverschleiß tritt umso eher auf, je stärker die gepaarten Werkstoffe zum Kaltverschweißen neigen. Günstig ist eine deutliche Differenz der Härtewerte der Werkstoffe. In Tafel 1 sind Pressungswerte für den Beginn des Freßverschleißes angegeben.

Gleitpaarung	Bedingungen	Verschleiß [µm/km]	Freßbeginn[1] [N/mm²]
C45N - GG30		0,02	2,5
C45 hart - GG30	$p = 0,4$ N/mm² $v = 0,4$ m/min Ölschmierung	0,02	1,0
SnBz8 - GG30		0,05	4,3
Polyamid - GG30		0,06	kein Fressen

[1] Flächenpressung bei Freßbeginn
für $v = 0,4$ m/min und Trockenlauf

Tafel 1 Konstruktionsparameter von Gleitführungen

Das *Last-Verformungsverhalten* einer Gleitfuge ist nicht linear wegen der sich einstellenden Kontaktverformungen (Abb. 4.12). Die Lastübertragung kann man sich auf den Ölfilm und den Festkörperkontakt aufgeteilt denken und damit als Ersatzbild zwei parallele Federn definieren.

Bei geringen Lasten überwiegt die Lastübertragung über den Ölfilm; mit Laststeigerung ist die Steifigkeit aus dem Festkörperkontakt dominant. Die gesamte Fugensteifigkeit ist zudem stark von der Bearbeitung abhängig. Welligkeit und Glättungstiefe sind entscheidend. Für rauhere Oberflächen liegt die Steifigkeit bei $8 \cdot 10^3$ N/µm, für fein bearbeitete Oberflächen bei $100 \cdot 10^3$ N/µm, jeweils bei Pressungen von 1 N/mm².

4.4.2 Wälzführungen

In Wälzführungen erfolgt die Kraftübertragung durch Kugeln, Nadeln oder Rollen (Abb. 4.17). Sie unterscheiden sich in einigen Merkmalen von Gleitführungen:

1. Nicht vorgespannte Wälzführungen haben Reibwerte zwischen 0,001 bis 0,004.
2. Wälzführungen lassen sich wegen ihres geringen Reibwiderstandes vorspannen und sind damit spielfrei.
3. Wälzführungen sind gegen Eindringen von Fremdkörpern stärker gefährdet als Gleitführungen wegen deren natürlicher Abstreifwirkung.
4. Die Bahnen, auf denen die Wälzkörper laufen, müssen gehärtet sein, wenn die Belastbarkeit dieser Führungsart ausgenutzt werden soll.

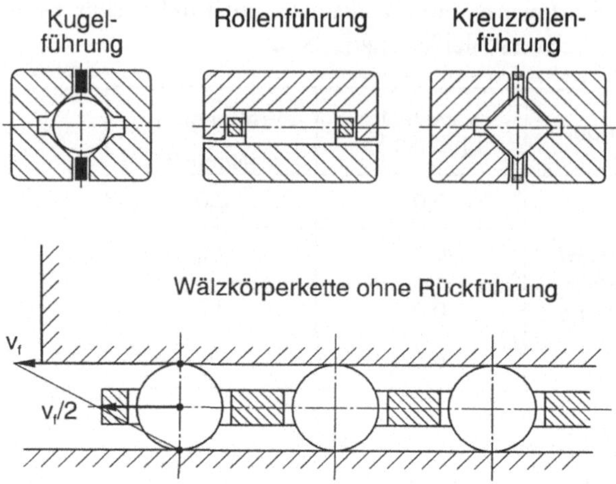

Abb. 4.17 Wälzführungen

Je nach Führung der Wälzkörper werden verschiedene Systeme unterschieden:
Wälzkörperketten ohne Rückführung wandern mit dem bewegten Schlitten, und
zwar mit halber Vorschubgeschwindigkeit (Abb. 4.17). Dadurch verändern sie ihre
Lage. Das bedeutet, daß die kraftübertragenden Elemente in den Führungsspalt
vom unbelasteten Zustand hereingeführt und wieder herausgeführt werden müssen,
oder falls sich die Wälzkörperkette nicht außerhalb des Führungsspaltes bewegt,
daß sich der Auflagebereich gegenüber dem Schlitten verändert. Diese Anordnung
wird daher bei kürzeren Verfahrwegen eingesetzt. Durch Belastungsschwankungen
kommt es zu allmählichem Wandern der Wälzkörper gegenüber den Führungsbahnen. Es müssen an beiden Enden Begrenzungen für die Wälzkörper und die Käfige,
in denen sie laufen, vorgesehen werden.

Wälzkörperumlaufketten leiten die am rückwärtigen Ende der Führung austreten-
den Wälzkörper wieder auf die Vorderseite zurück (Abb. 4.18). Im rückführenden
Teil sind die Wälzkörper unbelastet. Bei kürzerer Ausführung der Ketten und ihrer
Integration in ein vom Hersteller angepaßtes Gehäuse kommt man zum

Wälzkörperumlaufschuh (Abb. 4.18). Auch in dieser Anordnung laufen unbela-
stete Körper in die Belastungszone ein und führen damit - insbesondere auch wegen
der begrenzten Anzahl von belasteten Wälzkörpern - zu Belastungsschwankungen
und damit zu - wenn auch geringfügigen - Verlagerungen. Dieser Effekt kann durch
günstige Ausführung der Ein- und Auslaufstrecken im Schuh wesentlich gemildert
werden.

Als Wälzelemente werden Kugeln, Nadeln oder Rollen verwendet, letztere auch
in kreuzweiser Anordnung (Abb. 4.17, Abb. 4.19). Wegen der geringeren Kontakt-
fläche sind Kugeln weniger steif als Rollen. Eine größere Zahl von Wälzkörpern bei
kleinerem Wälzkörperdurchmesser ergibt eine höhere Steifigkeit als die umgekehrte
Kombination.

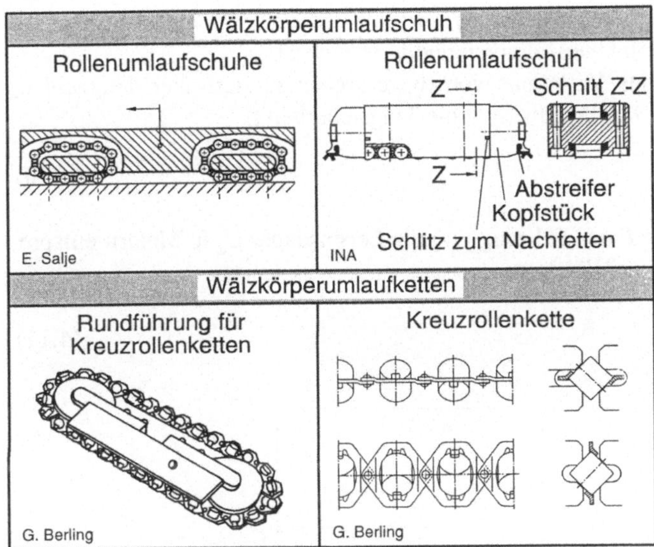

Abb. 4.18 Wälzkörperketten mit Rückführung

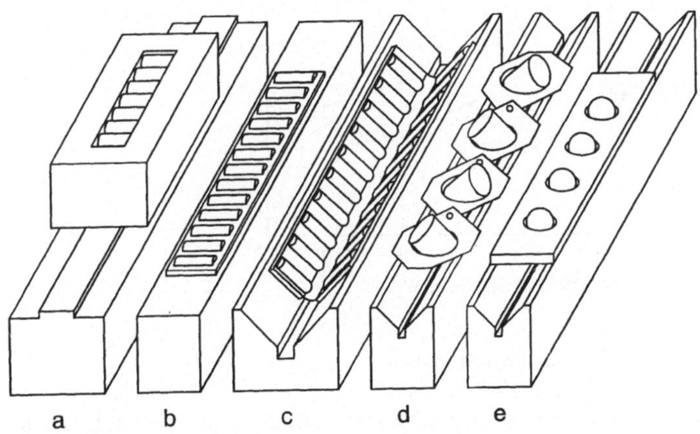

Abb. 4.19 Verschiedene Wälzführungen

Die statische Tragfähigkeit wird durch die Belastung bei noch zulässiger bleibender Verformung der Führungsbahn und der Wälzkörper bestimmt. Für Laufbahnhärten von 58 HRC oder mehr ist die statische Tragzahl von Rollenführungen (entsprechend DIN 622)

$$C_0 = 92,2\, i \cdot d \cdot l_{eff}\ [N] \tag{4.9}$$

mit der Anzahl der tragenden Rollen i, dem Rollendurchmesser d [mm] und der wirksamen Rollenbreite l_{eff} [mm]. Die dynamische Tragzahl C_d berücksichtigt die Werkstoffermüdung durch Überrollungen und Lastwechsel.

Aus Abb. 4.20 kann das Verhältnis von dynamischer zu statischer Tragzahl f_w abgegriffen werden /FIL77/. Daraus folgt die Tragsicherheit f_s

$$f_s = C_d / F \tag{4.10}$$

mit der Normalbelastung F der Führung und die Lebensdauer L_e in Metern entsprechend den Beziehungen für Wälzlager

$$L_e = 2,5 \cdot 10^5 \cdot f_s^{10/3} \tag{4.11}$$

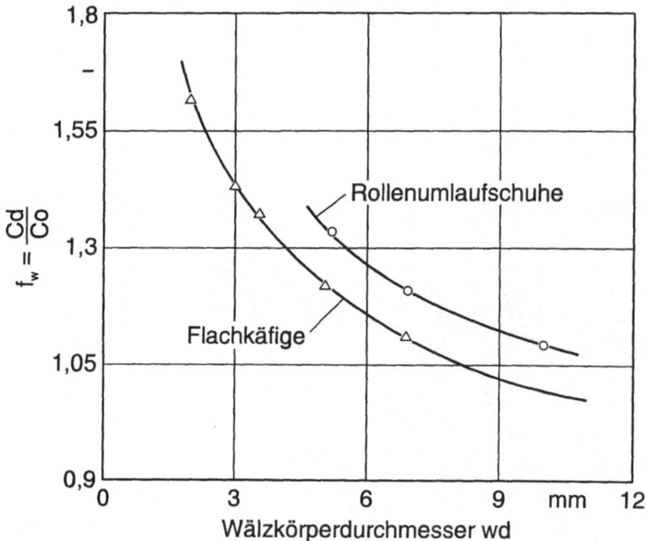

Abb. 4.20 Tragzahlenverhältnis für verschiedene Rollen

Die Verformung von zwei aufeinander gedrückten Zylindern hat zuerst Hertz berechnet. Danach wurden verschiedene experimentelle Untersuchungen vorgenommen, um den Einfluß der für die Theorie notwendigen Annahmen zu erkennen und, wo erforderlich, zu korrigieren. Eine Zusammenfassung der Ergebnisse für Wälzführungen ist in /FIL77/ enthalten. Danach läßt sich die Steifigkeit von Rollenführungen angeben zu

$$k = \frac{83,5 \cdot 10^3}{f_n} \cdot i \cdot w_{eff}^{0,72} \cdot s^{0,19} \ [N/\mu m] \tag{4.12}$$

mit der Zahl der aktiven Rollen i, deren effektiver Länge w_{eff} [mm] und der Durchsenkung s [mm]. Der Nachgiebigkeitsfaktor $f_n \geq 1$ erfaßt die Nachgiebigkeit eines

Rollenumlaufschuhkörpers, falls vorhanden. Abbildung 4.21 enthält auf der Basis dieser Beziehung errechnete Steifigkeitswerte, wobei drei Wälzführungskonstruktionen verglichen werden. Eine Führungsbahn von 50 mm x 200 mm wird mit einem zweireihigen Nadelflachkäfig mit 60 Nadeln, mit einem einreihigen Nadelkäfig mit 23 Nadeln und mit einem Rollenumlaufschuh mit 16 Rollen ausgeführt, wobei aus Messungen $f_n = 1,8$ für den Rollenumlaufschuh folgte.

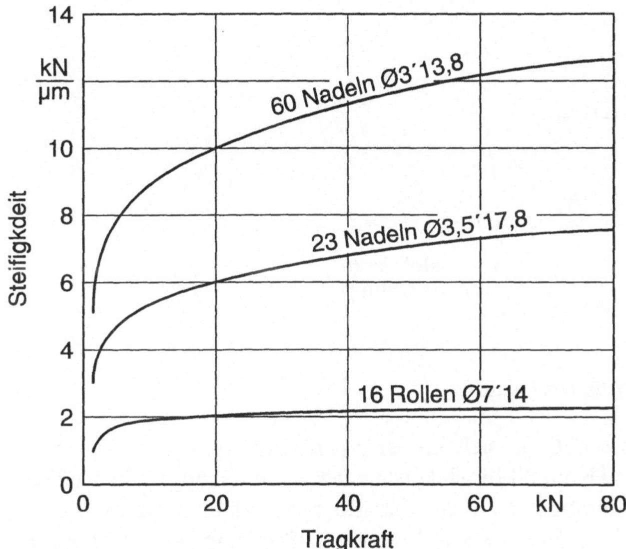

Abb. 4.21 Steifigkeiten verschiedener Wälzführungen

4.4.3 Hydrostatische Führungen

4.4.3.1 Grundlagen

In hydrostatischen Führungen werden die Führungsflächen durch von außen zugeführtes Drucköl voneinander getrennt. Der Führungsspalt hat Dicken zwischen 10 µm bis 50 µm. Die in den Öltaschen wirkenden Drücke liegen zwischen 5 bar bis 50 bar (Abb. 4.22). Einige Merkmale sind kennzeichnend für hydrostatische Führungen:

1. Die Führung arbeitet ausschließlich im Bereich der Flüssigkeitsreibung und erreicht damit Reibwerte von weniger als $\mu = 0,001$.
2. Da keine Festkörperreibung auftritt, verschleißen die Führungsflächen nicht.
3. Die Führung gleicht kurzwellige Oberflächenfehler aus.
4. Die Führung ist in Herstellung und Wartung aufwendiger als andere Führungsprinzipien.

Zur Ableitung der Strömungsverhältnisse in hydrostatischen Führungen werden die auf ein Flüssigkeitsteilchen wirkenden Kräfte betrachtet (Abb. 4.22).

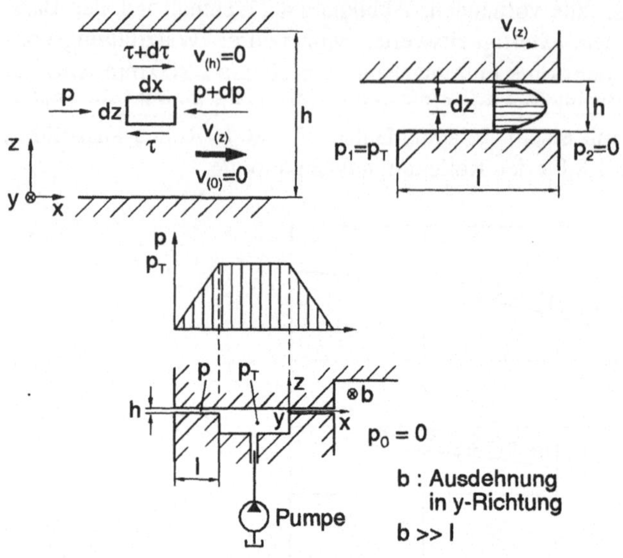

Abb. 4.22 Prinzip einer hydrostatischen Führung

Dazu wird vorausgesetzt, daß es sich um eine laminare Strömung zwischen ebenen Bahnen handelt. Da Hydraulikflüssigkeiten zähe, nicht reibungsfreie Medien sind, müssen neben Druckkräften auch Schubkräfte berücksichtigt werden. Der Spalt sei in y-Richtung tief, es finde also im Innern in y-Richtung keine Strömung statt. Das Kräftegleichgewicht in x-Richtung liefert unter der Annahme, daß senkrecht zur Zeichenebene keine Strömung auftritt (Erstreckung b = 1):

$$(\tau + d\tau)\, dx - \tau\, dx + p\, dz - (p + dp)\, dz = 0 \tag{4.13a}$$

und

$$\frac{dp}{dx} = \frac{d\tau}{dz} \tag{4.13b}$$

Zur Bestimmung der Schubspannungen dient der Newton'sche Ansatz für reibungsbehaftete Flüssigkeiten.

$$\tau = \eta \frac{dv}{dz} \tag{4.14}$$

Danach üben zwei relativ zueinander bewegte Flüssigkeitsteilchen eine Kraft entsprechend τ aufeinander aus, die der Geschwindigkeitsänderung in z-Richtung proportional ist. Der Proportionalitätsfaktor η ist die dynamische Zähigkeit η; sie ist stark temperaturabhängig.

In der folgenden Tabelle sind einige Zahlenwerte gegeben, die für Raumtemperatur gelten.

$$\begin{array}{llll}
\text{Luft} & \eta = & 14.6 & \cdot\,10^{-6}\,\text{Pa}\cdot\text{s} \\
\text{Wasser} & \eta = & 1790 & \cdot\,10^{-6}\,\text{Pa}\cdot\text{s} \\
\text{Öl} & \eta = & 28000 & \cdot\,10^{-6}\,\text{Pa}\cdot\text{s} \\
& \text{(mittlerer Wert)} & &
\end{array}$$

Anstelle der dynamischen Zähigkeit wird auch oft der Quotient

$$v=\frac{\eta}{\rho} \tag{4.15}$$

die kinetische Zähigkeit benutzt. Aus den Gln. 4.13b und 4.14 erhält man

$$\frac{dp}{dx}=\eta\frac{d^2 v}{dz^2} \tag{4.16}$$

Die Lösung dieser Differentialgleichung wird dadurch wesentlich erleichtert, daß

$$\frac{dp}{dx}=-J=\text{const.} \tag{4.17}$$

ist. Das ist darauf zurückzuführen, daß der Spalt immer gleich hoch bleibt, also keine zusätzlichen Beschleunigungen der Flüssigkeitsteilchen auftreten. Der Druckabfall geschieht als Folge der Flüssigkeitsreibung gleichmäßig über die Spaltlänge, denn J ist aus Kontinuitätsgründen konstant über x.

Zur Lösung von 4.16 sind zwei Randbedingungen erforderlich,

$$v_{z=o}=v_{z=h}=0 \tag{4.18}$$

d.h. die Flüssigkeit haftet an den Begrenzungsflächen.

Die Integration von Gl. 4.16 liefert die parabolische Geschwindingkeitsverteilung einer laminaren Strömung.

$$v(z)=\frac{J}{2\eta}(h\cdot z-z^2) \tag{4.19}$$

Mit Hilfe von Gl. 4.19 läßt sich die Durchflußmenge durch einen Spalt bestimmen.

Der Druckabfall über der Länge des Spaltes l erfolgt von p_1 auf p_2, dann gilt nach (4.17)

$$J=\frac{p_1-p_2}{l} \tag{4.20}$$

Durch einen Stromfaden der Dicke dz und Breite b strömt je Zeiteinheit das Volumen dQ

$$dQ = b \cdot v\,(z) \cdot dz \tag{4.21}$$

Nach Integration über die Spaltdicke h und mit (4.20) ergibt sich

$$Q = \frac{b \cdot h^3}{12 \cdot \eta \cdot l}(p_1 - p_2) \tag{4.22a}$$

Für die Drücke der hydrostatischen Führung $p_1 = p_T$ und $p_2 = 0$ ist die Durchflußmenge je Zeiteinheit

$$Q = \frac{b \cdot h^3}{12 \cdot \eta \cdot l} \cdot p_T \tag{4.22b}$$

Durch Integration des Druckes über der wirksamen Führungsfläche läßt sich die Tragkraft der Führung ermitteln. Je Tasche hat die Führung eine Tragkraft F_T (Abb. 4.23)

$$F_T = p_T \cdot b_T \cdot (l_T + l) \tag{4.23a}$$

$$F_T = p_T \cdot A_{eff} \tag{4.23b}$$

Allerdings kann eine Bahn, wie sie in Abb. 4.23 dargestellt ist, keine Momente oder außermittige Belastungen aufnehmen; auch zwei Bahnen können dies nur, wenn sie hydraulisch entkoppelt sind. Es müssen sich in verschiedenen Taschen unterschiedliche Drücke ausbilden können. Dies leisten die Ölversorgungssysteme.

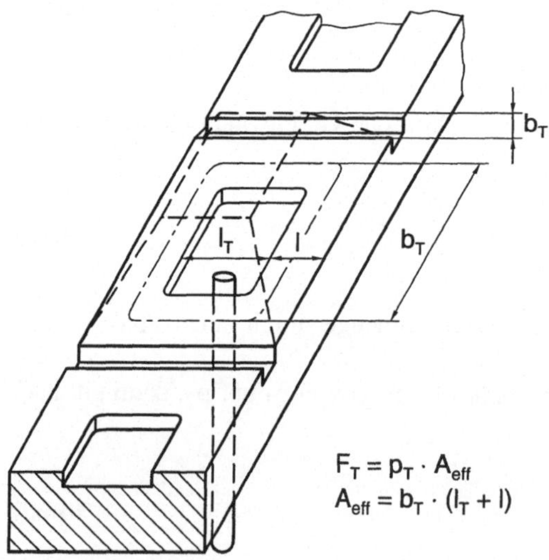

$$F_T = p_T \cdot A_{eff}$$
$$A_{eff} = b_T \cdot (l_T + l)$$

Abb. 4.23 Druckprofil und Tragkraft einer Tasche

4.4.3.2 Ölversorgungssysteme

Ein hydrostatisches Führungssystem für beliebige vertikale Lasten muß demnach wenigstens vier Taschen haben, meist werden mehr vorgesehen. Eine völlige Entkopplung wird erreicht, wenn *jede Tasche mit einer Pumpe* versorgt wird. Abgesehen von Spaltverlusten ist die Fördermenge von Verdrängerpumpen über dem Druck konstant (ca. 7 % Mengenabfall bis zum Nenndruck) und damit fließt jeder Tasche der durch ihre Pumpe gegebene Strom Q zu ohne Rückwirkung der Spalthöhe. Damit folgt der Zusammenhang von Last je Tasche F_T und Spalthöhe h aus (4.22b) und (4.23b)

$$F_T = \frac{12 \cdot Q \cdot \eta \cdot l \cdot A_{eff}}{b \cdot h^3} \tag{4.24}$$

darin ist b nach den in Abb. 4.23 festgelegten Größen

$$b = 2(b_T + l_T + l) \tag{4.25}$$

In Abb. 4.24 ist der Zusammenhang zwischen Spalthöhe und Belastung dargestellt. Die Steigung der Kurven entspricht der Nachgiebigkeit der Führung. Das System wird demnach mit steigender Last steifer, es kann theoretisch beliebig hoch belastet werden. Tatsächlich bedeutet das zugleich eine entsprechende Druckerhöhung im System. Spaltverluste in der Pumpe und ihr zulässiger Druck überhaupt setzen der Belastbarkeit der Führung Grenzen.

Da jede Tasche der Führung durch eine Pumpe versorgt wird, ist der Aufwand für dieses System groß. Durch Mehrfachzahnradpumpen (Abb. 4.25) lassen sich die Kosten senken.

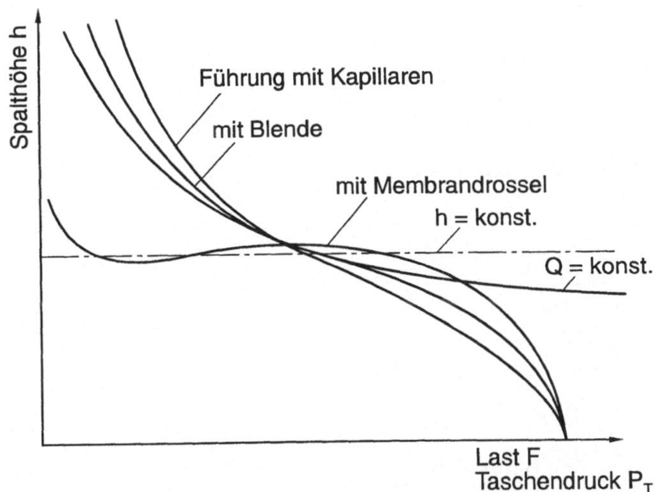

Abb. 4.24 Kennlinie von hydrostatischen Führungen

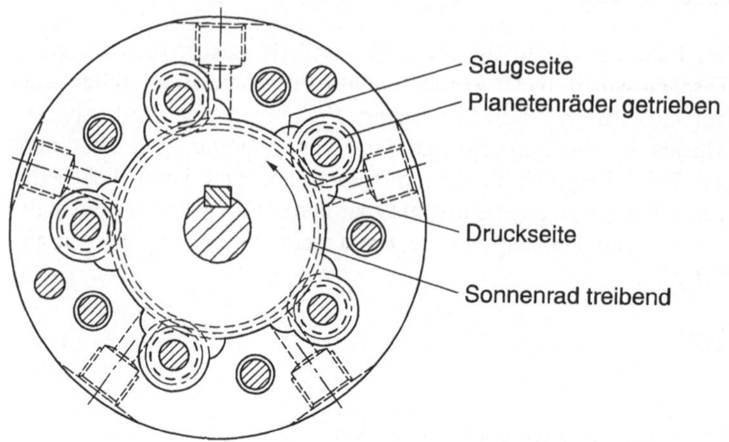

Abb. 4.25 Mehrfachzahnradpumpe

Eine hydraulische Entkopplung wird auch durch Vorwiderstände bei Speisung durch eine Pumpe erreicht (Abb. 4.26). Solche Vorwiderstände können als laminare Drosseln in Form von *Kapillaren* ausgeführt sein, also als lange Rohre (mehrere cm bis einige m) mit geringem Innendurchmesser (0,2 mm bis 1 mm). Der durch das Druckbegrenzungsventil vorgegebene Systemdruck fällt an der Drossel (p_D) und an der Tasche (p_T) ab (Abb. 4.26). In diesem Fall ist die Durchflußmenge je Tasche nicht konstant, sondern hängt von den Differenzdrücken an den hydraulischen Widerständen ab. Für die laminare Vordrossel gilt ganz entsprechend (4.22b)

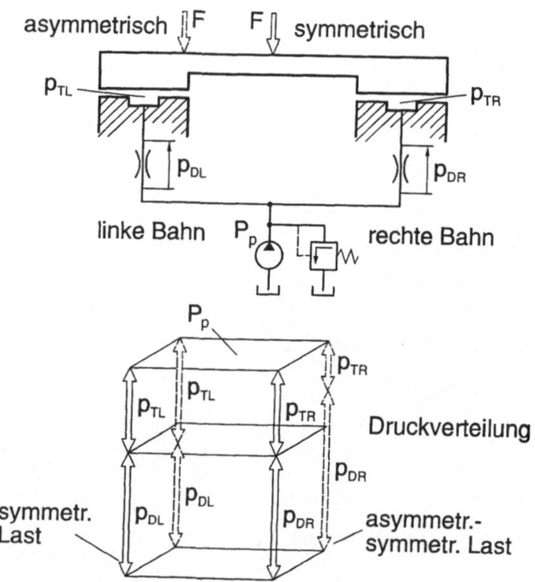

Abb. 4.26 Hydraulische Entkopplung durch Vorwiderstände

$$Q = \frac{\pi \cdot r_K^{4}}{8 \cdot \eta \cdot l_K} \cdot (p_p - p_T) \qquad (4.26)$$

mit dem Kapillarenhalbmesser r_K und ihrer Länge l_K. Aus (4.26), (4.22b) und (4.24) folgt die Kennlinie für die Ölversorgung mit Kapillare

$$h = C_K \sqrt[3]{\frac{p_p \cdot A_{eff}}{F_T} - 1} \qquad (4.27)$$

Darin enthält die Konstante C_K die geometrischen Größen zur Beschreibung der Kapillare und der Führung. Die Kennlinie ist in Abb. 4.24 eingetragen. Sie schneidet die Abszisse bei $F_T = p_p \cdot A_{eff}$; dann setzt die Führung auf, da der Taschendruck gleich dem Pumpendruck ist und kein Öl mehr strömt. Die Neigung der Kennlinie ist größer als die des Systems "1 Pumpe je Tasche", dieses System ist also weicher als jenes. Um eine höhere Steifigkeit zu erreichen, müßte der Vorwiderstand bei größerer Belastung der Führung seine Drosselwirkung verringern.

Dies leisten *Membrandrosseln als Vorwiderstände* (Abb. 4.27). Der auf die Drossel sekundärseitig wirkende Taschendruck hebt die Membran über einem Ringkanal an gegen die Federvorspannung. Damit wird der Drosselquerschnitt vergrößert. Über einen gewissen Bereich von p_p läßt sich die Drossel so einstellen, daß annähernd Q proportional zu p_T ist; also ist die Spalthöhe nach (4.22b) konstant. Es läßt sich mit solchen Geräten auch eine negative Steifigkeit erreichen. Membrandrosseln werden nur dort eingebaut, wo es auf ganz besondere Steifigkeit ankommt. Sie sind aufwendig und vor allem schwierig einzustellen.

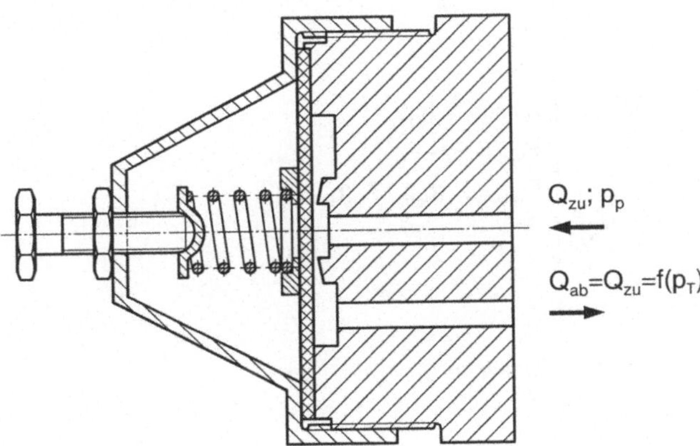

Abb. 4.27 Prinzip einer Membrandrossel

Häufig müssen Tragführungen mit Umgriff ausgeführt werden, um Momente aufnehmen zu können. Durch solche Umgriffe werden Vorspannungen der Tragführung erzeugt, die zur Steifigkeitserhöhung führen. Der Abb. 4.28 ist zu entnehmen, daß sich der Gesamtführungsspalt h_0 aus den Einzelführungsspalten für die Tragführung h_T und die Umgriffführung h_U ergibt

$$h_0 = h_T + h_U. \qquad (4.28)$$

Die Gesamtbelastung F_{ges} ergibt sich aus der Differenz der Kräfte auf der Tragbahn F_T und auf der Umgriffbahn F_U

$$F_{ges} = F_T - F_U, \qquad (4.29)$$

woraus sich eine Vorschrift für die Überlagerung der Kennlinien $F_T(h)$ und $F_U(h_0 - h)$ zur Gesamtkennlinie des Systems $F_{ges}(h)$ ableiten läßt

$$F_{ges}(h) = F_T(h) - F_U(h_0 - h) \qquad (4.30)$$

Man erkennt also, daß die Systemsteifigkeit höher ist als die Steifigkeit der Tragführung allein.

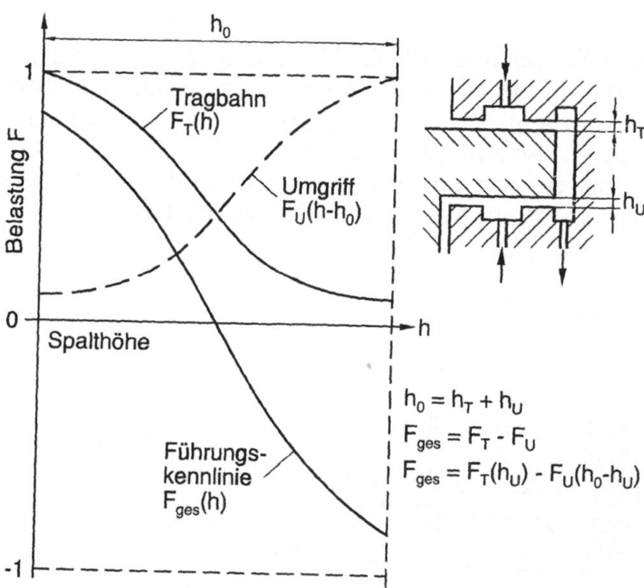

Abb. 4.28 Kennlinie einer hydrostatischen Führung mit Umgriff

4.4.3.3 Verlustleistung

Hydrostatischen Führungen wird aus zwei Quellen Leistung zugeführt, die in Wärme umgesetzt wird, aus dem Vorschubantrieb die Reibleistung P_R und aus der Pumpe des hydraulischen Systems die Leistung P_p Die gesamte Verlustleistung P_{ges} ist daher

$$P_{ges} = P_p + P_R \tag{4.31}$$

Da der Reibwert wegen der Flüssigkeitsreibung sehr gering ist und in Geradführungen nur geringe Verfahrgeschwindigkeiten auftreten, wird der Anteil P_R hier vernachlässigt. Dies ist nicht mehr möglich, wenn hydrostatische Lagerungen schnell laufender Spindeln betrachtet werden. Mit dem Pumpenwirkungsgrad $\eta_p = p_p \cdot Q/P_p$ (nicht zu verwechseln mit der dynamischen Zähigkeit η) und dem Ansteuerverhältnis

$$\alpha = \frac{p_T}{p_P} \tag{4.32}$$

ist mit (4.22b), (4.24) und (4.31)

$$P_P = \frac{1}{\alpha} \frac{b \cdot h^3}{12 \cdot \eta \cdot l} \cdot \frac{1}{\eta_P} \cdot \frac{F_T^2}{A_{eff}^2} \tag{4.33}$$

Energetisch am günstigsten ist also das System "1 Pumpe je Tasche" mit $\alpha = 1$. Zähes Öl führt bei sonst gleichen Anforderungen an die Führung zu geringeren Verlusten. Die Spalthöhe geht in (4.27) in der dritten Potenz ein. Geringe Spalthöhen sind nach beiden Kriterien (Steifigkeit und Verlustleistung) von Vorteil. Allerdings ist einer beliebigen Verringerung von h durch die Formgenauigkeit der Führungsflächen und ihre Oberflächengüte eine Grenze gesetzt, die bei 10 µm bis 20 µm liegt.

4.4.3.4 Dämpfung

Die Amplituden einer schwingungsfähigen Struktur sind in den kritischen Frequenzen, den Resonanzstellen, umgekehrt proportional dem Dämpfungsmaß (Kap. 3). Wesentliche Anteile der Gesamtdämpfung einer Werkzeugmaschine liefern die Fugen in Koppelstellen und Führungen. Durch eine schwingende Bewegung der Führungsflächen in hydrostatischen Führungen gegeneinander wird Öl aus der Fuge herausgedrückt und eingesaugt. Der statischen Strömungsgeschwindigkeit wird ein Wechselanteil überlagert, der wegen der Zähigkeit des Mediums stark dämpfend wirkt. Unter der Voraussetzung laminarer Strömung stellen sich die in Abb. 4.29 eingetragenen Zustandsgrößen ein.

Für die Volumenstrombilanz am Führungsspalt gilt:

$$Q_d(x+dx) = Q_d(x) - \dot{z}bdx \tag{4.34}$$

Die Taylorentwicklung liefert an der Stelle x+dx

$$Q_d(x+dx) = Q_d(x) + \frac{dQ_d}{dx} \cdot dx \ldots \tag{4.35}$$

unter Weglassung der Glieder höherer Ordnung. Aus (4.16) und (4.17) folgt

$$Q_d(x) = \frac{bh^3}{12\eta} \frac{dp_d}{dx} \tag{4.36}$$

Durch Einsetzen von (4.36) in (4.34) erhält man nach doppelter Integration entlang x mit der Randbedingung, daß für $x = l/2$ und $x = -l/2$ $p_d = 0$ ist, den Druckverlauf im Spalt

$$p_d = \frac{\eta\dot{z}}{h^3}\left(\frac{3}{2}l^2 - 6x^2\right) \tag{4.37}$$

Daraus läßt sich über die von p_d beaufschlagte Fläche die Kraft F_d und der Dämpfungsfaktor d ermitteln

$$d = \frac{F_d}{2} = \frac{\eta \cdot b \cdot l^3}{h^3} \tag{4.38}$$

Aus (4.36) ist zu erkennen, daß neben einer geringen Spalthöhe eine große Abströmlänge l stark in den Dämpfungsfaktor eingeht. Es ist daher im Sinne des Squeeze-Effektes günstig, in hydrostatischen Führungen die Taschen nicht gänzlich auszuarbeiten, sondern lediglich eine Ringnut (Abb. 4.29) einzubringen. Die statischen Eigenschaften ändern sich dadurch nicht, jedoch läßt sich das Dämpfungsvermögen wesentlich erhöhen.

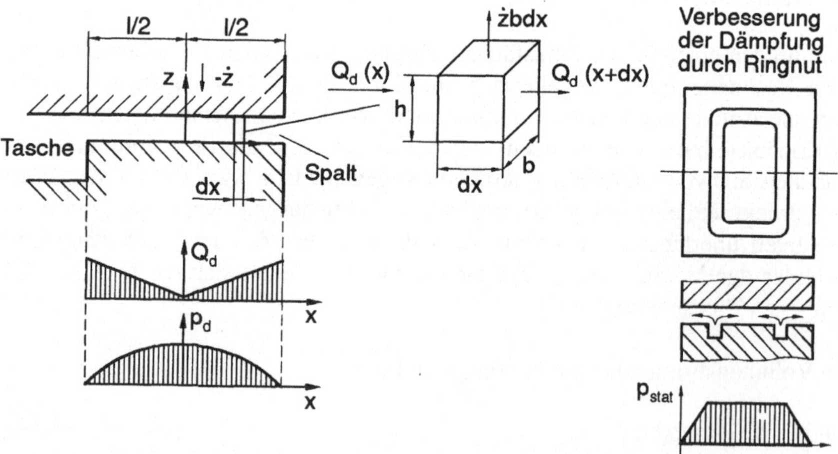

Abb. 4.29 Squeeze-Film-Effekt

4.4.4 Aerostatische Führungen

Aerostatische Führungen arbeiten grundsätzlich ähnlich wie hydrostatische. Als Druckmittel dient Luft. Wegen der geringen Zähigkeit von Luft gegenüber Öl und wegen der Kompressibilität ergeben sich einige typische Merkmale:

1. Luft kann nach Austritt aus der Führung an die Umgebung abgegeben werden. Sie wird nicht zurückgeführt.
2. Die Reibung ist wegen der geringen Zähigkeit von Luft äußerst gering.
3. Die dynamische Zähigkeit hängt nur wenig von der Temperatur ab. Temperaturschwankungen wirken sich kaum auf das Führungsverhalten aus.
4. In Luftführungen sind sehr geringe Spaltdicken erforderlich, was hohe Anforderungen an die Makro- und Mikrogenauigkeit der Führungsflächen stellt.
5. Flächenbezogene Tragfähigkeiten und Steifigkeiten sind geringer als bei hydrostatischen Führungen.
6. Luftführungen neigen wegen der Kompressibilität des Mediums zur Entstehung selbsterregter Schwingungen. Stabilitätsrechnungen erschweren die Auslegung solcher Führungen.

In Abb. 4.30 ist die Kennlinie einer aerostatischen Führung dargestellt /MUS68/. Als Vorwiderstand wird hier eine Kapillare verwendet. Es werden auch poröse Sinterwerkstoffe eingesetzt. Die Taschen sind aus Stabilitätsgründen kleinvolumiger als bei hydrostatischen Führungen.

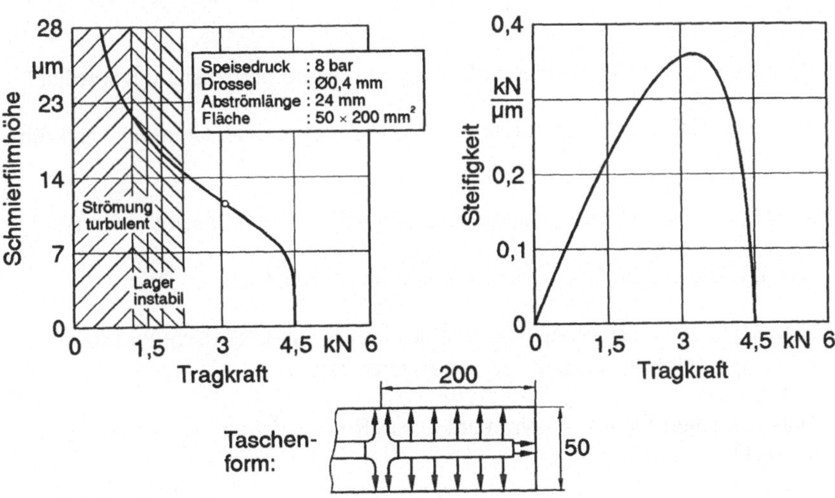

Abb. 4.30 Nachgiebigkeitsverhalten einer aerostatischen Tasche

4.5 Schrifttum

/FIL77/   Filter, G.: Rechnergestütztes Konstruieren von Werkzeugmaschinen-
             geradführungen; Dr.-Ing. Diss, Universität Hannover, Juli 1977

/MUS68/   Mußgnug, H.: Ein Beitrag zum Bau druckluftgeschmierter und ebe-
             ner Schlittenführungen für Fertigungseinrichtungen; Dr.-Ing. Diss.
             TH Stuttgart 1968

/TÖN76/   Tönshoff, H.K.: Variantenkonstruktion und Berechnung von Werk-
             zeugmaschineneinheiten; CAD-Bericht: KFK CAD 19, Gesellschaft
             für Kernforschung mbH, Karlsruhe, Oktober 1976

4.6 Fragen zur Aufbereitung

4.01   Wie lassen sich Schraub- und Wälzbewegungen erzeugen? Welche Führun-
         gen sind erforderlich?

4.01.a   Wie lassen sich mit Geradführungen beliebige Bewegungen (Kurse) ausfüh-
         ren?

4.02   Welche Störeinflüsse auf Geradführungen müssen berücksichtigt werden?

4.03   Auf welche Grundformen lassen sich Führungsbahnquerschnitte zurückfüh-
         ren?

4.04   Welche Kriterien können für den Herstellaufwand herangezogen werden?

4.05   Diskutieren Sie die Grundformen unter diesen Kriterien.

4.06   Skizzieren Sie beispielhaft "statisch bestimmte" und "statisch unbestimmte"
         Führungen und diskutieren Sie ihre Eigenschaften.

4.07   Was verstehen Sie unter "symmetrischem Reibverhalten" von Führungssy-
         stemen?

4.08   Welche Nachstellmöglichkeiten von Führungen sind Ihnen bekannt?

4.09   Mit welchem Ansatz lassen sich die Pressungen von Gleitführungen berech-
         nen?

4.10   Welche maximalen Pressungen sind zulässig (Bereichsangabe)?

4.11   Welche Führungsarten kennen Sie?

4.12   Worauf beruht stick-slip?

4.13   Wie läßt sich stick-slip mildern, wie vermeiden?

4.14   Wie arbeiten hydrostatische Führungen?

4.15   Skizzieren Sie den Druckverlauf unter einer Führungsbahn (quer zur Führungsrichtung).

4.16   Welche Ölversorgungssysteme sind Ihnen bekannt?

4.17   Welche Abhängigkeit besteht zwischen Belastung und Führungsspalt beim System "1 Pumpe je Tasche", "Kapillare" und "Membrandrossel"? (Graphische oder formelmäßige Darstellung).

4.18   Welche Vor- und Nachteile sprechen für und gegen den Einsatz von Blenden als Vorwiderstand (Vergleich mit Kapillaren)?

4.19   Welche Aufgaben kann eine Umgriffführung übernehmen?

4.20   Leiten Sie die Begründung für die Versteifung der Gesamtführung durch die Umgriffführung ab.

4.21   Aus welchen Anteilen setzt sich die Verlustleistung einer hydrostatischen Führung zusammen?

4.22   Welche konstruktiven Maßnahmen zur Verringerung der Verlustleistung können Sie vorschlagen?

4.23   Wie wirkt sich die Viskosität auf die Verlustleistung aus?

4.24   Geben Sie den Einfluß von h auf Steifigkeit, Verlustleistung und Dämpfung an.

4.25   Welches sind die Merkmale aerostatischer Führungen?

4.7 Übungsaufgaben

<u>Aufgabe 1</u>

Stick-slip-Bewegung einer Gleitführung

Der Schleifblock einer Rundschleifmaschine ist gleitgeführt und wird mit einem Spindel-Mutter-System verfahren.

Die Masse des Schleifblocks beträgt	: m	$= 102$ kg
Der Haftreibkoeffizient hat den Wert	: μ_H	$= 0,2$
Der Gleitreibkoeffizient hat den Wert	: μ	$= 0,02$

Wie groß muß die Steifigkeit des Antriebs (Federzahl c) sein, damit die stick-slip-Amplitude weniger als 2 µm beträgt? (Zerspankräfte werden nicht berücksichtigt.)

Lösung: $c = 80$ N/µm

Aufgabe 2

Eine hydrostatische Führung mit Tragbahn, Umgriff und Richtbahn (Abb. 4.31) soll für eine mittig angreifende Kraft $f = 50$ KN ausgelegt werden. Der Druck der Gleitbahnen soll durch Kapillardrosseln in Verbindung mit *einer* Pumpe erzeugt werden. Aus der Konstruktion sind folgende Daten bekannt:

- dynamische Zähigkeit : $\eta = 0,1$ kg/ms
- Spalthöhe (Tragbahn + Umgriff) : $h_o = 2\,h_T = h_T + h_u = 40$ µm
- Kapillarradius : $r_K = 0,4$ mm
- Pumpenwirkungsgrad : $\varepsilon_p = 0,7$

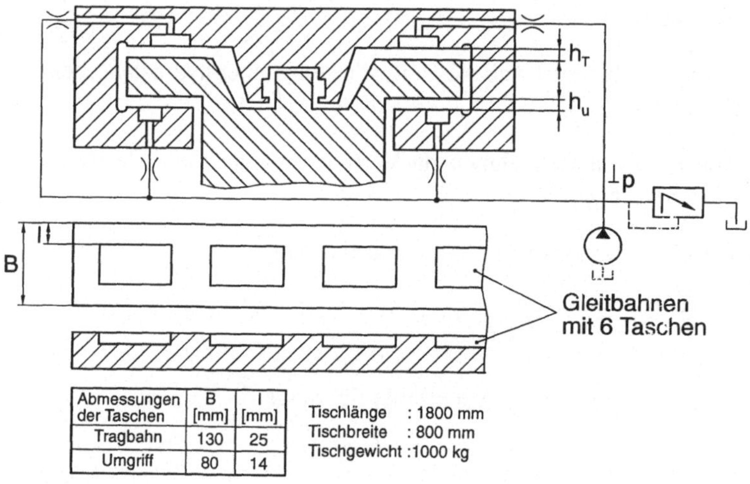

Abmessungen der Taschen	B [mm]	l [mm]
Tragbahn	130	25
Umgriff	80	14

Tischlänge : 1800 mm
Tischbreite : 800 mm
Tischgewicht : 1000 kg

Abb. 4.31 Auslegung einer hydrostatischen Geradführung

Zu ermitteln sind für Tragbahn und Umgriff:

- der Taschendruck (p_T, p_U),
- der Pumpendruck p_P,
- der Traganteil im Auslegungspunkt (F_T, F_U),
- der hydraulische Widerstand je Tasche (R_T, R_U),
- die Durchflußmenge je Tasche (Q_T, Q_U),
- die Pumpenleistung P_P,

- die Kapillarlänge (l_{k_T}, l_{k_U}) und
- die Steifigkeit der Führung (C_T, C_U).

Dazu sind die Kennlinien F(h) für Tragbahn und Umgriff getrennt und im Zusammenwirken zu skizzieren.

Zur Auslegung des Pumpendruckes p_p wird $p_p = 3\ p_T$ gewählt.

5 Vorschubantriebe

5.1 Allgemeines

An Werkzeugmaschinen treten drei Arten von Bewegungen auf:

- Hauptbewegungen,
- Vorschubbewegungen und
- Stellbewegungen.

Hauptbewegungen sind die leistungsführenden Bewegungen wie die Schnittbewegungen beim Spanen; Vorschubbewegungen bestimmen die Werkstückform. Stellbewegungen dienen z.B. dem Werkstück- oder Werkzeugtransport, dem Spannen von Werkstücken oder dem Klemmen von Schlitten. Während von Hauptantrieben im allgemeinen nur bestimmte Drehfrequenzen und Drehmomente gefordert werden, müssen an Vorschubbewegungen weitergehende Ansprüche gestellt werden. Da Vorschubbewegungen die Werkstückgeometrie und damit die Genauigkeit der Werkstücke bestimmen, müssen die Positionier- und Bahnfahrvorgänge gegebenen Genauigkeitsanforderungen genügen.

Dabei ist zwischen drei Arten von Vorschubbewegungen je nach Einfluß auf die Werkstückform zu unterscheiden (Bild 5.1).

- Positionieren mit Festanschlag,
- Freies Positionieren und
- Funktional abhängige Vorschubbewegung.

Beim Positionieren mit Festanschlag fährt das bewegte Bauteil - ein Schlitten, ein Tisch oder eine Pinole - gegen einen möglichst steifen Anschlag; damit wird der Hub begrenzt, sei es durch die sprunghaft ansteigende Vorschubkraft über Rutschkupplungen oder auslösende Kuppelelemente (z.B. Fallschnecke einer Drehmaschine), sei es, daß zusätzlich durch das Anfahren des Anschlages ein elektrisches Signal für die Steuerung gegeben wird (Abb. 5.2). Prinzipbedingt können solche Anschläge nur von einer Seite aus angefahren und nicht überfahren werden.

Beim freien Positionieren dagegen sind verschiedene Positionen innerhalb des Schlittenhubes durch Nocken, Endtaster, Magnetschalter etc. markierbar und bewirken so über eine einfache Rückführung des binären Signals eine Steuerung der

Vorschubbewegung. Ein Beispiel dafür ist die *Abschaltsteuerung* eines Vorschub-antriebs.

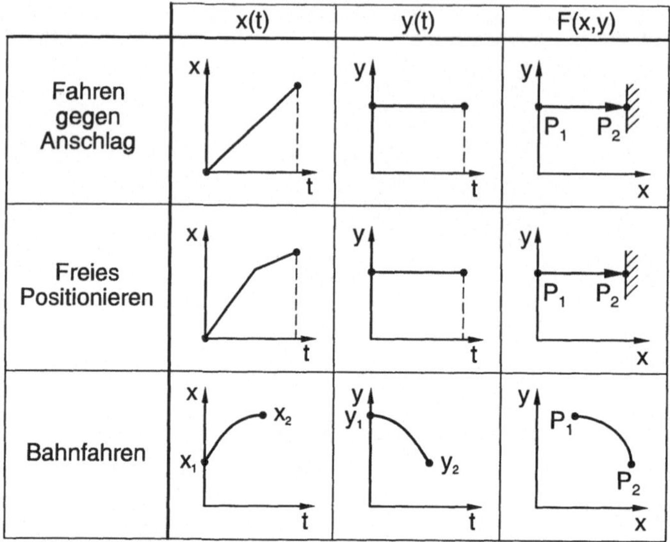

Abb. 5.1 Arten von Vorschubbewegungen

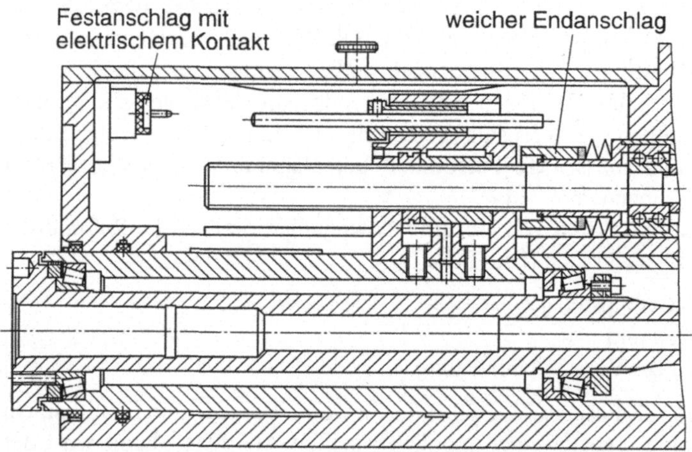

Abb. 5.2 Spindel mit Pinolenvorschub /Quelle: Tönshoff, Dortmund/

Soll durch einen Nocken bei $x = 0$ der Vorschub abgeschaltet werden (Abb. 5.3), ergibt sich aufgrund der Ansprechzeiten von Schützen oder Kupplungen ein Ansprechweg x_1. Aufgrund der kinetischen Energie des Systems kommt ein weiterer Bremsweg Δx dazu. Dies führt zu einer Abweichung von der Sollposition. Eine Abhilfe kann darin bestehen, den Abschaltpunkt vorzuverlegen. Trotzdem kommt es dabei zu einer Streuung des wahren Haltepunktes. Der Fehler kann durch Einführung einer oder mehrerer gestufter Schleichgänge, wie in Abb. 5.3 prinzipiell und in einer Ausführung in Abb. 5.4 dargestellt ist, verringert werden. Allerdings wird durch dieses ein- oder mehrstufige Einfahren die Positionierzeit verlängert; bei gegebener Einfahrtoleranz ist jedoch das mehrstufige Abschalten zeitgünstiger.

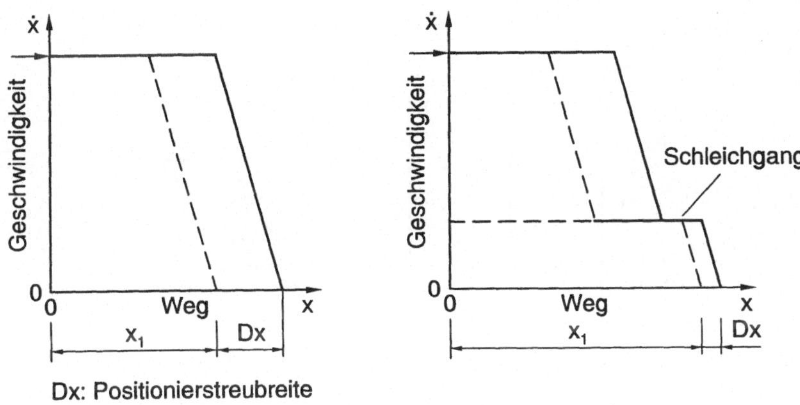

Abb. 5.3 Abschalten mit und ohne Schleichgang

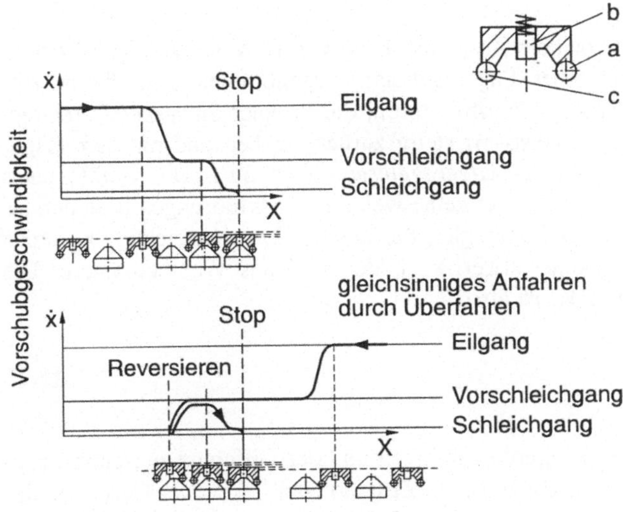

Abb. 5.4 Repetiersteuerung eines Bohrwerks /Quelle: Scharmann/

Die höchsten Anforderungen an Vorschubantriebe werden bei der Steuerung von Bewegungen mit funktionalem Zusammenhang gestellt. Soll z.B. wie in Abb. 5.5 dargestellt, ein Werkzeug eine bestimmte Bahnkurve fahren, so ist es erforderlich, zu jedem Zeitpunkt eine vorgegebene Geschwindigkeit einzustellen. Dies wird durch Nachformsteuerungen und numerische Bahnsteuerungen erreicht. Da diese Vorschubbewegungen ein reaktionsschnelles Folgen bei verändertem Sollwert verlangen und so erhebliche Anforderungen an die Auslegung des Antriebes stellen, sollen im folgenden Antriebe vorgestellt werden, die für die Lösung derartiger Aufgaben geeignet sind.

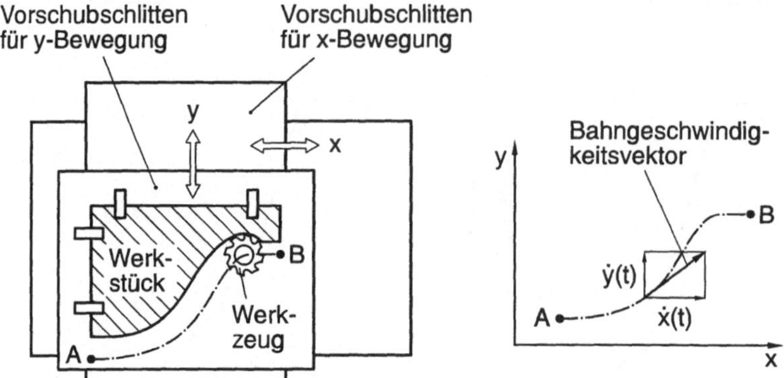

Abb. 5.5 Funktional abhängige Vorschubbewegung in x und y

5.2 Lageregelung

Vorschubantriebe mit funktionalem Zusammenhang von Bewegungen in zwei oder mehr Achsen arbeiten mit einer Lageregelung; ausgenommen sind die in Abschnitt 5.7 noch zu erläuternden Schrittmotoren, die in einer *Steuerkette* arbeiten. Zur Lageregelung wird der Lageistwert stetig zurückgegeben und mit dem Lagesollwert verglichen; es besteht ein *Lageregelkreis* (Abb. 5.6). Die Geräte eines einfachen Lageregelkreises (einfach, da keine weiteren Rückführungen bestehen als die Lagerückführung) sind: der Lageregler, der aus der Lageabweichung x_w einen proportionalen Geschwindigkeitssollwert $\dot{x}_s$ bildet, und das Wegmeßsystem. Die Geschwindigkeitsverstärkung K_v ist also

$$K_v = \frac{\dot{x}_s}{x_w} \tag{5.1}$$

das ist der Quotient aus der Sollgeschwindigkeit und der Differenz zwischen Lagesoll- und Lageistwert im eingeschwungenen Zustand. Bei gegebener Geschwindigkeit bestimmt die Geschwindigkeitsverstärkung also den prinzipbedingten Schleppfehler des Lageregelkreises.

In Abb. 5.6 ist das Verhalten des Motors vereinfachend als Verzögerungsglied erster Ordnung (PT_1-Glied) dargestellt mit einer Antriebszeitkonstante, die hier - ebenfalls vereinfachend - gleich der Motorzeitkonstante T_m angeschrieben ist (s. Abschnitt 5.3). Die am Ausgang des Motors erzeugte Geschwindigkeit $\dot{x}_i$ wird über das Getriebe und den Spindel-Mutter-Trieb in den Weg x_i gewandelt. Diese mechanischen Elemente weisen also Integralverhalten auf. Der Frequenzgang des Regelkreises ist

$$G_L = \frac{x_i}{x_s} = \frac{1}{1 + \frac{1}{K_v}\,p + \frac{T_m}{K_v}\,p^2} \qquad (5.2)$$

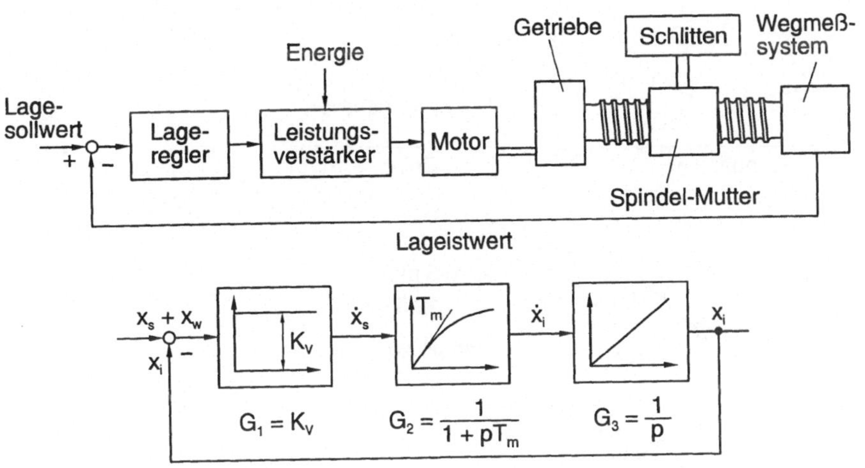

Abb. 5.6 Einfacher Lageregelkreis

Das entspricht dem Frequenzgang eines einläufigen Schwingers (vgl. Kap. 3). Seine Eigenkreisfrequenz ist

$$\omega_0 = \sqrt{\frac{K_v}{T_m}} \qquad (5.3)$$

und sein Dämpfungsmaß

$$D = \frac{1}{2\sqrt{K_v T_m}} \qquad (5.4)$$

Aus der Bedingung, daß Regelkreise nicht über die Sollage überschwingen dürfen, ergäbe sich, daß die Sprungantwort dem aperiodischen Grenzfall entsprechen müßte, d.h. daß $D_{min} = 1$ oder $K_v = 4 \cdot T_m$ sein müßte. Da die Sollwertänderung nicht sprungartig erfolgt, geht man in der Festlegung der Geschwindigkeitsverstärkung weiter, um die Kreisdynamik zu erhöhen (Abb. 5.7). Gewählt wird $K_v = 1/2 \cdot T_m$ oder $D = 0{,}7$. Aus dieser Grenzbedingung und Beziehung (5.1) folgt

$$x_w = 2\dot{x}_s T_m \qquad (5.5)$$

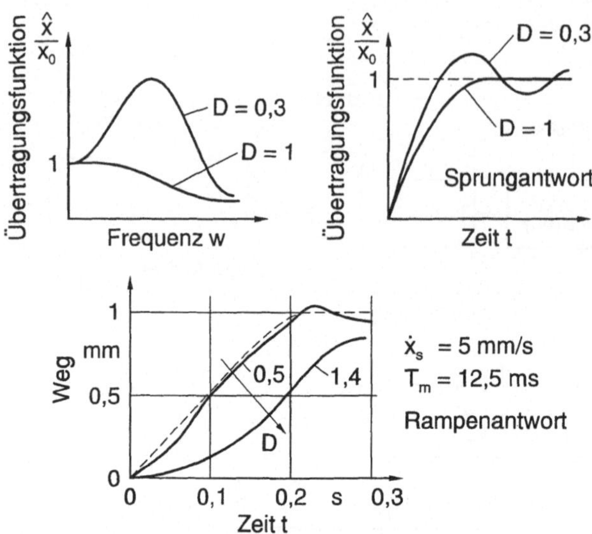

Abb. 5.7 Antwortverhalten von Vorschubantrieben

Wenn man also bei gegebener Geschwindigkeit geringe Schleppfehler erreichen will, muß man die Antriebszeitkonstante T_m gering halten. Sie geht (nach dieser vereinfachten Betrachtung) proportional in den Schleppfehler ein. Um die Dynamik eines Lageregelkreises weiter zu steigern, ohne daß Überschwingen stattfindet, wird ein Geschwindigkeitsregelkreis unterlagert (Abb. 5.8). Dazu wird ein winkelgeschwindigkeitsproportionales Signal mit einem Tachogenerator von der Motorwelle abgenommen und dem Geschwindigkeitsregler zugeführt. Der Frequenzgang des vermaschten Kreises wird damit

$$G_{LG} = \frac{1}{1 + \frac{1+K_u}{K_v K_u} p + \frac{T_m}{K_v K_u} p^2} \tag{5.6}$$

Die Eigenkreisfrequenz ist nun

$$\omega_0 = \sqrt{\frac{K_v K_u}{T_m}} \tag{5.7}$$

und das Dämpfungsmaß wird

$$D = \frac{1+K_u}{2\sqrt{K_v K_u T_m}} = \left(\frac{1+K_u}{\sqrt{K_u}}\right) D^* \tag{5.8}$$

wenn D^* das Dämpfungsmaß des einfachen Lageregelkreises ohne Geschwindigkeitsrückführung ist.

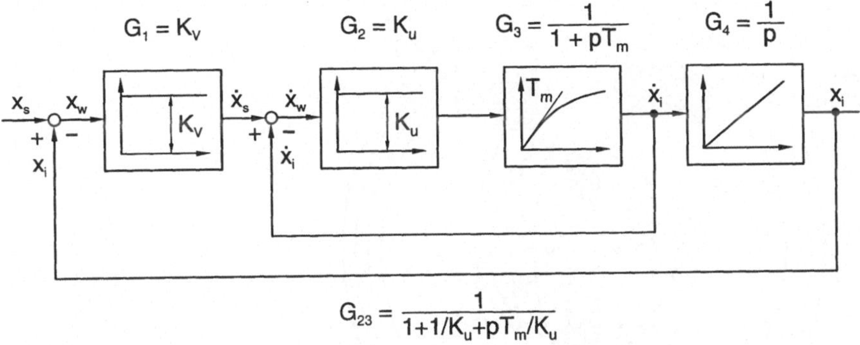

Abb. 5.8 Erweiterter Lageregelkreis

5.3 Gleichstromantrieb

Die physikalische Grundlage für den Gleichstrommotor bildet das Kraftwirkungsgesetz, das die auf einen Leiter in einem Magnetfeld wirkende Kraft F wie folgt bestimmt:

$$F = B \cdot 1 \cdot I \tag{5.9}$$

mit der magnetischen Flußdichte B, der Länge des Leiters 1 und dem Strom I. Das Wirkprinzip des Motors geht aus Abb. 5.9 hervor. Im Stator wird ein Erregerfeld durch den von außen zugeführten Erregerstrom in der Feldwicklung (wie im Bild dargestellt) oder durch Dauermagneten erzeugt. Fließt ein Strom über die Bürsten im Anker, entsteht dem Kraftwirkungsgesetz entsprechend ein Drehmoment. Um ein Drehmoment gleicher Richtung zu erreichen, muß die Ankerstromrichtung nach einer halben Umdrehung mit Hilfe des Kommutators umgekehrt werden. Ein elektrisches Ersatzbild für den stationären Betrieb des Gleichstrommotors zeigt Abb. 5.10.

Von den für Gleichstrommotoren möglichen Erregungsarten (Hauptschluß, Nebenschluß, Fremderregung, Erregung mit Permanentmagnet) werden für Vorschubantriebe nur Fremderregung und Erregung mit Permanentmagneten eingesetzt. Die Spannungsbilanz für einen Gleichstrommotor lautet:

$$U_o = I_a \cdot R_a + U_i \tag{5.10}$$

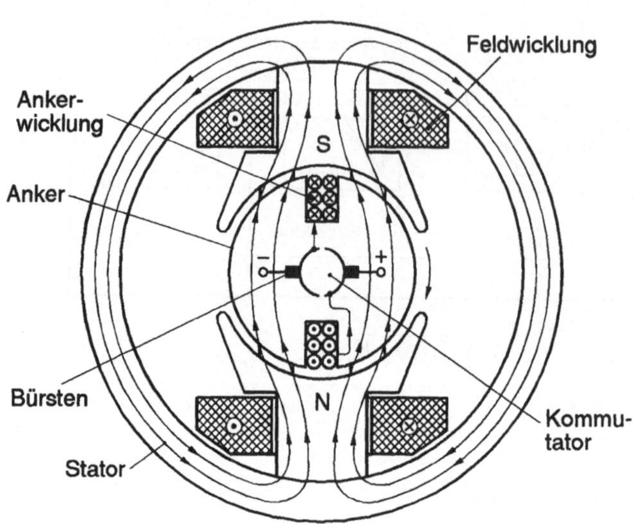

Abb. 5.9 Prinzip eines Gleichstrommotors

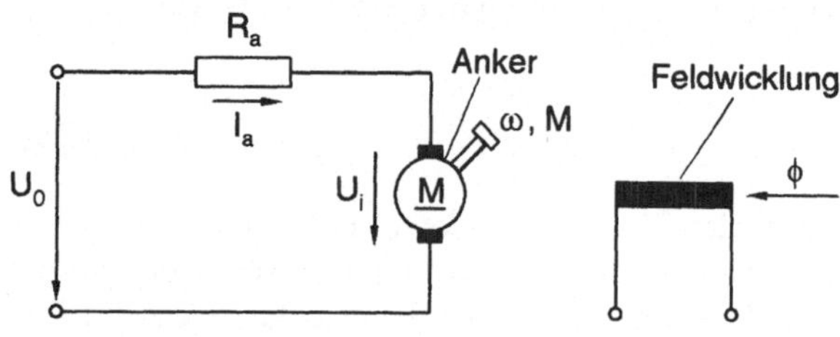

U_0 : Klemmenspannung
U_i : Induzierte Spannung
R_a : Ankerwiderstand
I_a : Ankerstrom
ϕ : Spaltfluß
ω : Motorwinkelgeschwindigkeit
M : Motormoment

Abb. 5.10 Gleichstrommotor statisches Ersatzbild

Die im Anker durch Rotation im Feld induzierte Spannung ist nach dem Induktionsgesetz

$$U_i = C\,\Phi\,\omega \tag{5.11}$$

Aus der Leistungsbilanz zwischen elektrischer und mechanischer Leistung folgt

$$U_i\,I_a = M\,\omega \tag{5.12}$$

und aus dem Kraftwirkungsgesetz

$$M = C\,\Phi\,I_a \tag{5.13}$$

Damit läßt sich (5.10) schreiben

$$U_0 = \frac{M}{C\,\Phi}\,R_a + C\,\Phi\,\omega \tag{5.14}$$

Wenn für den Leerlauf mit $M = 0$ und $\omega = \omega_0$ und für den blockierten, stillstehenden Motor mit $\omega = 0$ und $M = M_0$ angesetzt wird, ergibt sich durch Division

$$\frac{U_0}{U_0} = 1 = \frac{M}{M_0} + \frac{\omega}{\omega_0} \tag{5.15}$$

In Abb. 5.11 sind die linearen Kennlinien dargestellt. Die mechanische Charakteristik $M(\omega)$ läßt sich durch Variation der Klemmspannung U_0 parallel zu sich selbst verschieben:

$$\frac{U_0}{U_{0\,max}} = \frac{M}{M_{0\,max}} + \frac{\omega}{\omega_{0\,max}} \tag{5.16}$$

Abbildung 5.11 ist die Lastabhängigkeit der Winkelgeschwindigkeit zu entnehmen, eine Erscheinung, die für Vorschubantriebe unerwünscht ist. Eine Geschwindigkeitsregelung mit elektronischen Bauelementen sorgt dafür, daß die Sollwinkelgeschwindigkeit nahezu unabhängig vom Moment gehalten wird.

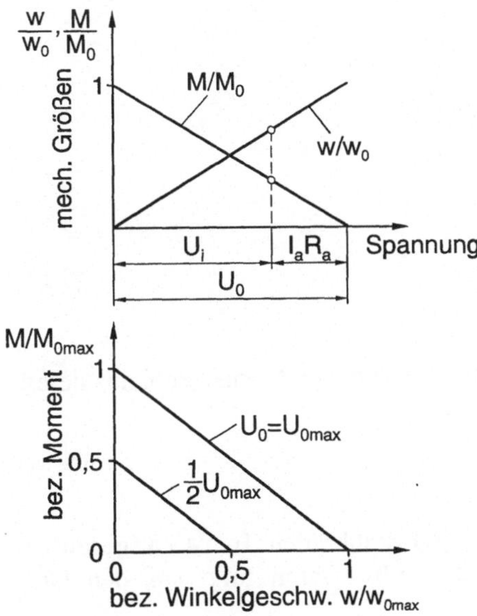

Abb. 5.11 Kennlinien des Gleichstrommotors

5.3.1 Dynamisches Verhalten

Für Vorschubantriebe ist das dynamische Verhalten des Gleichstrommotors interessant. Dazu muß das Ersatzbild erweitert werden (Abb. 5.12). Es müssen zwei Energiespeicher, das Massenträgheitsmoment für die kinetische Energie und die Selbstinduktion der Ankerwicklung als Speicher für potentielle Energie berücksichtigt werden. Die Spannungsbilanz lautet nun:

$$U_0(t) = i_a(t)\,R_a + L_a\,\frac{di_a(t)}{dt} + U_i(t) \tag{5.17}$$

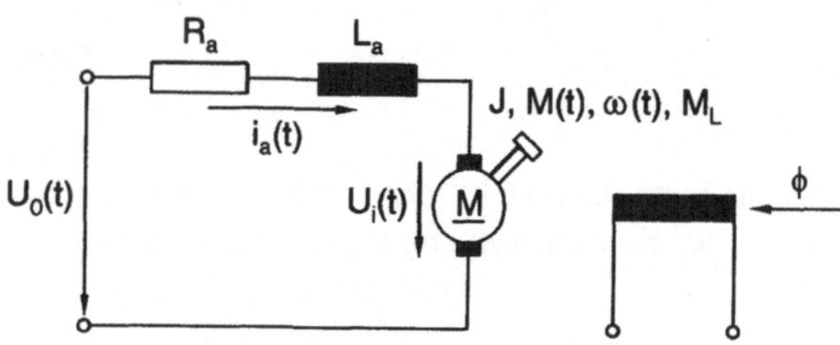

$U_0(t)$: Klemmspannung
$U_i(t)$: induzierte Spannung
R_a : Ankerwiderstand
L_a : Ankerinduktivität
$i_a(t)$: Ankerstrom
ϕ : Spaltfluß(const.)
$\omega(t)$: Winkelgeschwindigkeit
$M(t)$: Motormoment
J   : Massenträgheitsmoment
M_L : Lastmoment

Abb. 5.12 Gleichstrommotor, dynamisches Ersatzbild

Mit

$$U_i(t) = k \cdot \omega(t) \qquad k = C \cdot \Phi$$
$$M(t) = k \cdot i_a(t) \tag{5.18}$$

ist die Gleichung des elektrischen Systems beschrieben. Die Momentenbilanz liefert

$$M(t) - J\frac{d\omega(t)}{dt} - M_L = 0 \tag{5.19}$$

Das Lastmoment M_L folgt z.B. aus Wirk- und Reibkräften. Es ist i.a. gegen das Beschleunigungsmoment vernachlässigbar ($M_L = 0$). Damit folgt aus den Gleichungen (5.17), (5.18) und (5.19)

$$U_0(t) = L_a \frac{J}{k} \frac{d^2\omega}{dt^2} + R_a \frac{J}{k} \frac{d\omega}{dt} + k\,\omega \qquad (5.20)$$

Diese lineare Differentialgleichung 2. Ordnung beschreibt das Bewegungsverhalten des Systems. Sie läßt sich umformen zu

$$\frac{U_0}{k} = T_{el}\, T_m \frac{d^2\omega}{dt^2} + T_m \frac{d\omega}{dt} + \omega \qquad (5.21)$$

mit

$$T_m = \frac{R_a\, J}{k^2} = \frac{J\,\omega_0}{M_0} \qquad (5.22)$$

$$T_{el} = \frac{L_a}{R_a} \qquad (5.23)$$

T_m und T_{el} werden als mechanische und elektrische Zeitkonstanten des Systems bezeichnet. Analog zur DGL des einläufigen mechanischen Schwingers (vgl. Kap. 3) ergibt sich die Dämpfung des Systems zu

$$D = \frac{1}{2}\sqrt{\frac{T_m}{T_{el}}} \qquad (5.24)$$

und die Eigenkreisfrequenz zu

$$\omega_0 = \frac{1}{\sqrt{T_m \cdot T_{el}}} \qquad (5.25)$$

Bei heutigen Vorschubmotoren ist die elektrische Zeitkonstante T_{el} um Größenordnungen geringer als die mechanische Zeitkonstante T_m ($T_{el} \ll T_m$), womit T_m zur Antriebszeitkonstante wird (vgl. Gleichung 5.22):

$$T_m = \frac{J\,\omega_0}{M_0} \qquad (5.26)$$

Für einen Motoranker der Länge b_a, des Durchmessers d_a und der Dichte ρ_a ist das Massenträgheitsmoment

$$J = \frac{\pi}{36} d_a^{\,4} \cdot b_a \cdot \rho_a \qquad (5.27)$$

Damit folgt aus Gleichung (5.26)

$$T_m = \frac{\pi}{36} \underbrace{d_a{}^4 \cdot b_a}_{①} \cdot \underbrace{\rho_a}_{②} \cdot \underbrace{\frac{\omega_0}{M_0}}_{③}$$

$$(5.28)$$

Diese Beziehung zeigt drei Möglichkeiten, zu geringen Antriebszeitkonstanten zu kommen. Daraus haben sich verschiedene Bauarten entwickelt (Abb. 5.13). Durch Verringerung des Ankerdurchmessers bei gleichzeitiger Verlängerung der Ankerlänge (um auf die gleiche "Kupferlänge" und damit das gleiche Drehmoment zu kommen) konnte mit *Stabläufern* das Massenträgheitsmoment verkleinert werden. Ähnlich ist die Wirkung des *Hohlläufers* (Glockenläufer). Hier wird eine Trägheitsmomentreduzierung dadurch errreicht, daß der Eisenkörper, der im Läufer zur Leitung des magnetischen Flusses erforderlich ist, nicht mitrotiert. Durch diese Bauart können allerdings nur geringere Last- oder Beschleunigungsmomente übertragen werden.

In *Scheibenläufermotoren* werden Läufer aus Isolierstoff mit geringer Dichte verwendet, auf die die Wicklung aufgeklebt oder aufkaschiert ist. Das Feld wird durch axial angeordnete Permanentmagnete erzeugt.

Die Motoren mit Hohl- oder Scheibenläufer können prinzipbedingt Wärme vom Rotor nur begrenzt abführen. Sie sind aus thermischen Gründen nur kurzzeitig überlastbar; der Ankerstrom muß überwacht werden.

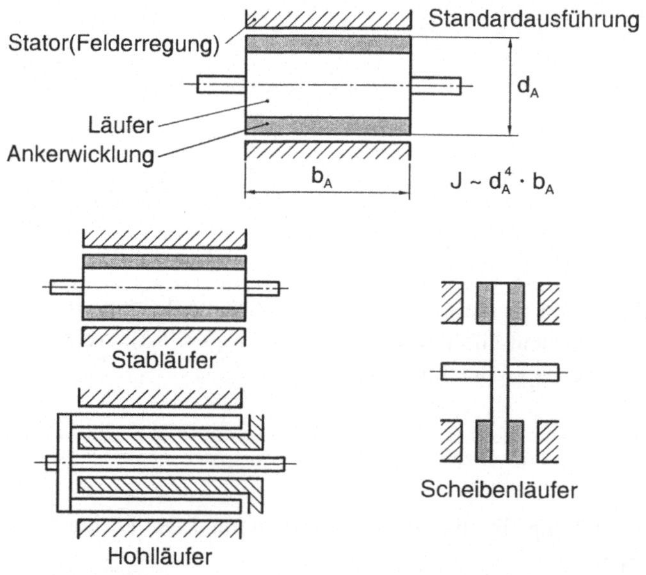

Abb. 5.13 Läufer mit geringem Massenträgheitsmoment

Die nach den Ansätzen ① und ② (Gl. 5.28) gebauten Motoren arbeiten mit hohen Drehfrequenzen (geringe Drehmomente) im Bereich von 3000 min⁻¹ bis 6000 min⁻¹. Solchen Vorschubantrieben müssen mechanische Getriebe nachgeschaltet werden, um auf ausreichend geringe Drehfrequenzen für Spindel-Mutter-Übertragungen zu kommen. Durch die Trägheit der nachgeschalteten rotierenden und translatorisch bewegten Massen wird jedoch das verminderte Trägheitsmoment eines solchen Motors wieder erhöht. Aus einer Energiebetrachtung ergibt sich für das auf die Motorwelle reduzierte Trägheitsmoment (Abb. 5.14):

$$J_{red} = J_1 + \sum_{j=2}^{n} J_j \frac{1}{i_{1j}^2} + \frac{m}{4\pi^2} h^2 \frac{1}{i_{1n}^2} \qquad (5.29)$$

Die Zeitkonstante T_m wird zwar durch den Kehrwert des quadrierten Übersetzungsverhältnisses verkleinert, gleichzeitig wirken die nachgeschalteten Trägheitsmomente und Massen vergrößernd. Daher werden heute bevorzugt Langsamläufer (ω_0 gering) mit hohem Anlaufdrehmoment M_0, die Momentenmotoren, genutzt. Sie sind nach dem Ansatz ③ (Gl. 5.28) entwickelt und haben selbst bereits ein hohes Trägheitsmoment. Die zusätzlichen Trägheitseffekte sind von untergeordneter Bedeutung. Sie brauchen bei der regelungstechnischen Auslegung von Vorschubantrieben daher meist nicht mehr berücksichtigt zu werden. Von großem Interesse ist, daß die Momentenmotoren (Torque-Motoren) wegen ihrer geringen Drehfrequenz häufig ohne ein nachgeschaltetes Getriebe auskommen und Spindel-Mutter-Triebe direkt antreiben können. Man spricht daher von Direktantrieben. Diese Motoren mit hohen Drehmomenten waren möglich nach der Entwicklung neuer Permanentmagnet-Materialien.

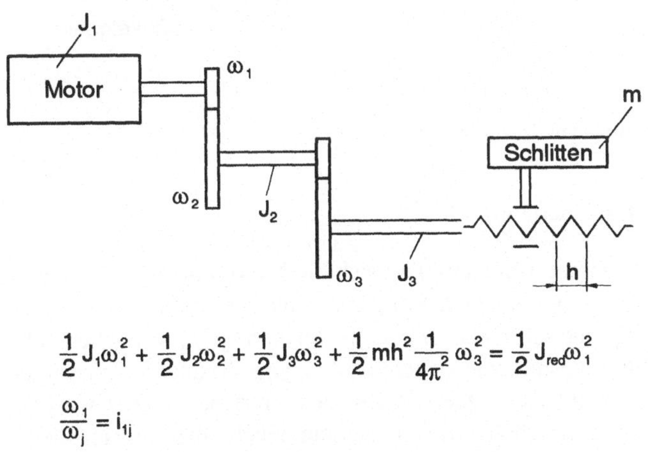

$$\frac{1}{2} J_1 \omega_1^2 + \frac{1}{2} J_2 \omega_2^2 + \frac{1}{2} J_3 \omega_3^2 + \frac{1}{2} mh^2 \frac{1}{4\pi^2} \omega_3^2 = \frac{1}{2} J_{red} \omega_1^2$$

$$\frac{\omega_1}{\omega_j} = i_{1j}$$

Abb. 5.14 Reduziertes Trägheitsmoment

Die Anordnung der Anker- und Erregerwicklung des Gleichstrommotors läßt sich umkehren; d.h. die Permanentmagneten zur Erzeugung des Feldes laufen um, und die Ankerwicklung ist im Stator angeordnet. Das hat den Vorteil, daß man ohne Kommutator (Abb. 5.15) auskommt. Kommutatoren und ihre Bürsten müssen gewartet und erneuert werden, sie begrenzen die übertragbaren Ströme und sind wegen möglicher Funkenbildung für explosionsgefährdete Anwendungen nicht ge-

eignet. Bürstenlose Gleichstrommotoren arbeiten wie permanenterregte Synchronmotoren. Drei Wicklungen im Stator werden in Abhängigkeit von der Läuferstellung gespeist. Dazu muß die Läuferstellung gemessen werden (Abb. 5.15).
Dies erfolgt in der Regel berührungslos, z.B. über Hallsonden. Die Kommutierung
der Statorströme erfolgt elektronisch. Die Motoren können mit (annähernd)
rechteckförmigen (bürstenloser Gleichstrommotor) oder sinusförmigen Strömen
(Synchronmotor) gespeist werden. Diese Speisung wirkt sich wesentlich auf die
Gleichförmigkeit des Drehmomentes auf. Oberwellen können bei diesen Motoren
kritisch sein. Dem stehen Wartungsfreiheit (z.B. für komplexe Systeme wichtig!)
und wegen des gegenüber mechanisch kommutierenden Gleichstrommotoren um-
gekehrten Bauprinzips günstigeres thermisches Verhalten gegenüber.

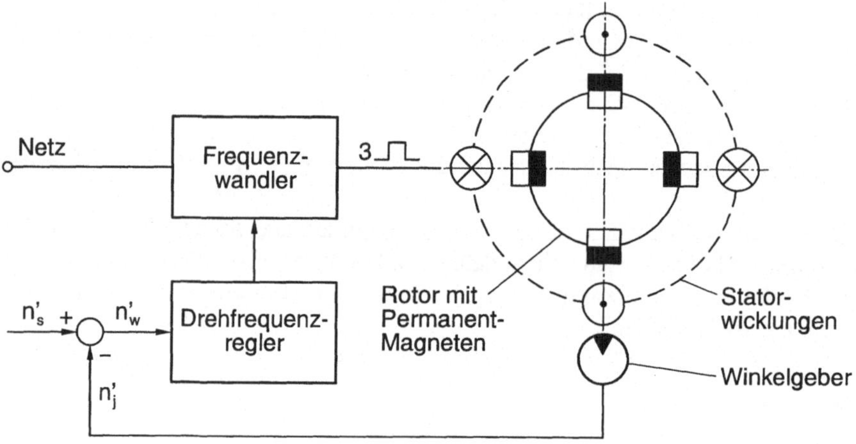

Abb. 5.15 Prinzip des bürstenlosen Gleichstrommotors

5.3.2 Ansteuerung von Gleichstrommotoren

Wie man Gleichung (5.14) entnehmen kann, läßt sich die Motorwinkelgeschwindig-
keit grundsätzlich über den Fluß des Feldes Φ, über einen Vorwiderstand R_v im
Ankerkreis $R_{ges} = R_a + R_v$ und über die angelegte Spannung U_0 verstellen. Die
beiden ersten Möglichkeiten bieten keine ausreichende Dynamik und verringern die
Winkelgeschwindigkeit-Momentensteifigkeit $d\omega/dM$ des Antriebes. Daher wird die
Winkelgeschwindigkeit von Vorschubantrieben ausschließlich über die angelegte
Spannung verändert. Als Steuerglieder werden Halbleiterbauelemente der Leistungselektronik verwendet. Für Gleichstrommotoren werden folgende Ansteuer-
verfahren verwendet:

- Gleichspannungsverstärker,
- getakteter Transistorverstärker und
- Thyristorverstärker.

Die notwendige Leistung wird für alle Antriebsverstärker aus dem Drehstromnetz genommen. Gleichspannungsverstärkern und getakteten Transistorverstärkern müssen daher Gleichrichter vorgeschaltet werden.

Gleichspannungsverstärker sind analoge Verstärker, die eine Eingangsspannung in eine proportionale Ausgangsspannung umsetzen (Abb. 5.16). Gesteuert wird die Verlustspannung U_{ce} über den Basisstrom i_b, der die Kennlinie des Transistors verändert. Daraus folgt, daß der Transistor bei geringen Basisströmen, d.h. bei geringer am Motor anliegender Spannung U_m, hohe Verlustwärme aufnehmen muß. Das System hat dann einen schlechten Wirkungsgrad. Der Gleichspannungsverstärker wird daher nur für kleine Motorleistungen eingesetzt. Seine Totzeiten sind allerdings sehr gering. Sie liegen bei 10 μs bis 100 μs.

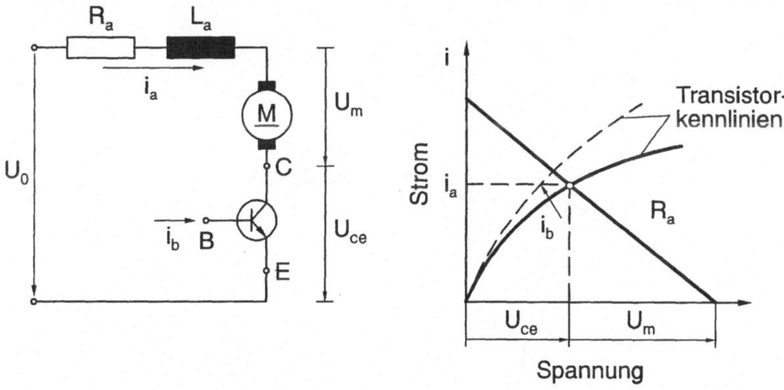

Abb. 5.16 Gleichspannungsverstärker

Für höhere Antriebsleistungen werden getaktete Ansteuerungen verwendet. Der *getaktete Transistorverstärker* hat sich für ein weites Anwendungsfeld (Gleichspannungen bis 200 V, Nennströme bis 50 A, Spitzenströme bis 100 A) zur Speisung von Gleichstrommotoren eingeführt /PRI92/ (Abb. 5.17).

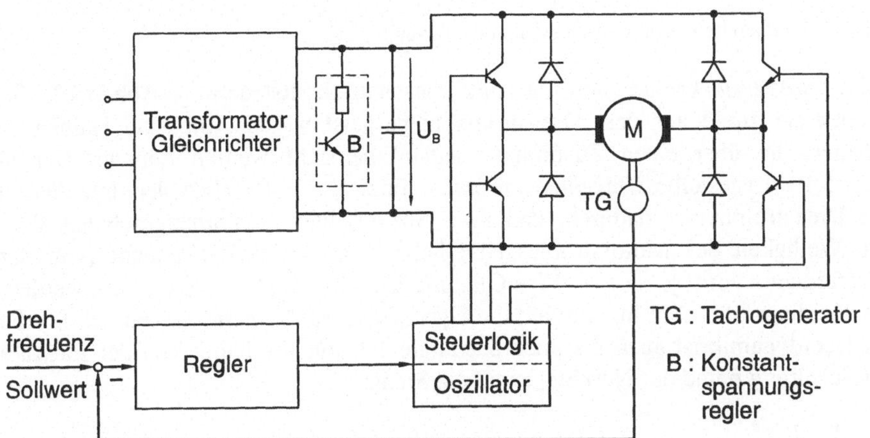

Abb. 5.17 Gleichstrommotor mit getaktetem Transistorverstärker /Quelle: G. Pritschow/

Eine Gleichspannung U_B konstanter Höhe wird über Transistorschalter an den Ankerkreis des Motors gelegt. Die Taktung kann pulsbreiten- (konstante Periode) oder frequenzmoduliert (konstante Pulsbreite) erfolgen (Abb. 5.18). Meist wird mit konstanter Frequenz, also pulsbreiten-moduliert, gearbeitet. Die Ankerinduktivität (Drossel) und die Läuferträgheit haben ausreichende Filterwirkung, um eine gleichmäßige Drehfrequenz am Motor abzugeben, wovon allerdings auch die Dynamik des Systems betroffen ist. Durch hohe Taktfrequenzen, die bei 1 kHz bis 20 kHz liegen, werden Momentenpulsationen wirkungsvoll vermieden. Die Totzeiten des Verstärkers liegen in der gleichen Größenordnung wie beim Gleichspannungsverstärker. Der in Abb. 5.17 dargestellte Transistorverstärker wird von einem Gleichspannungszwischenkreis gespeist. An ihn können mehrere Vorschubantriebe angeschlossen werden.

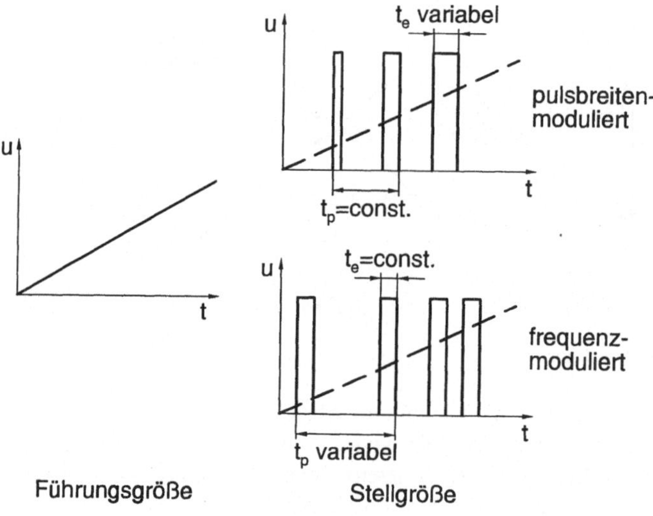

Abb. 5.18 Pulsbreiten- und frequenzmodulierte Tastung

Thyristorverstärker arbeiten mit einer Phasenanschnittsteuerung (Abb. 5.19). So können sie direkt aus dem Drehstromnetz gespeist werden. Sie sind Halbleiterschalter, die über einen Zündimpuls leitend gemacht werden können. Der in Abb. 5.19 dargestellte *Umkehrstromrichter* nutzt alle Halbwellen der drei Phasen des Drehstromnetzes dadurch, daß zwei Stromrichter zusammengeschaltet sind. Die Welligkeit des Motorstromes ist erheblich, da sie niederfrequent (von der Netzfrequenz vorgegeben) ist. Eine Glättung kann durch Drosseln erreicht werden, die allerdings über ihre Induktivität die Dynamik verschlechtern. Wesentlich für die Ansteuerdynamik ist auch die prinzipbedingte Totzeit. Sie hängt von der Pulszahl der Schaltung p und der Netzfrequenz f ab. Sie ist

$$T_t = \frac{1}{2} \cdot \frac{1}{p \cdot f} \tag{5.30}$$

Mit $p = 3$ und $f = 50$ Hz ergibt sich also $T_t = 3,3$ ms. Durch höherpulsige Schaltungen können - allerdings mit erheblich höherem Aufwand - Verbesserungen erreicht werden.

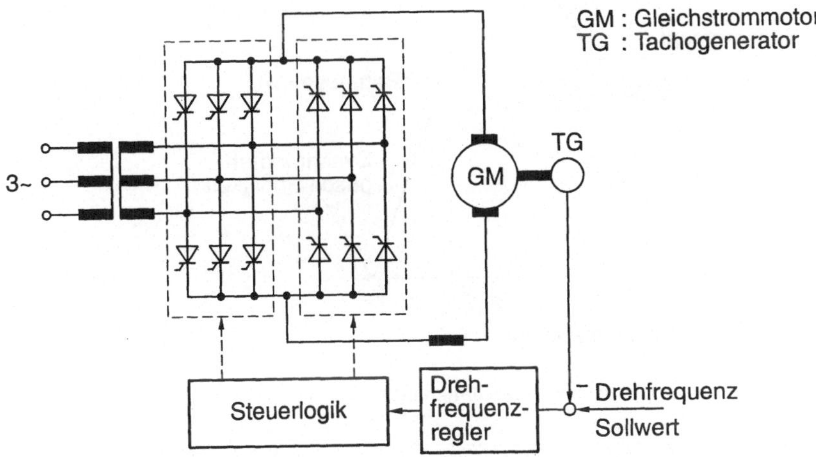

Abb. 5.19 Gleichstromantrieb mit Umkehrstromrichter /Quelle: G. Pritschow/

5.4 Drehstromantrieb

Drehstromasynchronmotoren wurden bis vor kurzem nur für Hauptantriebe oder als Vorschubmotoren für die beiden ersten in Abschnitt 5.1 genannten Arten von Vorschubbewegungen (Festanschlag, freies Positionieren) eingesetzt. Aus der Kennlinie des Asynchronmotors (Abb. 5.20) ist die Verkopplung von Drehmoment und Drehfrequenz erkennbar. Eine für Vorschubantriebe nach dem dritten Führungsprinzip (funktional abhängige Bewegung) ausreichende Verstellung kann nur erreicht werden, wenn die Ansteuerströme nach Amplitude und Frequenz verstellt werden können. Dazu werden *Frequenzumrichter* mit hoher Dynamik eingesetzt (Abb. 5.21).

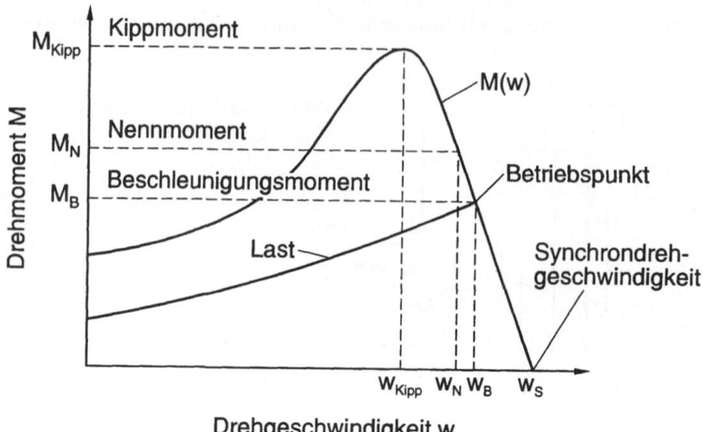

Abb. 5.20 Drehmomentkennlinie eines Asynchronmotors

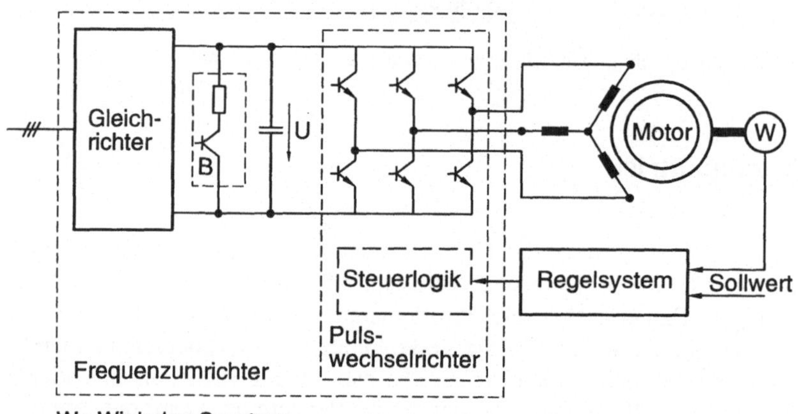

W : Winkelmeßsystem
B : getakteter Bremswiderstand zur Spannungskonstanthaltung

Abb. 5.21 Drehstromantrieb mit Frequenzumrichter /Quelle: G. Pritschow/

5.5 Hydraulischer Antrieb

Auch hydraulische Motoren lassen sich stufenlos verstellen. Sie sind daher grundsätzlich für Vorschubantriebe geeignet. Gegenüber elektrischen Motoren weisen sie einige vorteilhafte Eigenschaften wie hohe Kraftdichte und damit geringe Baugröße, hohe Drehfrequenzsteifigkeit und geringes Massenträgheitsmoment auf. Dennoch werden sie als Motore für funktional abhängige Vorschubbewegungen im Bereich kleinerer und mittlerer Leistungen kaum noch eingesetzt, da sie - zusammen mit der Regelung - schlechteres Zeitverhalten aufweisen und keine Kostenvorteile mehr bieten. Hinzu kommt eine Tendenz der Abkehr von hydraulischen Antrieben wegen der mit ihnen verbundenen Wärme- und Geräuschbelastung. Sie werden hier behandelt, da sie Vorteile für große Leistungsbereiche und eine aufschlußreiche Analogie zum Gleichstrommotor darstellen.

An Werkzeugmaschinen werden nur hydrostatische Antriebe eingesetzt. Für Hauptantriebe wird wegen der geringen Verlustleistung eine volumetrisch gesteuerte Drehfrequenzänderung über eine Pumpenverstellung vorgenommen (s. Abschnitt 10). Bei Vorschubantrieben hoher Dynamik wird dagegen über Drosselung mit *Servoventilen* gesteuert (Abb. 5.22 und Abb. 5.23).

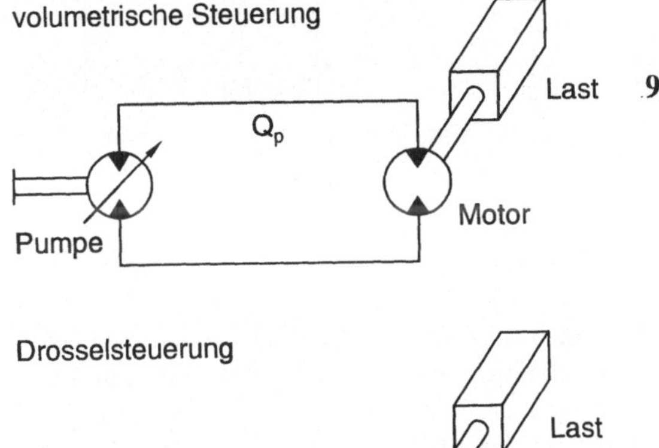

Abb. 5.22 Ansteuerung hydraulischer Motoren

An den Steuerkanten des Servoventils wird der Ölstrom turbulent gedrosselt; der Mengenstrom ergibt sich zu

$$Q = k \cdot A \cdot \sqrt{p_1 - p_2} \qquad (5.31)$$

mit dem bauformabhängigen Faktor k, dem Drosselquerschnitt A und den Drücken p_1 und p_2 vor und hinter dem Ventil. Der Motor setzt diesen Mengenstrom unter der Voraussetzung vernachlässigbarer Spaltverluste um

$$Q = C_m \, \omega \qquad (5.32)$$

mit der Motorwinkelgeschwindigkeit ω und dem Schluckvolumen je Radiant C_m.

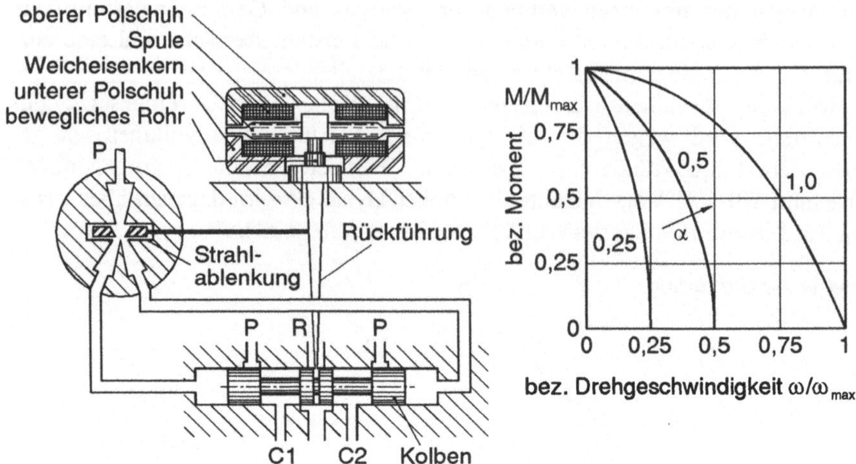

Abb. 5.23 Zweistufiges Servoventil und Kennfeld eines Hydraulikmotors

Die Winkelgeschwindigkeitsverstellung des Motors kann man nach (5.31) und (5.32) über eine Veränderung des Drosselquerschnittes A vornehmen. Für den größten Drosselquerschnitt A_{max} wird die maximale Winkelgeschwindigkeit ω_{max}, das maximale Moment M_{max} bei Stillstand des Motors für $\omega = 0$ und $p_1 = p_2$ erreicht. Es folgt demnach

$$\omega_{max} = \frac{k \cdot A_{max}}{C_m} \sqrt{p_1} \qquad (5.33)$$

Für reibungsfreien, stationären Betrieb wird die hydraulische der mechanischen Leistung gleichgesetzt

$$P = M \cdot \omega = Q \cdot p_2 \qquad (5.34)$$

und mit (5.32)

$$M = C_m \cdot p_2 \qquad (5.35)$$

Nach Normierung auf die Maximalwinkelgeschwindigkeit ergibt sich

$$\frac{\omega}{\omega_{max}} = \alpha \sqrt{1 - \frac{p_2}{p_1}} \qquad (5.36)$$

mit dem Aussteuerungsverhältnis $\alpha = A/A_{max}$. Aus (5.35) und (5.36) folgt schließlich

$$\frac{\omega}{\omega_{max}} = \alpha \sqrt{1 - \frac{M}{M_{max}}} \qquad (5.37)$$

Im Gegensatz zum Gleichstromantrieb weist der Hydraulikantrieb keine lineare Kennlinie auf (Abb. 5.23). Seine Steifigkeit wächst mit geringerer Aussteuerung. Unabhängig von der Aussteuerung steht jeweils das maximale Stillstandsmoment M_{max} für den Anlauf zur Verfügung. Wie der Gleichstromantrieb ist auch der hydraulische Motor mit Ventil und angekoppeltem Trägheitsmoment ein schwingfähiges System. Kinetische Energie der rotierenden trägen Masse wird in potentielle Federenergie der komprimierten Ölsäule gewandelt und umgekehrt. Analog ist die mechanische Zeitkonstante

$$T_m = \frac{J}{M_{max}}\, \omega_{max} \qquad (5.38)$$

Aus der Kompressionszahl des Öls β [Pa^{-1}], dem zwischen Ventil und Motor eingeschlossenen Volumen V_0 und dem maximalen Schluckvolumen des Motors Q_{max} bei $\alpha = 1$ ergibt sich die hydraulische Zeitkonstante

$$T_h = \frac{\beta \cdot p_1 \cdot V_0}{Q_{max}} \qquad (5.39)$$

Aus (5.38) und (5.39) läßt sich entsprechend (5.25) die Eigenkreisfrequenz des schwingfähigen Systems angeben

$$\omega_0 = C_m \cdot \sqrt{\frac{1}{J \cdot \beta \cdot V_0}} \qquad (5.40)$$

Um möglichst hohe Eigenkreisfrequenzen zu erhalten, werden Motor und Servoventil unmittelbar zusammengebaut, d.h. das eingeschlossene Volumen V_0 wird minimiert.

5.6 Schrittmotor

Bahngesteuerte Vorschubbewegungen können auch durch Schrittmotoren erzeugt werden. Ein Schrittmotor wird durch Impulse gesteuert. Anzahl und Frequenz der Impulse bestimmen Drehwinkel und Winkelgeschwindigkeit (Abb. 5.24).

Gegenüber den bisher behandelten Motoren für funktional abhängige Vorschubbewegungen besitzt der Schrittmotor den Vorteil, daß er ohne eine Rückführung von Ist-Zuständen wie Lage oder Geschwindigkeit auskommt und in einer einfachen Steuerkette arbeiten kann. Diesem geringen Bauaufwand steht gegenüber, daß Störeinflüsse durch thermische oder elastische Verformung nicht erkannt werden können und daß bei zu hohen Lastmomenten Schrittfehler auftreten können.

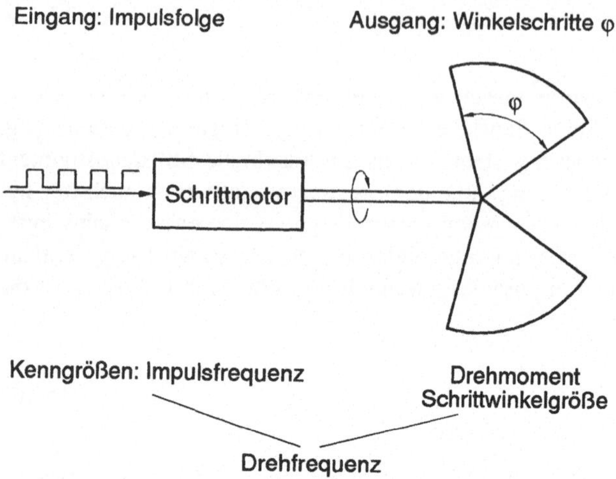

Abb. 5.24 Funktionsprinzip des Schrittmotors

Ein elektrischer Schrittmotor arbeitet nach dem Prinzip des Synchronmotors /DER65/. Stator und Rotor besitzen eine gleiche Anzahl von Polen p. Dadurch kann der Rotor in eine magnetische Haltestellung des Stators einrasten (Abb. 5.25).

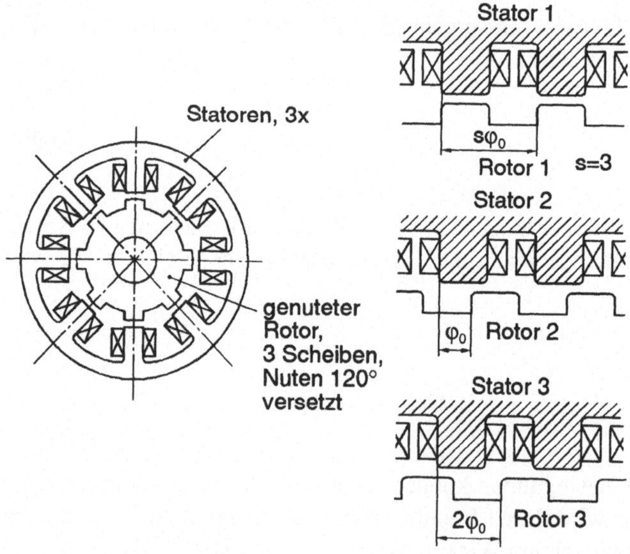

Abb. 5.25 Elektrischer Schrittmotor

Im Stator befinden sich s-Wicklungssysteme, die getrennt erregt werden können. Die s-Stator- oder Rotor-Systeme sind um 1/s der Polteilung gegeneinander versetzt. Bei s = 3 läßt sich durch die Erregung nach dem Schema 1, 2, 3, 1,... eine monotone Drehung erreichen. Die Schrittweite je Impuls ist

$$\varphi_0 = \frac{2\,\pi}{s \cdot p} \tag{5.41}$$

Bei Erregung in der Reihenfolge 1, 2; 1, 2, 3; 2, 3; 2, 3, 1... läßt sich φ_0 halbieren, das abgebbare Drehmoment läßt sich damit erhöhen. Üblich sind Schrittwinkel je Impuls bei 3,6°.

In Abb. 5.26 ist die statische Moment-Drehwinkel-Kennlinie eines Stator-Rotor-Systems wiedergegeben. Überschreitet das statische Moment das Kippmoment M_k, wird der Rotor in die nächste stabile Lage durchgezogen und verliert dabei Schritte. Die Steigung der Kennlinie im Koordinatennullpunkt

$$\tan\alpha = k = \frac{dM}{d\varphi} \tag{5.42}$$

entspricht der Drehsteifigkeit des Schrittmotors.

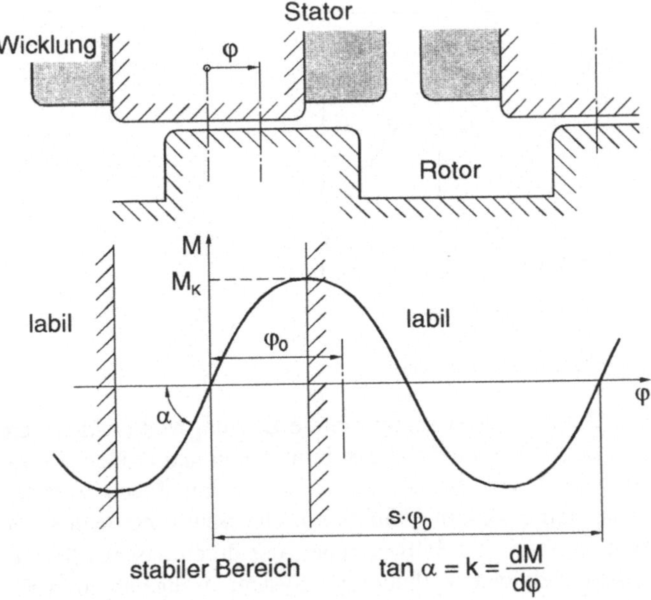

Abb. 5.26 Statische Kennlinie eines Schrittmotors

Das dynamische Verhalten kann durch die Grenzfrequenz f_g gekennzeichnet werden; das ist die Frequenz, mit der ein unbelasteter Motor bei Eigenträgheitsmoment des Rotors J_m also ohne Zusatzträgheitsmoment J_z aus dem stationären Zustand beschleunigen oder bremsen kann, ohne einen Schritt zu verlieren. Bei Belastung ($M > 0$) verringert sich die mögliche Schrittfrequenz (Abb. 5.27). Die Kennlinie ist zudem vom angekoppelten Zusatzträgheitsmoment abhängig (Abb. 5.27).

Beim Betrieb des Motors nahe seiner Eigenkreisfrequenz

$$\omega_0 = \sqrt{\frac{k}{J_m + J_z}} \qquad\qquad (5.43)$$

können wegen geringer Eigendämpfung starke Drehschwingungen auftreten. Sie lassen sich durch die Anordnung eines gedämpften Tilgers auf der Motorwelle verringern.

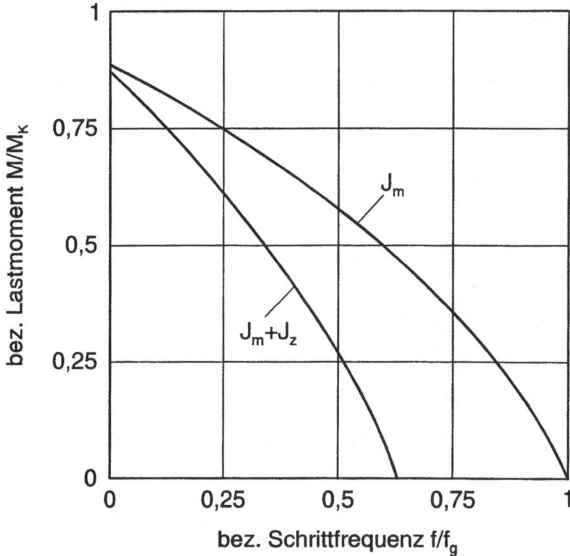

Abb. 5.27 Lastmoment und Schrittfrequenz eines Schrittmotors

Maximales Moment und Grenzfrequenz begrenzen die Leistung von elektrischen Schrittmotoren derart, daß sie für Vorschubantriebe in mittleren und großen Werkzeugmaschinen nicht ausreicht. Durch Nachschalten eines hydraulischen Verstärkers läßt sich der Einsatzbereich erweitern (Abb. 5.28). Der Schrittmotor dient in diesem geschlossenen Wirkungskreis als Sollwertgeber, der durch das aus Servoventil und Axialkolbenmotor gebildete hydraulische System nachgefahren wird. Summenpunkt des Regelkreises ist das Bewegungsgewinde zwischen dem Schieber des Ventils und der Motorwelle.

Für Sonderanwendungen wurden pneumatische Schrittmotore entwickelt. Abbildung 5.29 zeigt einen Taumelscheibenmotor /RAL75/. Die Taumelbewegung eines innenverzahnten Kegelrades wird durch Druckluft beaufschlagte Bälge erzeugt. Das innenverzahnte Rad dreht sich nicht; es taumelt gegen ein außenverzahntes Kegelrad mit nur geringer Zähnezahldifferenz und treibt es dadurch an.

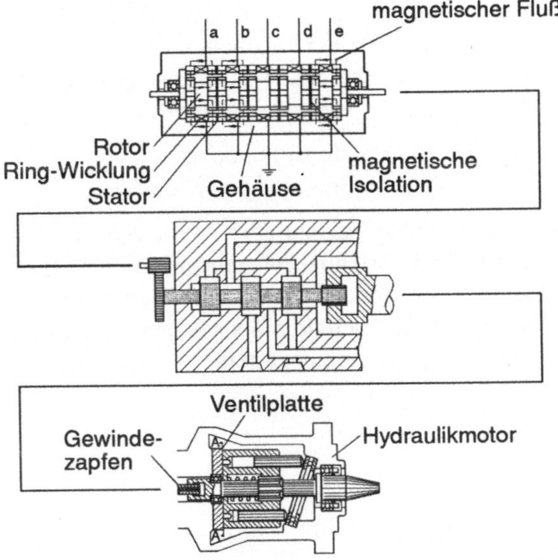

Abb. 5.28 Elektrohydraulischer Schrittmotor

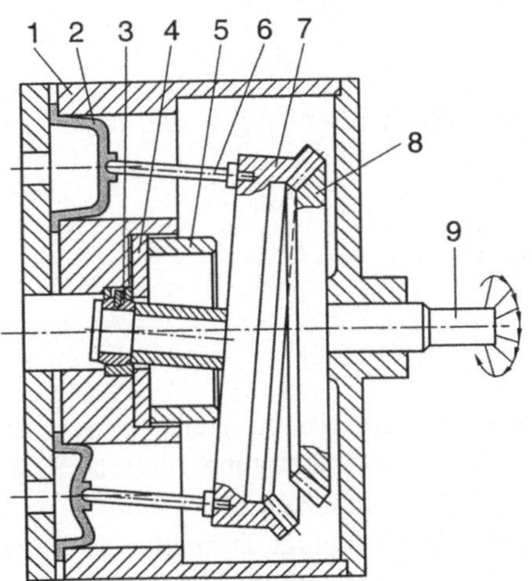

1 Gehäuse
2 Federbalg
3 Kugelgelenk
4 Platte
5 Befestigungsring
6 Kolbenstange
7 Kreisendes Zahnrad
8 Rotierendes Zahnrad
9 Antriebswelle

Abb. 5.29 Rotierender Motor /Quelle: Diss. Rall/

5.7 Mechanische Übertragungselemente

Als mechanische Übertragungselemente werden diejenigen Maschinenteile bezeichnet, die innerhalb eines Vorschubantriebes zwischen dem Motor und dem Werk-

stück liegen. Sie tragen damit wesentlich zur Leistung, Genauigkeit und Betriebssicherheit von Werkzeugmaschinen bei. Aufgabe von Vorschubantrieben ist in aller Regel, ein Werkstück oder ein Werkzeug in einer der Bearbeitung entsprechenden Geschwindigkeit entlang der gewünschten Werkstückkontur zu bewegen. Zur Erfüllung dieser Aufgaben ist es häufig notwendig,

- eine rotatorische in eine translatorische Bewegung zu wandeln,
- und/oder die Drehfrequenz einer rotatorischen Bewegung zu übersetzen.

Translatorische Vorschubbewegungen sind in nahezu allen Werkzeugmaschinen zu erzeugen. Langsame hochaufgelöste Drehvorschubbewegungen sind z.B. für C-Achsen in Drehmaschinen mit angetriebenen Werkzeugen zur Fräsbearbeitung oder für die C-Achse eines Knickarmroboters erforderlich. Für Vorschubantriebe werden besondere Anforderungen an die Bewegungsumsetzung gestellt:

- Spielfreiheit,
- hohe Steifigkeit,
- hohe Eigenfrequenz,
- Reibungs- und Hysteresearmut,
- möglichst lineares Übertragungsverhalten,
- geringe Gleichlaufschwankungen und
- geringes Massenträgheitsmoment.

5.7.1 Translatorische Bewegung

Zur Umwandlung von rotatorischen in translatorische Bewegungen sind form- und reibschlüssige Paarungen möglich, z.B.:

- Spindel/Mutter-Getriebe (Formschluß),
- Schnecke/Zahnstangengetriebe (Formschluß),
- Ritzel/Zahnstangengetriebe (Formschluß),
- Wickelgetriebe (Formschluß) oder
- Reibradgetriebe (Reibschluß).

Um den genannten Anforderungen an Vorschubantriebe zu genügen, werden häufig Kugelgewindegetriebe eingesetzt. Die Kraftübertragung dieser Spindel/Mutter-Getriebe erfolgt durch Kugeln zwischen den Flanken der Spindel und der Mutter. Dadurch wird weitgehend Rollreibung erzeugt (wegen elastischer Verformungen, Mikrogleitung und Bohrreibung läßt sich reines Abrollen der Kugeln auf den Flanken nicht erreichen). Das Getriebe läßt sich spielfrei ausführen.
Durch die Rollbewegungen gegenüber den Laufbahnen von Spindel und Mutter bewegen sich die Kugeln in den Gewindegängen und müssen in der Mutter zurückgeführt werden. Je nach Umlenkung ergeben sich unterschiedliche Konstruktions- und Funktionsmerkmale (Abb. 5.30). Beim *Umlenkrohrsystem* werden die Kugeln nach mehreren Umläufen um die Spindel über ein Rohr zurück zum Ausgangspunkt geführt. Neben dem dargestellten System mit sichtbarem Umlenkrohr gibt es auch Muttern mit einer Rückführung innerhalb des Gehäuses. Das *Umlenkstücksystem* ist dadurch gekennzeichnet, daß die Kugeln über jeweils einen Gang zurückgeführt

werden. Dieses System ermöglicht geringere Baudurchmesser der Mutter. Allerdings müssen für eine Mutter mindestens zwei gegeneinander versetzte Umlenkstücke vorgesehen werden, um eine volle Überdeckung über den Spindelumfang zu erzielen. Die Art der Umlenkung ist wegen der dort auftretenden hohen Querbeschleunigung der Kugeln die kritische Stelle jedes Kugelgewindegetriebes und mitentscheidend für seine Qualität.

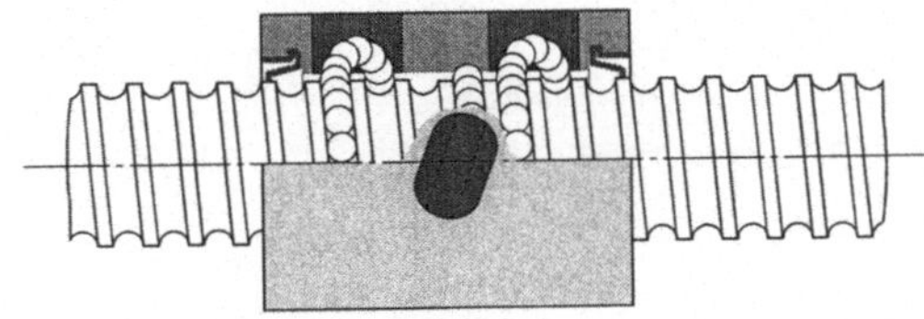

Umlenkstücksystem

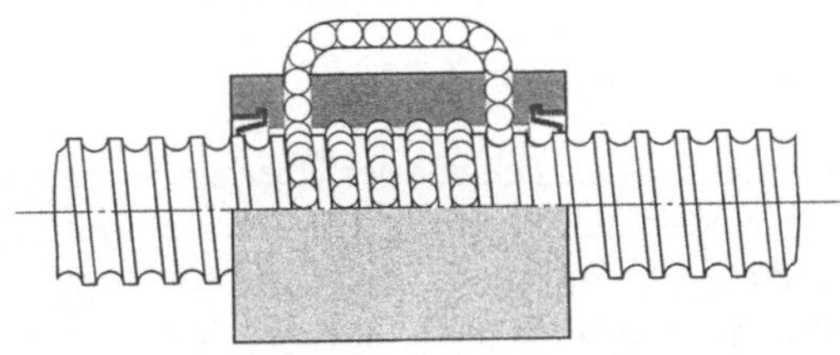

Umlenkrohrsystem

Abb. 5.30 Ausführungsformen von Kugelgewindemuttern

Materialpaarungen, Berührungs- und kinetische Verhältnisse von Kugelgewindegetrieben sind mit denen bei Wälzlagern zu vergleichen. Daher lassen sich statische und dynamische Tragfähigkeit auf ähnliche Weise berechnen. Der Wirkungsgrad von Kugelgewindegetrieben ist im wesentlichen von der Steigung des Gewindes abhängig und erreicht Werte zwischen 0,8 und 0,95.

Spielfreiheit kann durch radiale oder axiale Vorspannung erzeugt werden. Durch Übermaß der Spindel oder der Kugeln bzw. durch Untermaß des Innengewindes der Mutter werden Spindel und Mutter miteinander radial verspannt. Tangentiale Vorspannung wird durch die paarweise Anordnung von zwei Muttern zu einer Doppelmutter erreicht. Hierbei wird - wie bei Wälzlageranordnungen - zwischen der X- und der O-Anordnung unterschieden. Neben der Spielfreiheit wird durch die Vorspannung auch eine Erhöhung der axialen Steifigkeit der Gewindemutter erreicht. In Abb. 5.31 sind die Verformungskennlinien einer Doppelmutter dargestellt. Die Vorspannkraft F_V beträgt etwa ein Drittel der mittleren Axialbelastung F_a. Die Steifigkeit der Doppelmutter gegenüber der nicht vorgespannten Mutter kann je nach Profil der Kugellaufbahn fast verdoppelt werden.

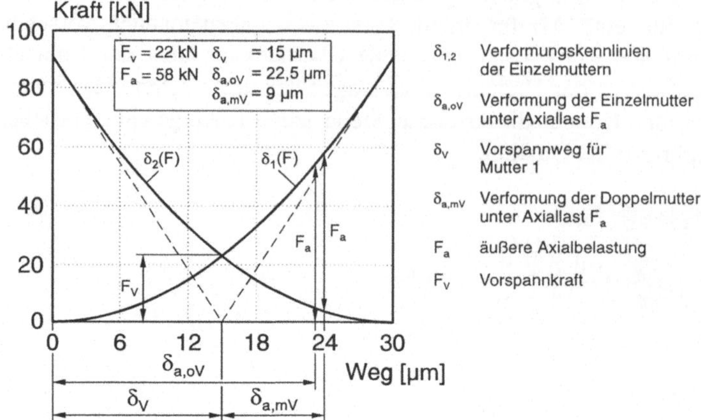

Abb. 5.31 Verspannungsdiagramm einer Doppelmutter /Quelle: nach Hilmer/

Die Steifigkeit eines Kugelgewindegetriebes ergibt sich aus der Überlagerung verschiedener Anteile. Neben der Torsions- und Druck/Zugnachgiebigkeit der Spindel sowie die Nachgiebigkeit der Mutter und ihrer Umbauteile zählen die Nachgiebigkeiten der Axiallager sowie des umgebenden Gehäuses dazu. In Abb.5.32a sind für zwei verschiedene Einbaufälle die mechanischen Ersatzbilder angegeben. Für den Fall, daß die Spindel nur einseitig über ein axial verspanntes Doppellager fixiert wird und die andere Seite nicht gelagert wird, kann die Gesamtsteifigkeit wie folgt angegeben werden:

$$\frac{1}{c} = \frac{1}{c_G} + \frac{1}{2c_L} + \frac{1}{c_{Ax}} \tag{5.44}$$

Wird die Spindel an beiden Enden zweifach axial mit verspannten Doppellagern gelagert, berechnet sich die Gesamtsteifigkeit zu:

$$\frac{1}{c} = \frac{1}{2c_G} + \frac{1}{4c_L} + \frac{1}{2c_{Ax}} \tag{5.45}$$

c_{Ax} kennzeichnet die Gesamtsteifigkeit von Spindel, Mutter und Kugeln. Da die Spindelsteifigkeit von der wirksamen Federlänge abhängig ist, wirkt sich eine Änderung der Position des Maschinentisches auf die Gesamtsteifigkeit des Gewindegetriebes aus. Diese bestimmt zusammen mit der Masse von Gewindespindel, Maschinentisch und Werkstück die dominierende erste mechanische Eigenfrequenz. In Abb. 5.32b sind für die o.g. Einbaufälle der axiale Federweg sowie die erste Eigenfrequenz der Anordnung in Abhängigkeit von der Lage des Maschinentisches angegeben.

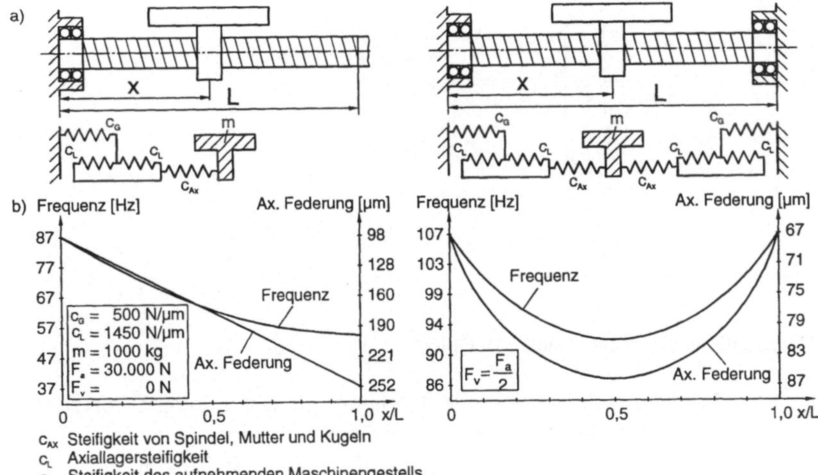

Abb. 5.32   a) zwei Ausführungsformen von Gewindespindelgetrieben mit mechanischem Ersatzbild
b) Axiale Federung und Eigenfrequenz über der bezogenen Maschinentischstellung, nach /Quelle: Hilmer/

Ob das Gesamtsystem Kugelgewindegetriebe eine hohe Genauigkeit erreicht, hängt - neben der Steifigkeit - entscheidend von der mechanischen Fertigungsgenauigkeit der Gewindespindel ab. Von besonderer Bedeutung sind dabei Steigungsabweichungen des Gewindes, da diese bei indirekter Wegmessung nicht durch eine Regelung ausgeglichen werden können und einen Lagefehler verursachen. Steigungsabweichungen wirken sich kumulativ über der Spindellänge aus und werden in der Regel für bestimmte Gewindelängen angegeben. In technischen Tabellen wird häufig neben der Gesamtsteigungsabweichung auch die Bandbreite der gemessenen Steigungsabweichung angegeben, da sich Steigungsfehler auch gegenseitig aufheben können und deshalb den Wert für die Gesamtabweichung nicht beeinflussen. Um eine Längenausdehnung der Gewindespindel, die infolge Erwärmung auftritt, auszugleichen, wird in manchen Fällen die Spindel mit einem bewußt erzeugten, negativen Steigungsfehler hergestellt.

Werden an den Antrieb Forderungen nach hoher Dynamik gestellt, so spielt das Massenträgheitsmoment der Anordnung eine entscheidende Rolle. Dies bedeutet für die Gewindespindel, daß der Durchmesser möglichst klein gewählt werden muß. Diese Forderung steht jedoch im Gegensatz zur Forderung nach einem großen Durchmesser für eine große Spindelsteifigkeit. Bei der Auslegung des Spindeldurchmessers sind ferner das Auftreten einer kritischen Drehfrequenz - insbesondere bei langen Spindeln mit freiem Spindelende - und die Knicksteifigkeit zu berücksichtigen. Bei langen Gewindespindeln kann es aus Gründen der Dynamik vorteilhaft sein, die Spindel festzuhalten und die Mutter mit geringerem Massenträgheitsmoment rotieren zu lassen.

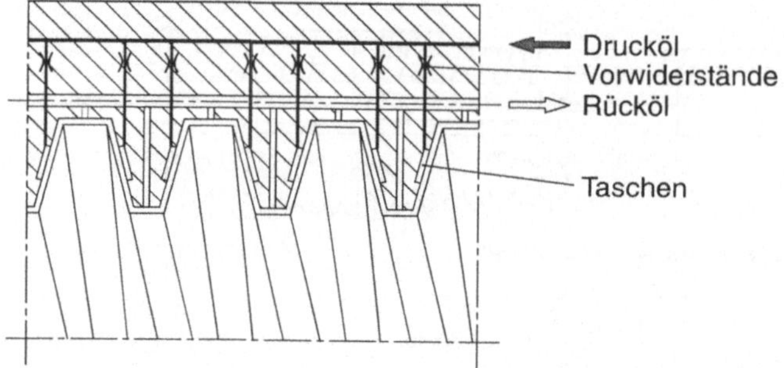

Abb. 5.33 Hydrostatische Schnecke /Quelle: H. Opitz/

Für lange Vorschubwege wie z.B. für die Tischbewegung von langen Portalfräsmaschinen ist ein Schnecken/Zahnstangengetriebe günstiger als ein Spindel/Muttergetriebe. Vorteilhaft wirken sich dabei die höhere Steifigkeit, ein geringeres Massenträgheitsmoment sowie ein geringerer Bauaufwand aus. Das Übertragungsverhältnis ω_{an}/v_f ist dabei ähnlich hoch wie bei einem Spindel/Muttergetriebe. Weitgehende Reibungs- und Spielfreiheit wird durch eine hydrostatische Abstützung der Schnecke gegen die Flanken der Zahnstange erreicht (Abb. 5.33). Durch einen Verteilerspiegel im Inneren der Schnecke läßt sich erreichen, daß Drucköl nur im Tragbereich austritt. Um ausreichend Bauraum für den Schneckenantrieb zu haben, wird die Achse der Schnecke gegen die Vorschubrichtung schräg gestellt. Das umgekehrte Prinzip - Drucköl wird von der Zahnstange her zugeführt - ist unter dem Namen Johnson-Drive (nach Waldrich/Ingersoll) bekannt.

Neben den bisher genannten Antriebselementen kommen vor allem bei hohen Anforderungen an die Genauigkeit auch Satellitenrollengewindegetriebe, aerostatische Gewindegetriebe sowie Reibradgetriebe zum Einsatz. Für diese Antriebselemente ist in Abb. 5.34 ein Vergleich charakteristischer Kenngrößen angegeben.

Antriebs-elemente	nutzbare Vorschubkraft	Steifigkeit	Dämpfung	Stillstands-Reibmoment	Laufreib-moment	Drehmoment-schwankungen	Verschleiß	Bereit-stellungskosten	Betriebskosten
Kugelgewinde-getriebe	sehr gut	sehr gut	mäßig	mäßig	mäßig	zufriedenstellend	gut	sehr gut	sehr gut
Satellitenrollen-gewindegetriebe	sehr gut	sehr gut	mäßig	schlecht	schlecht	zufriedenstellend	zufriedenstellend	sehr gut	sehr gut
hydrostatisches Gewindegetriebe	sehr gut	sehr gut	sehr gut	sehr gut	sehr gut	sehr gut	sehr gut	schlecht	schlecht
aerostatisches Gewindegetriebe	schlecht	schlecht	schlecht	sehr gut	sehr gut	sehr gut	sehr gut	schlecht	gut
Reibrad-getriebe	mäßig	zufriedenstellend	gut	gut	gut	gut	gut	gut	sehr gut

Legende: ● sehr gut, ◕ gut, ⊖ zufriedenstellend, ◔ mäßig, ○ schlecht

Abb. 5.34 Vergleich der Kenngrößen von Antriebselementen /Quelle: Jung/

5.7.2   Rotatorische Bewegungen

Drehmoment M und Drehfrequenz n bestimmen die Leistung P eines Antriebes nach $P = 2\pi nM$. Bei Elektromotoren erfordert eine Leistungssteigerung über das Drehmoment Bauvolumen, Masse und Bauaufwand. Eine Steigerung über die Drehfrequenz dagegen ist wesentlich günstiger. Um hohe Leistungsdichten, das ist die Leistung bezogen auf die Masse, zu erreichen, werden elektrische Antriebe häufig hochtourig ausgeführt. Man nimmt dann in Kauf, mechanische Getriebe nachzuschalten, um die für einen Bearbeitungsprozeß notwendigen Drehgeschwindigkeiten und Drehmomente zu erreichen.

Für Vorschubaufgaben sind meist geringe Drehfrequenzen erforderlich. Das gilt bereits für Antriebe, die eine translatorische Bewegung über Spindel und Mutter bzw. Schnecke und Zahnstange nach $v_f = hn$ (Steigung h) erzeugen. Besonders hohe Übersetzungen ins Langsame sind dort notwendig, wo über Ritzel und Zahnstange nach $v_f = 2\pi r_o n$ (Ritzelteilkreisradius r_o) übertragen wird oder wo direkt eine rotatorische Vorschubbewegung z.B. für die Hauptachse (C-Achse) eines Knickarmroboters oder für die Vorschubbewegung der Werkstückspindel einer Drehmaschine erzeugt wird.

An Getriebe, die in Vorschubantrieben eingesetzt werden, werden neben einem großen Übersetzungsverhältnis weitere Anforderungen gestellt, um ein gutes Lageregelverhalten zu erreichen:

- Spielfreiheit,
- hohe Steifigkeit,
- Hysteresearmut,
- Gleichlauf und
- geringes Massenträgheitsmoment.

Tafel 5.1 zeigt einige Ausführungsbeispiele von Getrieben, die für die Übertragung von Vorschubbewegungen eingesetzt werden /GER91/. *Stirnrad- und Planetengetriebe* müssen mehrstufig ausgeführt werden, um hohe Übersetzungsverhältnisse zu erreichen.

Das Verdrehspiel läßt sich grundsätzlich durch tangentiale Vorspannung der Stirnräder über einen parallelen Getriebezug, axial über konische Räder oder radial über Verschiebung einer Lagerstelle z.B. über Exzenterbuchsen, verringern. Stirnradgetriebe werden häufig als 3-Wellengetriebe ausgeführt, bei dem die Zwischenwelle ortsfest ist und die An- und Abtriebswellen sich radial verschieben lassen. Je geringer das Spiel eingestellt wird, desto genauer muß gefertigt werden, um Zwang zu vermeiden. Daher kann gänzliche Spielfreiheit nicht erreicht werden. Diese Getriebe werden vom Hersteller bis zu Übersetzungen von 60 gebaut.

Das *Planetengetriebe* nach Tafel 5.1 besteht aus zwei Teilgetrieben. Die Stirnräder sind kegelig ausgeführt. Die Planetenräder werden über Distanzscheiben zwischen den Gehäusehälften relativ zum Hohl- und Sonnenrad axial verschoben und so eingestellt.

Die *Kurvenscheibengetriebe* nach Tafel 5.1 treiben über einen Exzenter eine einfache oder doppelte Kurvenscheibe an, die sich gegen Bolzen im Außenring abstützen. Da die Zahl der Wellen auf der Kurvenscheibe um eine oder mehrere geringer ist als die Zahl der Rollen, entsteht beim Abwälzen eine Relativbewegung. Dabei kann je nach Drehrichtung der Abtrieb von der Kurvenscheibe oder vom Außenring abgenommen werden. Beim Kurvenscheibengetriebe Bauart Dojen ist das Prinzip des ersten zweifach in Reihe geschaltet.

Das *Exzentergetriebe* nach Tafel 5.1 arbeitet sehr ähnlich wie das erste Kurvenscheibengetriebe. Statt der Kurvenscheibe wird eine Zahnscheibe eingesetzt. Das Getriebe hat zwei unverzahnte Außenringe. Diese Ringe können gegeneinander verdreht werden, womit sich das Spiel einstellen läßt.

Auch das *Wellgetriebe* ist prinzipiell ein Exzentergetriebe, dessen zwei um 180° versetzte Exzenter zu einem elliptischen Bauteil, dem Wellgenerator, zusammengefaßt sind. Das Exzenterrad ist zu einem dünnen elastischen Zahnring entartet, der drehbar auf den Wellgenerator gespannt ist und durch Verformung die Umlauffähigkeit und damit die Funktion des Getriebes ermöglicht. Das Getriebe besteht somit aus drei funktionserzeugenden Bauteilen, dem Wellgenerator als Antrieb, dem gehäusefesten Hohlrad und dem flexiblen Zahnring, dessen Drehbewegung abtriebsseitig abgenommen werden kann. Der Zahnring kämmt mit einem vierten Bauteil, einem Kupplungshohlrad. Der elliptische Wellgenerator trägt ein Kugellager mit ebenfalls elliptischem Innenring und elastischem Außenring. Das darauf gespannte elastische Rad, das sich der elliptischen Form anpaßt, kommt mit seiner Außenverzahnung an zwei gegenüberliegenden Stellen mit der Innenverzahnung des starren Rades zum Eingriff. Dreht sich der Wellgenerator, bewirkt er durch fortlaufende Verformung des flexiblen Zahnringes ein Wandern der Eingriffsbereiche im Hohlrad. Da der flexible Ring zwei Zähne weniger besitzt als das feste Hohlrad, entsteht bei der Abwälzbewegung eine Relativdrehung zwischen diesen beiden Bauteilen, die als Abtriebsdrehung abgenommen wird. Wegen der hohen möglichen Zähnezahl und der kleinen Zähnezahldifferenz sind hohe Übersetzungsverhältnisse erreichbar.

Das *Schneckengetriebe* kann ebenfalls hohe Übersetzungen erreichen. Etwa von $i = 25$ an ist mit Selbsthemmung zu rechnen. Um die für Präzisionsgetriebe zur Übersetzung von Vorschubbewegungen interessierenden Eigenschaften aufzunehmen, wurde ein Getriebeprüfstand entwickelt /KAL94/. Das Prinzip zeigt Abb. 5.36. Das Testgetriebe kann von zwei lageregelbaren Servomotoren von der Antriebs- (hohe Drehfrequenz) und der Abtriebsseite (niedrige Drehfrequenz) beaufschlagt werden. Auf der Abtriebsseite ist ein hochwertiges Belastungsgetriebe vor den Servomotor geschaltet, um ausreichende Drehmomente zu erzeugen. Diese Lastmomente werden von einer Meßwelle aufgenommen. Mit diesem Prüfstand lassen sich Hysteresekurven, Gleichlaufabweichungen und mit einer zusätzlichen Drehmomentmeßwelle auf der Antriebsseite Reibungskennlinien und Wirkungsgrade im Leerlauf und unter variabler Last bei verschiedenen Drehfrequenzen aufnehmen.

Funktionsprinzip	Daten
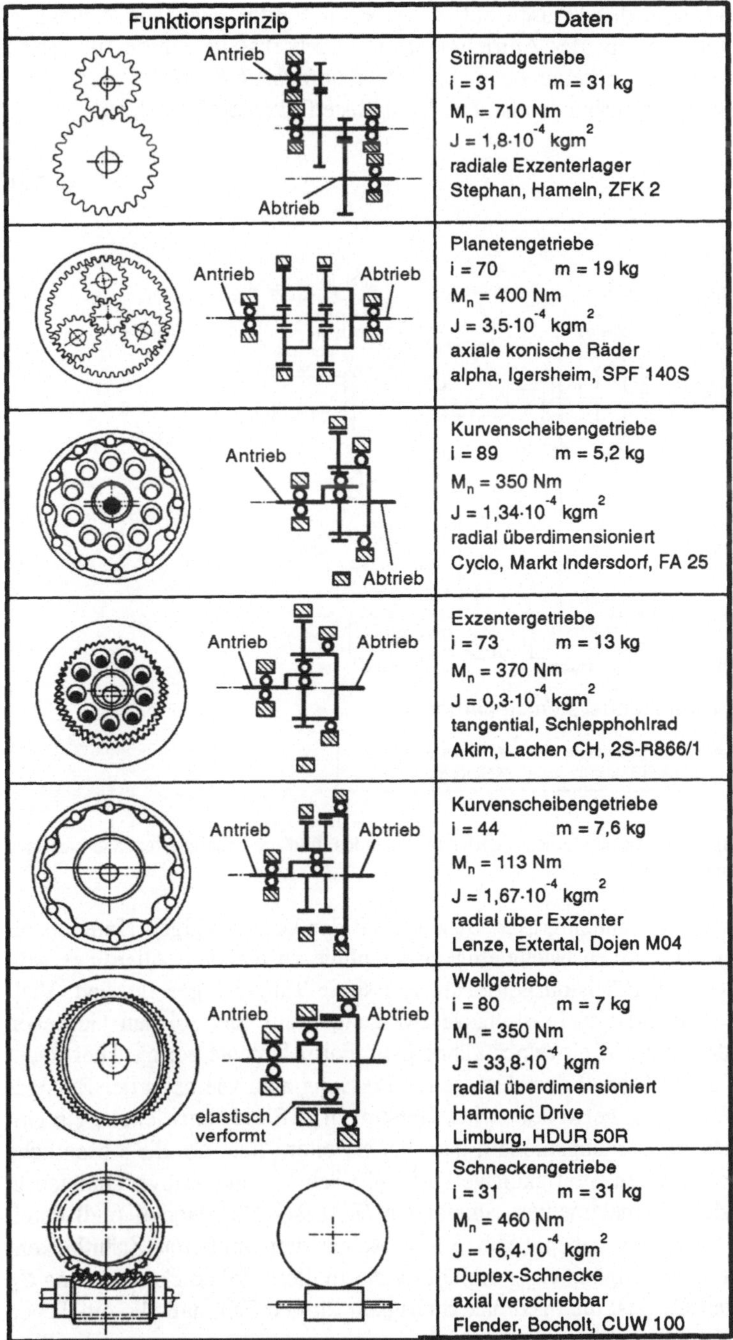 	**Stirnradgetriebe** $i = 31$ $m = 31$ kg $M_n = 710$ Nm $J = 1{,}8{\cdot}10^{-4}$ kgm^2 radiale Exzenterlager Stephan, Hameln, ZFK 2
	Planetengetriebe $i = 70$ $m = 19$ kg $M_n = 400$ Nm $J = 3{,}5{\cdot}10^{-4}$ kgm^2 axiale konische Räder alpha, Igersheim, SPF 140S
	Kurvenscheibengetriebe $i = 89$ $m = 5{,}2$ kg $M_n = 350$ Nm $J = 1{,}34{\cdot}10^{-4}$ kgm^2 radial überdimensioniert Cyclo, Markt Indersdorf, FA 25
	Exzentergetriebe $i = 73$ $m = 13$ kg $M_n = 370$ Nm $J = 0{,}3{\cdot}10^{-4}$ kgm^2 tangential, Schlepphohlrad Akim, Lachen CH, 2S-R866/1
	Kurvenscheibengetriebe $i = 44$ $m = 7{,}6$ kg $M_n = 113$ Nm $J = 1{,}67{\cdot}10^{-4}$ kgm^2 radial über Exzenter Lenze, Extertal, Dojen M04
	Wellgetriebe $i = 80$ $m = 7$ kg $M_n = 350$ Nm $J = 33{,}8{\cdot}10^{-4}$ kgm^2 radial überdimensioniert Harmonic Drive Limburg, HDUR 50R
	Schneckengetriebe $i = 31$ $m = 31$ kg $M_n = 460$ Nm $J = 16{,}4{\cdot}10^{-4}$ kgm^2 Duplex-Schnecke axial verschiebbar Flender, Bocholt, CUW 100

Tafel 5.1 Ausführungsbeispiele von Getrieben für Vorschubantriebe /Quelle: nach Gerstmann/

Abbildung 5.37 zeigt den statisch aufgenommenen Verdrehwinkel in Abhängigkeit vom Drehmoment auf der Abtriebsseite. Die Antriebsseite wurde für diesen Versuch blockiert. Man erkennt ein typisches *nichtlineares Steifigkeitsverhalten*, das mit einer Hysterese verbunden ist. Die Verdrehsteifigkeit ergibt sich zu:

$$C(\varphi) = \frac{dM}{d\varphi} \tag{5.46}$$

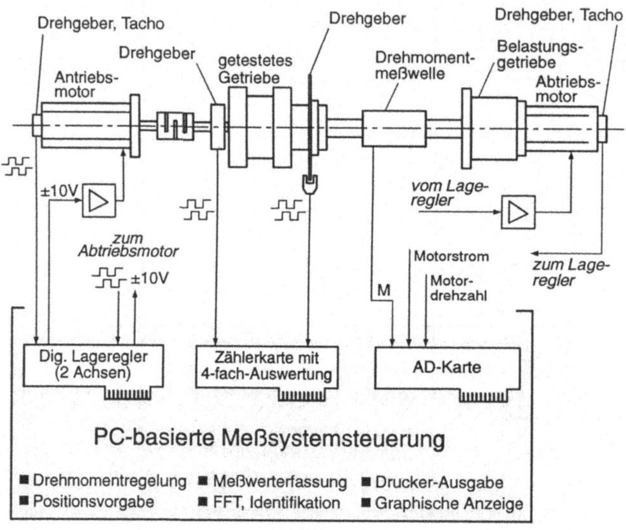

Abb. 5.36 Prinzipieller Aufbau eines Getriebeprüfstandes und der realisierten PC-basierten Meßsystemsteuerung /Quelle: Kalender/

Schon bei einzelnen Zahneingriffen ist aufgrund der lastabhängigen Kontaktsteifigkeit mit einer degressiven Nachgiebigkeitskennlinie zu rechnen. Allerdings weisen alle Bauarten von Präzisionsgetrieben, wie sie in Tafel 5.1 gezeigt sind, Vielfacheingriffe, d.h. mehrfache Leistungsverzweigungen auf. Bei solchen Getrieben ist der Einfluß des Eingriffs einzelner Zähne bzw. Formelemente gering. Hier reicht daher nicht mehr das Modell der Hertz'schen Pressung aus, wie es in der Zahngetriebelehre üblicherweise verwendet wird. Gerstmann /GER91/ entwickelte ein einfaches elastisches Verzahnungsmodell, das sich erweitern ließ, um die wesentliche Ursache des nichtlinearen Steifigkeitsverlaufs, nämlich Fertigungsabweichungen in den übertragenden Formelementen, abzubilden /KAL94/. Das Modell muß damit stochastischen Charakter haben (Abb. 5.38). Neben dem mittleren Zahnflankenspiel s_0 und der Endsteifigkeit C_{end} enthält es die mittlere Zahndickenstreuung σ_f. Die Endsteifigkeit C_{end} ist die maximale Steifigkeit für den Fall, daß alle möglichen Formelemente Kontakt haben.

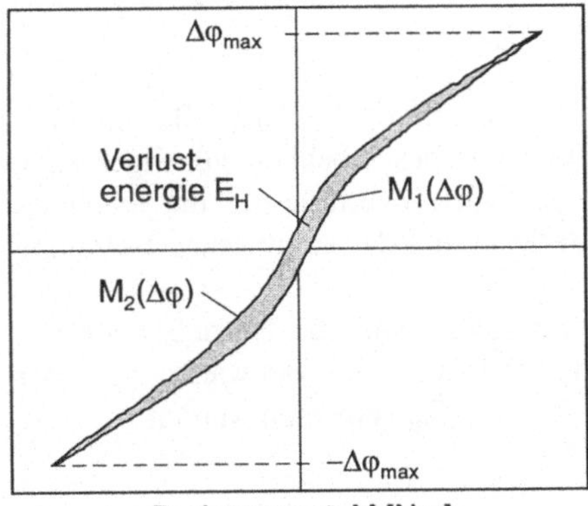

Abb. 5.37 Nichtlineares Steifigkeitsverhalten eines Präzisionsgetriebes /Quelle: Kalender/

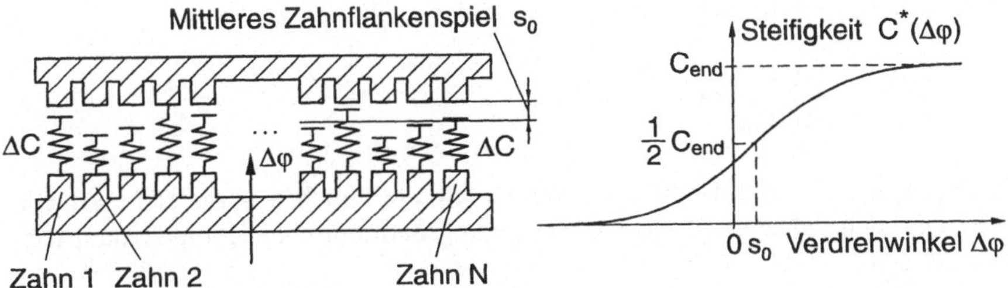

Abb. 5.38 Statistisches Steifigkeitsmodell für Präzisionsgetriebe mit hoher Leistungsverzweigung, nach /Quelle: Kalender/

Mit normal verteilten Lageabweichungen der Formelemente ergibt sich die Anfangssteifigkeit für $\Delta\varphi = 0$ zu

$$C(\Delta\varphi_0)=C_{end}\left[1-\mathrm{erf}\left(\frac{s_0}{\sqrt{2}\sigma_f}\right)\right] \tag{5.47}$$

Die in Abb. 5.37 erkennbare Hysterese läßt sich zur Wirkungsgradbestimmung nutzen. Die von den Kurvenästen bei Belastung M_1 und Entlastung M_2 eingeschlossene Fläche entspricht dem Energieverlust E_H während eines Belastungszyklus, die Fläche unter einem Ast der gemittelten Verdrehwinkelkurve M_c der verlustfreien Federenergie E_c. Damit ist der *Wirkungsgrad der Getriebetorsion* /KAL94/

$$\eta_z = 1 - E_H / 2E_c \tag{5.48}$$

mit

$$E_H = \int_{-\Delta\varphi_{max}}^{\Delta\varphi_{max}} M_1 \, d\varphi - \int_{-\Delta\varphi_{max}}^{\Delta\varphi_{max}} M_2 \, d\varphi \quad \text{und} \quad E_c = \int_{-\Delta\varphi_{max}}^{\Delta\varphi_{max}} M_c \, d\varphi \tag{5.49}$$

Dieser Wirkungsgrad wird statisch, d.h. bei blockierter Antriebswelle ermittelt. Da die Schmierverhältnisse beim Lauf eines Getriebes erheblich günstiger sind, stellt diese Kennzahl eher eine obere Grenze für Getriebeverluste dar, die jedoch eine vergleichende Beurteilung der internen Verluste und der thermischen Belastung des Getriebes erlaubt.

Der *kinematische Übertragungsfehler* zeigt sich, wenn die Antriebswelle mit konstanter Winkelgeschwindigkeit bewegt wird und die Schwankungen der Abtriebsdrehzahl ω_{ab} um den theoretischen Wert ω_{an}/i_{th} gemessen werden

$$\omega_{ab}(\varphi) = \frac{1}{i_{th} + \Delta i(\varphi)} \omega_{an} \tag{5.50}$$

mit dem theoretischen Übersetzungsverhältnis i_{th} und der Übersetzungsschwankung $\Delta i(\varphi)$. Der kinematische Übertragungsfehler ergibt sich zu

$$\Delta\varphi_e(\varphi_{an}) = \omega_{an} \int \frac{1}{\Delta i(\varphi_{an})} dt \tag{5.51}$$

Es liegt nahe, daß der Übertragungsfehler im wesentlichen periodische Anteile hat. Er läßt sich daher durch eine Überlagerung harmonischer Komponenten darstellen /MIC66/.

$$\Delta\varphi_e(\varphi_{an}) = \sum_k A_k \sin\left(\frac{2\pi}{T_k}\varphi_{an} + \vartheta_k\right) \tag{5.52}$$

mit

$$A_k = \frac{T_k}{2\pi\Delta\, i_k} \qquad\qquad -\pi \leq T_k \leq \pi \, , \, k = 1,2 \, ..$$

T_k ist darin die Periodenlänge bezogen auf die Antriebswelle.

Abbildung 5.39 zeigt den Übertragungsfehler $\Delta\varphi_e$ im Zeit- und im Frequenzbereich für ein Kurvengetriebe. Im Spektrum treten die Frequenzen der übertragenden Formelemente auf. Das untersuchte Kurvenscheibengetriebe hat 30 Außenbolzen und 29 Kurvensegmente. Entsprechend findet man auch bei 29 und 30 Perioden je Umdrehung Spitzen im Spektrum. Diese beiden Frequenzen liegen so nahe zusammen, daß im Zeitbereich (hier gemessen in Winkelgrad) deutliche Schwebungen der Übertragungsfehler auftreten. In Abb. 5.39 sind auch die höheren Harmonischen noch zu erkennen.

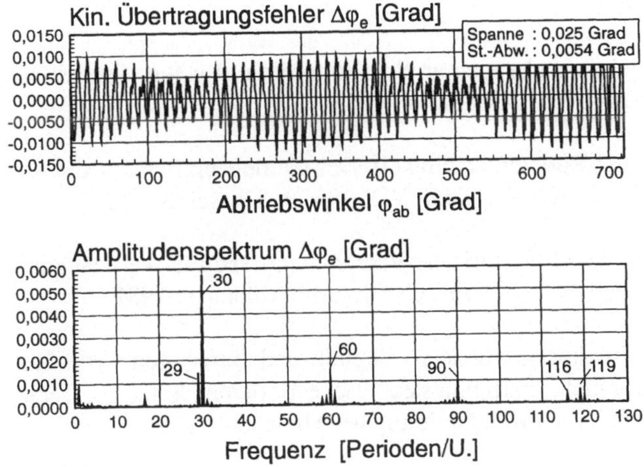

Abb. 5.39 Übertragungsfehler eines Kurvenscheibengetriebes /Quelle: Kalender/

Für die Umkehr der Bewegungsrichtung ist die *Umkehrspanne* eines Getriebes interessant. Diese Umkehrspanne kann man sich aus einem Spiel zwischen den Übertragungselementen und einer Reibungsumkehrspanne zusammengesetzt denken /PRI93/. Letztere wird durch elastisches Nachgeben des Getriebezuges unter dem Einfluß der internen Reibung verursacht. Mit dem vorn gezeigten Getriebeprüfstand läßt sich diese Umkehrspanne während der Bewegung durch Wechsel der Drehrichtung aufnehmen. Für ein Kurvenscheibengetriebe zeigt Abb. 5.40 den Übertragungsfehler für beide Drehrichtungen und die daran nach $\Delta\varphi_{um}=\Delta\varphi_e-\Delta\varphi$ ermittelte *kinematische Umkehrspanne* mit Mittelwert und Standardabweichung.

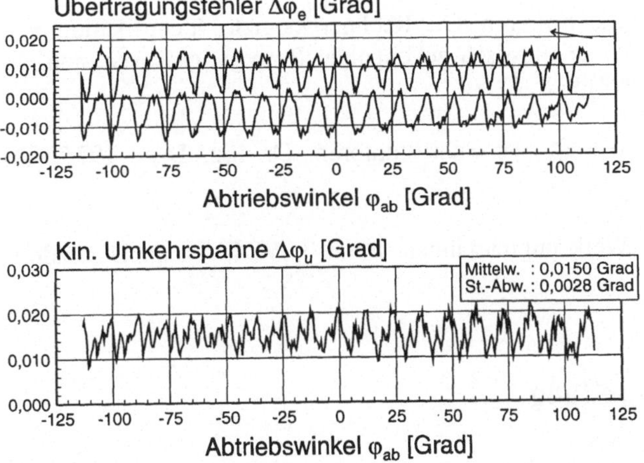

Abb. 5.40 Kinematische Umkehrspanne eines Kurvenscheibengetriebes /Quelle: Kalender/

5.8 Schrifttum

/DER65/   Derichs, J.: Untersuchungen an Schrittmotoren. Aachen, Technische Hochschule, Dr.-Ing. Dissertation 1965

/GER91/   Gerstmann, U.: Robotergenauigkeit. Der Getriebeeinfluß auf die Arbeits- und Positionsgenauigkeit. VDI-Verlag, Düsseldorf, 1991

/GRO81/   Gross, H.; Stute, G: Elektrische Vorschubantriebe für Werkzeugmaschinen, Siemens-Aktiengesellschaft, Berlin München; 1981

/HIL78/   Hilmer, H.: Rechnergestützte Auslegung und Berechnung von Kugelgewindespindeln, Fertigungstechnische Berichte, Band 11, Technischer Verlag Resch KG, Gräfeling bei München, 1978

/JUN92/   Jung, A.: Genaue Maschinen, Geräte und Instrumente, expert-Verlag, Ehningen bei Böblingen, 1992

/KAL94/   Kalender, T.: Statistische Modellierung von Präzisionsgetrieben in elektromechanischen Antrieben, VDI-Verlag, Düsseldorf, 1994

/MIC66/   Michalec, G.W.: Precision Gearing: Theorie and Practice. John Wiley & Sons, Inc., New York-London-Sydney, 1966

/PRI92/   Pritschow, G.: Steuerungstechnik der Werkzeugmaschinen und Industrieroboter. Skriptum zur Vorlesung 1991/92, Universität Stuttgart.

/PRI93/   Pritschow, G., Ketterer, G.: Rechnergestützte Identifikation von Reibkennlinien an elastisch gekoppelten Bewegungsachsen, antriebstechnik (1993) 9, S. 67-72

/RAL75/   Rall, K.: Pneumatische Schrittmotoren. Dr.-Ing. Diss. 1975, TH Hannover

/WEC89/   Weck, M.: Werkzeugmaschinen, Band 3, VDI-Verlag, Düsseldorf, 1989

5.9 Fragen zur Aufbereitung

5.01   Welche Aufgaben hat der Vorschubantrieb einer Werkzeugmaschine?

5.02   Nennen Sie die Forderungen, die an einen Vorschubantrieb gestellt werden müssen.

5.03   Nennen Sie die verschiedenen Arten der Vorschubantriebe und ihre Vor- und Nachteile.

5.04   Auf welchen Gesetzen beruht die Wirkung des Gleichstrommotors (GM)?

5.05   Geben Sie die Spannungsbilanz für das stationäre Verhalten des GM an.

5.06   Welche Effekte müssen bei instationärem Verhalten des GM zusätzlich berücksichtigt werden?

5.07   Unterscheiden Sie zwei Induktionswirkungen im GM.

5.08   Geben Sie eine DGL. zur Beschreibung des instationären Verhaltens des GM an.

5.09   Welche Energiespeicher lassen sich unterscheiden?

5.10   Welche Kenngrößen beschreiben das dynamische Verhalten eines GM? Geben Sie typische Werte an.

5.11   Nennen Sie die verschiedenen Bauformen von GM für Vorschubantriebe und geben Sie die Eigenschaften an.

5.12   Geben Sie das Gerätebild und das Blockschlatbild eines einfachen Lageregelkreises an.

5.13   Welches Verhalten zeigen die einzelnen Regelkreisglieder?

5.14   Wie wird der Frequenzgang des Kreises ermittelt?

5.15   Wie gehen Geschwindigkeitsverstärkung und mechanische Zeitkonstante in die Kennfrequenz und die Dämpfung des Kreises ein?

5.16   Wozu dient ein unterlagerter Geschwindigkeitsregelkreis? Welcher Gewinn ist in der Dämpfung zu erreichen?

5.17   Nennen Sie die verschiedenen Arten der Drehfrequenzeinstellung für GM.

5.18   Wie lassen sich Transistoren zur Drehfrequenzeinstellung einsetzen?

5.19   Was ist eine Phasenanschnittssteuerung?

5.20   Wie arbeiten drehfrequenzgeregelte Synchronmotoren?

5.21   Wie lassen sich Hydraulikmotore verstellen?

5.22   Leiten Sie die mechanische Charakteristik (M=f(n)) für einen drosselverstellten Hydromotor ab.

5.23   Wie ändert sich die Antriebssteifigkeit mit der Aussteuerung?

5.24   Welche Zeitkonstanten bestimmen das dynamische Verhalten von hydraulischen Antrieben?

5.25   Wovon hängt die hydraulische Zeitkonstante ab?

5.26   Wie arbeiten elektrische Schrittmotoren?

5.27   Wie arbeiten hydraulisch verstärkte Schrittmotoren?

5.28   Welche Anforderungen sind an die Bewegungsumsetzung in Vorschubantrieben zu stellen?

5.29   Welche Merkmale habe unterschiedliche Bauformen von Kugelgewindegetrieben?

5.30   Erläutern Sie Einflüsse auf das Steifigkeitsverhalten von Kugelgewindegetrieben.

5.31   Welche Bauformen für Getriebe mit großen Übersetzungsverhältnissen sind Ihnen bekannt? Erläutern Sie diese.

5.32   Welche Größen würden Sie in einem Prüfstand für Vorschubgetriebe messen?

5.33   Wie läßt sich das nichtlineare Steifigkeitsverhalten an Vorschubgetrieben erklären, wie modellieren?

5.34   Welche Größen sind zur Beschreibung des Systemverhaltens von solchen Präzisions-Vorschubgetrieben notwendig?

6 Zahnradstufengetriebe

6.1 Leistungen

Wie in Abschnitt 5.1 bereits erläutert, lassen sich die in Werkzeugmaschinen auftretenden Bewegungen gliedern in Hauptbewegungen, Vorschubbewegungen und Stellbewegungen.

Hauptbewegungen weisen im allgemeinen die größten Geschwindigkeiten auf, in ihrer Richtung wirken die Hauptkomponenten der Wirkkräfte, d.h. sie sind leistungsführend. Sie bringen die für den Trenn- oder Umformvorgang notwendigen Energien an die Wirkstelle. Die Drehbewegung des Werkstücks in einer Drehmaschine, die geradlinige Meißelbewegung einer Stoßmaschine, die Rotation des Werkzeuges in Fräs- oder Schleifmaschinen sind Hauptbewegungen.

Die Leistung, die von Antrieben für Hauptbewegungen aufzubringen ist, muß aus dem Wirkprozeß bestimmt werden. Sie ergibt sich aus der Wirkkraft F_w und der Wirkgeschwindigkeit v_w bzw. dem Wirkmoment M_w und der Wirkwinkelgeschwindigkeit ω_w.

$$P_w = F_w \cdot v_w$$
$$P_w = M_w \cdot \dot{\omega_w} \tag{6.1}$$

Für das Spanen mit geometrisch bestimmten Schneiden läßt sich die Schnittkraft nach der Beziehung von Kienzle berechnen zu /TÖN95/:

$$F = k_{c1.1} \cdot h^{1-c} \cdot b \tag{6.2}$$

$k_{c1.1}$	Hauptwert der spez. Schnittkraft
$1-c$	Anstiegswert der spez. Schnittkraft
h	Spanungsdicke
b	Spanungsbreite

In umformenden Prozessen /LAN88/ folgt die Umformkraft für Verfahren mit direkter Krafteinwirkung wie das Schmieden, Stauchen, Prägen aus

$$F = \frac{1}{\eta_f} \cdot k_{f\,max} \cdot A \qquad\qquad (6.3)$$

A   beaufschlagte Fläche
η_f Umformwirkungsgrad ($\eta_f = 0{,}3 - 0{,}6$)
k_{fmax} Fließspannung bei max. Formänderung

und für Verfahren mit indirekter Krafteinwirkung wie das Fließpressen, Strangpressen oder Ziehen aus

$$F = \frac{1}{\eta_f} \cdot k_{fm} \, A \cdot \varphi_h \qquad\qquad (6.4)$$

k_{fm} mittlere Fließspannung
A   beaufschlagte Fläche
φ_h Hauptformänderung.

Für Schneidvorgänge ergibt sich die Schnittkraft zu

$$F = \tau_B \cdot l \cdot s \qquad\qquad (6.5)$$

τ_B Scherfestigkeit
l   Länge des Schnittes
s   Blechdicke

Für die Auslegung eines Antriebes sind weiterhin die Verluste in Übertragungselementen und Getrieben zu berücksichtigen. Je Stirnzahnradpaarung im Eingriff kann man 1 - 4% der übertragenen Leistung ansetzen, bei Keilriemenantrieben 3 - 6% und Flachriemen 2 - 4%. Auch bei der Umsetzung rotierender in geradlinige Bewegung treten Verluste auf, bei Ritzel - Zahnstange ungefähr 4%, Schnecke - Zahnstange 10%, Trapezspindel - Mutter 30% und in Kugelschraubgetrieben 5% bis 20% je nach Vorspannung. Die angegebenen Werte können vom jeweiligen Einzelfall weit abweichen.

6.2 Drehfrequenzstufung

Zahnradgetriebe lassen sich nach der Wellenanordnung in Stand- und Umlaufgetriebe, nach der Drehfrequenz-Drehmoment-Wandlung in nicht verstellbare und verstellbare Getriebe gliedern. Aus der Klasse der verstellbaren Standgetriebe werden in Werkzeugmaschinen Stufengetriebe eingesetzt, um vom elektrischen Antrieb gegebene Drehfrequenzbereiche (beim Gleichstrommotor) oder diskrete Drehfrequenzen (beim Asynchronmotor) über mehrere Getriebestufen zu erweitern, d.h. jeder Eingangsdrehfrequenz n_e in das Getriebe werden mehrere Ausgangsdrehfrequenzen n_{aj} zugeordnet.

Ein mehrstufiges Getriebe besteht aus einem oder mehreren Teilgetrieben, das sind direkte Übersetzungen zwischen zwei Wellen (s. Grundtypen). Als Gesamtübersetzungen i_g der Stufen sind die Verhältnisse von Eingangs- zu Ausgangsdrehfrequenzen definiert (Abb. 6.1). Entsprechendes gilt für die Teilgetriebe. Für das Treiben ins Langsame gilt also $i > 1$ und ins Schnelle $i < 1$.

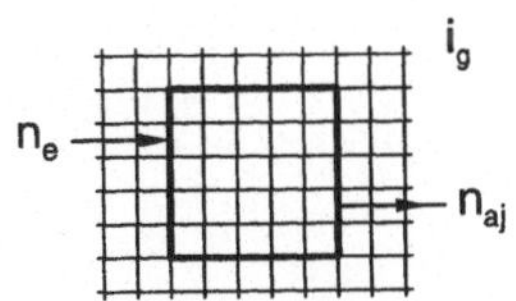
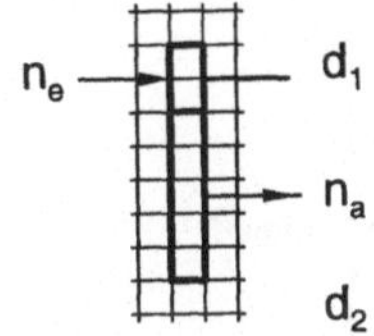

n: Drehfrequenz   d: Teilkreisdurchmesser

<table>
<tr><td align="center"><u>Gesamtgetriebe</u></td><td align="center"><u>Teilgetriebe</u></td></tr>
<tr><td align="center">$i_g = \dfrac{n_e}{n_{aj}}$</td><td align="center">$i_k = \dfrac{n_e}{n_a} = \dfrac{d_2}{d_1}$</td></tr>
</table>

Zahl der Teilgetriebe : m (k = 1 ... m)
Zahl der Stufen   : z (j = 1 ... z)

Abb. 6.1 Definition von Stufen und Übersetzung

Der durch eine Drehfrequenzstufung zu überdeckende Bereich läßt sich durch den Stufensprung φ, das ist das Verhältnis benachbarter Drehfrequenzen, und durch den Frequenzbereich B, das Verhältnis von größter und kleinster Ausgangsdrehfrequenz des Getriebes, kennzeichnen.

Die Stufung der Ausgangsdrehfrequenzen wird - ohne weitere Randbedingungen - zweckmäßig so vorgenommen, daß der erforderliche Drehfrequenzbereich möglichst gleichmäßig mit Stufen überdeckt wird. Abbildung 6.2 zeigt, daß dies nicht die arithmetische Stufung der Drehfrequenzen leistet, da sie im oberen Bereich zu eng, im unteren zu weit stuft.

Bei der arithmetischen Stufung ist die Differenz benachbarter Drehfrequenzen konstant:

$$n_{j+1} - n_j = \Delta n = \text{const.} \tag{6.6}$$

Die einzelnen Drehfrequenzen sind dann:

$$j = 1: \quad n_1$$
$$j = 2: \quad n_2 = n_1 + \Delta n$$
$$\dots \qquad \dots \qquad\qquad \dots \tag{6.7}$$
$$j = z: \quad n_z = n_1 + (z - 1) \cdot \Delta n$$

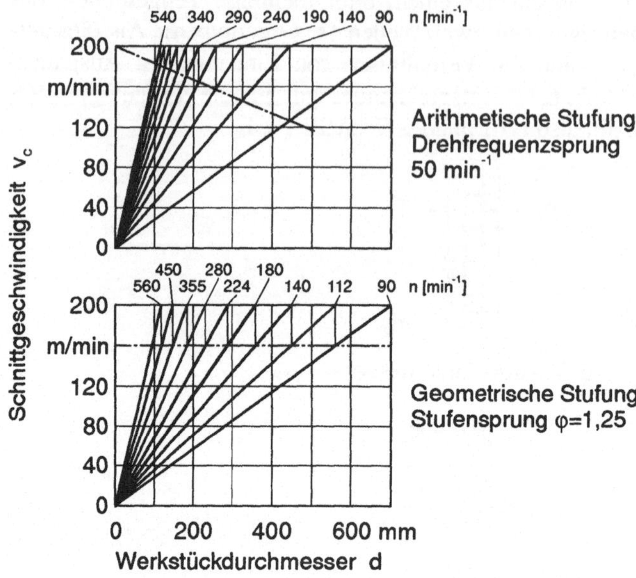

Abb. 6.2 Arithmetische und geometrische Stufungen

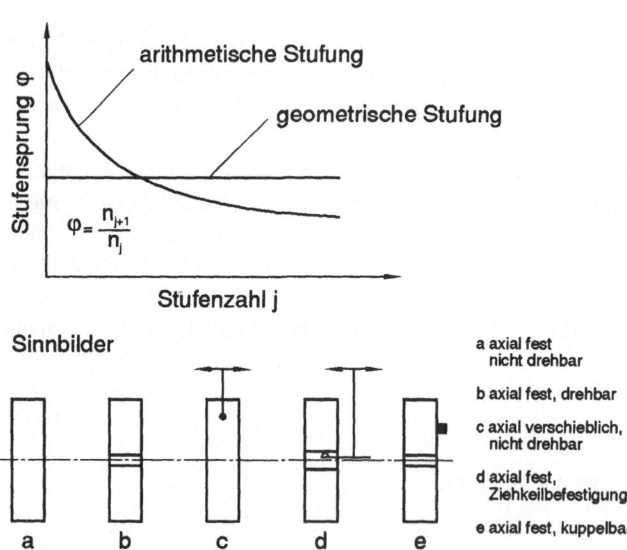

Abb. 6.3 Stufung und Sinnbilder für Zahnradgetriebe

Der Stufensprung ist veränderlich (Abb. 6.3)

$$\varphi = \frac{n_{j+1}}{n_j} = 1 + \frac{\Delta n}{n_j} = 1 + \frac{1}{\left(\dfrac{n_1}{\Delta n} - 1\right) + j}. \tag{6.8}$$

Der Drehfrequenzbereich ergibt sich zu

$$B = \frac{n_z}{n_1} = 1 + (z-1) \cdot \frac{\Delta n}{n_1} \tag{6.9}$$

Bei der geometrischen Drehfrequenzstufung gilt dagegen

$$\frac{n_{j+1}}{n_j} = \varphi = \text{const.} \tag{6.10}$$

$$
\begin{aligned}
j &= 1: & n_1 \\
j &= 2: & n_2 &= \varphi \cdot n_1 \\
&\cdots & \cdots \quad \cdots \quad \cdots \\
j &= z: & n_z &= \varphi^{z-1} \cdot n_1
\end{aligned}
$$

Der Stufensprung φ ist definitionsgemäß unveränderlich. Der Drehfrequenzbereich ist

$$B = \frac{n_z}{n_1} = \varphi^{z-1} \tag{6.11}$$

Bei gegebenem Drehfrequenzbereich und Stufensprung folgt demnach die Zahl der Stufen zu

$$z = \frac{\ln B}{\ln \varphi} + 1 \tag{6.12}$$

oder bei Kenntnis des Drehfrequenzbereichs und der Stufenzahl der Stufensprung zu

$$\varphi = B^{\frac{1}{z-1}} \tag{6.13}$$

Eine gleichmäßige Überdeckung wird durch eine geometrische Folge von Drehfrequenzen erreicht. Stufengetriebe werden daher vorzugsweise mit geometrischer Stufung ausgeführt. Dazu werden Normzahlen der Grundreihen und abgeleiteten Reihen R 20 (R 20/1), R 10 (R 20/2), R 20/3, R 5 (R 20/4) und R 20/6 mit den Stufensprüngen $\varphi = 1{,}12$; $1{,}25$; $1{,}4$; $1{,}6$ und $2{,}0$ verwendet /KIE50/. In Tafel 1 sind genormte Lastdrehfrequenzen für Werkzeugmaschinen nach DIN 804 aufgeführt.

Die geometrische Stufung nach Normzahlen der Grundreihe R 20 oder der abgeleiteten Reihen bietet folgende Vorteile:

- gleiche Treffsicherheit φ im gesamten Drehfrequenzbereich und damit optimale Überdeckung,
- ideale Anpassung an Mehrwellengetriebe ($i_g = i_1 \cdot i_2 \cdot \ldots \cdot i_m$) durch den multiplikativen Aufbau des Zahlensystems,
- günstige Anknüpfung des Zahlensystems über die Zahl 2800 an Asynchronmotoren (Nenndrehfrequenz für Polpaarzahl 1),
- Berücksichtigung von anderen Polpaarzahlen in Asynchronmotoren durch den Faktor 2 im Zahlensystem.

1	2	3	4	5	6	7	8	9	10
Nennwerte min^{-1}						Grenzwerte min-1 [3] der Grundreihe R20			
Grundreihe [1] R20	R 20/2	Abgeleitete Reihen [2] — R 20/3 (...2800...)	R20/4 (..1400..)	(..2800..)	R20/6 (..2800..)	bei mech. Abweichung		bei mech. und elektr. Abweichung	
j=1,12	j=1,25	j=1,4	j=1,6	j=1,6	j=2	-2%	+3%	-2%	+6%
100						98	103	98	106
112	112	11,2		112	11,2	110	116	110	119
125		125				123	130	123	133
140	140	1400	140		1400	138	145	138	150
160		16				155	163	155	168
180	180	180		180	180	174	183	174	188
200		2000				196	206	196	212
224	224	22,4	224		22,4	219	231	219	237
250		250				246	259	246	266
280	280	2800		280	2800	276	290	276	299
315		31,5				310	326	310	335
355	355	355	355		355	348	365	348	376
400		4000				390	410	390	422
450	450	45		450	45	438	460	438	473
500		500				491	516	491	531
560	560	5600	560		5600	551	579	551	596
630		63				618	650	618	669
710	710	710		710	710	694	729	694	750
800		8000				778	818	778	842
900	900	90	900		90	873	918	873	945
1000		1000				980	1030	980	1060

Die Reihen R 20, R 20/2 und R 20/4 können nach unten und oben durch Teilen bzw. Vervielfachen mit 10, 100 usw. fortgesetzt werden.

Die Reihen R 20/3 und R 20/6 sind für drei Dezimalbereiche angegeben, weil sich ihre Zahlen erst in jedem vierten Dezimalbereich wiederholen.

Tafel 1 Lastdrehfrequenzen nach DIN 804

6.3 Grundtypen von Stufengetrieben

In Stufengetrieben werden Radpaarungen geschaltet, um verschiedene Drehfrequenzen zu erreichen. Je nach Koppelelement zwischen den Rädern lassen sich einige Grundtypen von Stufengetrieben unterscheiden. Das sind kleinste Getriebeeinheiten mit einer Eingangs- und Ausgangswelle, zwischen denen zwei oder mehr Stufen geschaltet werden können. Wesentliches Merkmal dieser Grundtypen ist der Durchmesser, auf dem die Kopplung vorgenommen wird. Je größer der Durchmesser ist, desto größer ist die Relativgeschwindigkeit zwischen den Koppelstellen und um so mehr müssen die Räder abgebremst werden, um sie schalten zu können, sofern nicht Reibkupplungen vorgesehen sind. Andererseits wird durch Kopplung auf großen Durchmessern erreicht, daß bei gegebenen Drehmomenten geringe Koppelkräfte auftreten, was zu höherer Steifigkeit oder geringerer Beanspruchung der Kontaktflächen führt.

In Abb. 6.4 sind Grundtypen von Stufengetrieben schematisch dargestellt. Hier und für die später dargestellten Räderpläne werden die Symbole aus Abb. 6.3 benutzt. Das *Schieberadgetriebe* kuppelt über die Räder selbst, die zu diesem Zweck axial auf den mit ihnen drehfest verbundenen Wellen verschoben werden. Dieser Getriebetyp ermöglicht die Übertragung hoher Momente bei guter Steifigkeit. Da die Räder die Kupplungsfunktion übernehmen, ergibt sich kein zusätzlicher Bauaufwand. Schieberadgetriebe werden häufig in Haupt- und Vorschubgetrieben von Werkzeugmaschinen verwendet. Gegenüber Getrieben mit Reibkupplungen ist nachteilig, daß sie nur im Auslaufen geschaltet werden können: jedoch wird so Schaltwärme und elektrische Erwärmung der Erregerwicklungen vermieden. Weiterhin ist vorteilhaft, daß in Schieberadgetrieben nur die aktiv an der Leistungsübertragung beteiligten Räder im Eingriff sind und somit stets die minimale Eingriffszahl erreicht ist.

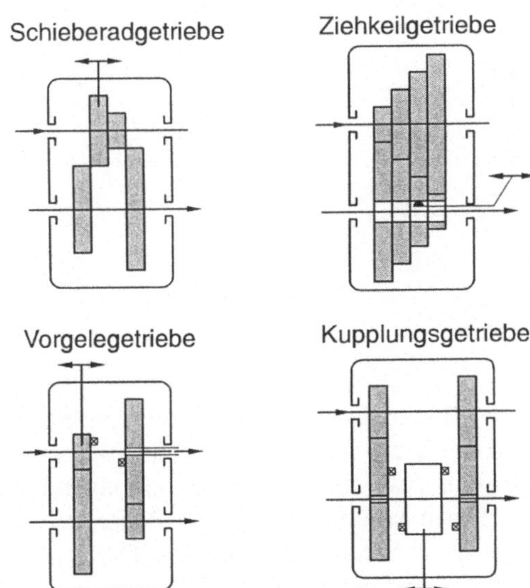

Abb. 6.4 Grundtypen von Stufengetrieben

Der axial verschiebbare Räderblock muß aus einem Gegenrad völlig ausgerückt sein, bevor er in das andere durch weiteres Verschieben eingekuppelt werden kann. Das bedingt Mindestbreiten der Schieberadgetriebe, die neben den eng aneinanderliegenden Rädern noch zusätzliche Radbreiten als Freiraum zulassen (Abb. 6.5). Ein 2er-Block (2-stufiges Getriebe) benötigt mindestens 4 Radbreiten, wenn die eng angeordneten Räder verschoben werden; 6 Radbreiten, wenn die Gegenräder bewegt werden. Ein 3er-Block erfordert mindestens 7, ein 4er-Block mindestens 12 Radbreiten. Dies setzt sich bei höheren Stufenzahlen fort. Die Breitennutzung, die durch das Verhältnis der Anzahl eng angeordneter Räder zur Mindestbreitenzahl beschrieben werden kann, wird mit 2:4, 3:7, 4:12 immer ungünstiger. Allein aus diesem Grund wird man für Schieberadgetriebe keine hohen Stufenzahlen je Teilgetriebe wählen. Die Breitennutzung wird noch ungünstiger, wenn man z.B. beim 3-stufigen Getriebe ein sinnfälliges Schalten fordert, d.h. wenn durch die axiale Verschiebung in einer Richtung zunächst die kleine Drehfrequenz, dann die mittlere und schließlich die große erreicht werden soll (Abb. 6.5); das erfordert wenigstens 9 Radbreiten für den 3er-Block.

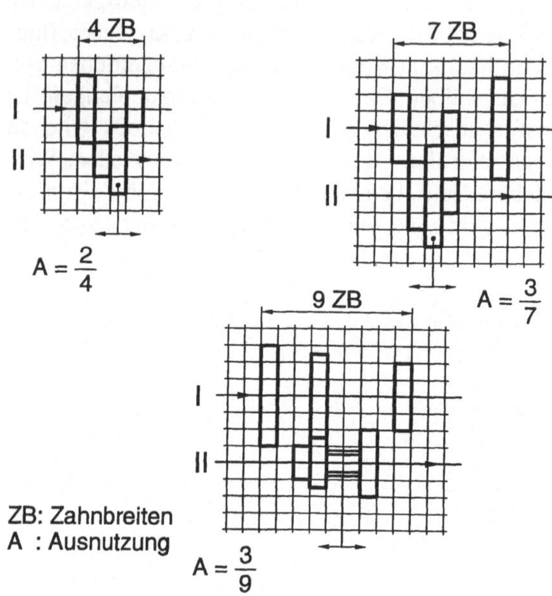

Abb. 6.5 Mindestradbreiten

Das gleiche gilt, wenn man sich von der Beschränkung auf größere Zähnezahldifferenzen (> 4 Zähne) für die beiden kleineren nicht verschiebbaren Räder lösen will; diese Beschränkung entsteht dadurch, daß sich die Kopfkreise der nicht kämmenden Räder nicht berühren dürfen. Hinzu kommt, daß große Baubreiten der Getriebe lange Wellen bedingen, die bei gleicher Steifigkeit größere Durchmesser haben müssen und damit die Kleinstzähnezahlen der Räder beeinflussen, was sich stark im notwendigen Bauraum eines Getriebes auswirkt.

Das *Ziehkeilgetriebe* kuppelt über einen axial verschiebbaren Keil. Auch hier darf erst die Kupplung des nächsten Rades erfolgen, wenn das erste entkuppelt ist. Das erreicht man durch Kürzung der Ziehkeile oder Ausnehmungen in den Zahnrädern. Sämtliche Räder kämmen miteinander. Das Getriebe weist somit die höchste Baudichte auf. Auch für die Kuppelvorrichtung wird kaum zusätzlicher Raum benötigt. Durch die geringstmöglichen Kuppeldurchmesser kann bei vergleichsweise hohen Drehfrequenzen geschaltet werden. Allerdings ist die Steifigkeit gering. Die Getriebe werden nicht für die Übertragung hoher Leistungen eingesetzt, sie werden allenfalls als Vorschubgetriebe verwendet. Das durch Mitlaufen aller Räder bedingte große Massenträgheitsmoment und die geringe Steifigkeit der Momentübertragung sind für dynamische Vorschubantriebe von Nachteil. Ziehkeilgetriebe werden daher heute kaum noch in Neukonstruktionen verwendet. Das Kuppelelement soll auf der zweiten Welle angeordnet sein. So werden *Rücktreiben* und damit stark überhöhte Drehfrequenzen der nicht im Kraftfluß liegenden Räder der ersten Welle vermieden. Rücktreiben würde wegen der hohen Drehfrequenzen zu starker Geräuschentwicklung führen.

Kupplungsgetriebe können mit Reibkupplungen wie Lamellenkupplungen ausgerüstet sein und sind dann während des Laufes schaltbar oder arbeiten mit Klauen- oder Zahnkupplungen. Bei der Anordnung der Kupplungen ist auf den Rücktreibeffekt zu achten.

Vorgelegegetriebe enthalten stets eine Übersetzung 1:1 dadurch, daß die Eingangs- mit der koaxialen Ausgangswelle direkt gekuppelt wird. Bei einem 2-stufigen Vorgelege wird die andere Übersetzung durch zwei Radpaarungen erreicht. Deshalb ist das Vorgelegegetriebe für hohe Stufensprünge geeignet - z.B. bei Übersetzungen von 3:1 in beiden Paarungen insgesamt für einen Stufensprung von $\varphi = 9$. Es wird daher gern als Nachschaltgetriebe zur Spreizung von Drehfrequenzbereichen verwendet.

6.4 Aufbaunetz und Drehfrequenzbild

Der Entwurf eines Stufengetriebes, das aus mehreren Teilgetrieben besteht, kann durch Nutzung einiger Hilfsmittel wie Aufbauformel, Aufbaunetz, Drehfrequenzbild und Räderplan systematisiert und wesentlich erleichtert werden.

In der Aufbauformel eines Getriebes werden die Stufenzahlen der einzelnen Teilgetriebe multiplikativ miteinander verknüpft. Für eine einfach besetzte geometrische Stufung der Ausgangsdrehfrequenzen, wovon im folgenden stets ausgegangen wird, ist die Gesamtstufenzahl das Produkt der Einzelstufenzahlen der Teilgetriebe

$$z_{ges} = z_1 \cdot z_2 \cdot \ldots z_m \qquad (6.13)$$

In der *Aufbauformel* sind die Einzelstufenzahlen der Teilgetriebe Faktoren. Gleichzeitig kennzeichnen sie die Lage der Teilgetriebe im Leistungsfluß: das Teilgetriebe mit z_1 ist am Getriebeeingang angeordnet, z_m am Ausgang. Diese Aufbauformel beschreibt bereits über die Ausgangsgrößen für die Entwurfsaufgabe, den Drehfrequenzbereich und die Gesamtstufenzahl bzw. den Stufensprung, wieviel Teilgetriebe vorgesehen und wie die Stufenzahlen auf sie verteilt werden.

Die grafische Darstellung eines Teils der kinematischen Zusammenhänge im Getriebe ist das Aufbaunetz. In Abb. 6.6 ist ein Aufbaunetz für ein 4-stufiges Zwei-Wellen-Getriebe, z.B. ein Ziehkeilgetriebe wiedergegeben. Im Aufbaunetz stellen die senkrechten Leitern die Wellen des Getriebes dar und werden entsprechend gekennzeichnet. Auf jeder Leiter werden die Drehfrequenzen, mit denen die zugehörigen Wellen umlaufen, markiert, wobei alle Leitern mit gleicher geometrischer Teilung versehen sind. Die Teilungseinheit entspricht dem Ausgangsstufensprung. Die Leitermarkierungen werden entsprechend den Übersetzungen der miteinander im Eingriff stehenden Wellen verbunden. Dabei wird das Aufbaunetz grundsätzlich symmetrisch gezeichnet; auf den verschiedenen Leitern sind die Drehfrequenzen also nicht in gleicher Höhe angeschrieben. Das Aufbaunetz fügt den Informationen, die durch die Aufbauformel gegeben sind, einige wesentliche hinzu: Es zeigt die Stufung in den einzelnen Teilgetrieben und ihr Zusammenwirken zu einer einfach besetzten, gleichmäßigen Stufung auf den Ausgangswellen der Teilgetriebe.

Im *Drehfrequenzbild* (Abb. 6.6) sind schließlich die Drehfrequenzen in einem einheitlichen Netz eingetragen. Gleiche Drehfrequenzen auf den Leitern stehen jetzt auf gleicher Höhe. Das Drehfrequenzbild entsteht somit aus dem Aufbaunetz dadurch, daß man in diesem die Leitern so verschiebt, daß die Drehfrequenzmarken auf horizontalen Parallelen liegen. Außer der Stufung sind damit dann die Übersetzungen zwischen den Wellen und ihre Drehfrequenzen festgelegt. Das Drehfrequenzbild kann gleichzeitig als *Momentenschaubild* dienen, wenn konstante Leistung im Getriebe vorausgesetzt wird. Drehmomente und Drehfrequenzen haben den gleichen Stufensprung.

Nach Festlegung der Kleinsträder - beim Treiben ins Langsame sind das im allgemeinen Räder auf den ersten Wellen - und der Verzahnungsmodulen kann schließlich der *Räderplan* gezeichnet werden, in dem Zähnezahlen, Raddurchmesser, Achsabstände und näherungsweise Baubreiten eingetragen werden können. Der Schritt zur eigentlichen Entwurfszeichnung des Getriebes ist dann nicht mehr weit.

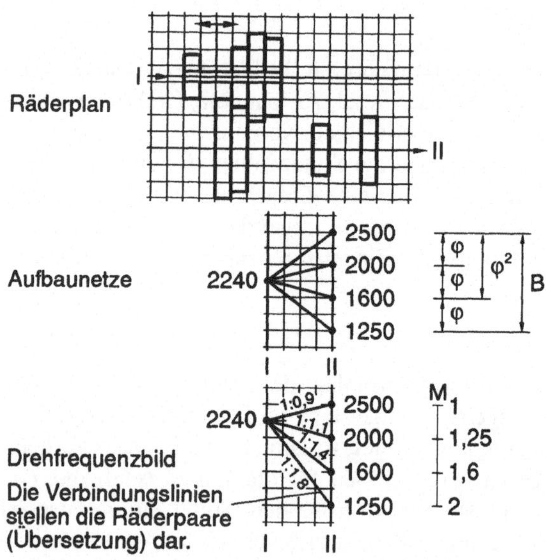

Abb. 6.6 Aufbaunetz und Drehfrequenzbild eines vierstufigen Getriebes

6.5 Vereinigung von Grundgetrieben

Am Beispiel von zusammengeschaltetem, vierstufigem Schieberad- und Vorgelegegetriebe sei der Gebrauch der erwähnten Hilfsmittel erläutert. Aus den beiden Teilgetrieben soll ein 8-stufiges Getriebe gebaut werden. Die Aufbauformel lautet offenbar

$$z_{ges} = 4 \cdot 2 \qquad\qquad (6.14)$$

Grundsätzlich wäre auch die Vertauschung der beiden Teilgetriebe mit der Aufbauformel $z_{ges} = 2 \cdot 4$ möglich, jedoch würde das dem Charakter des Vorgeleges als Nachschaltgetriebe widersprechen. In Abb. 6.7 sind zwei Aufbaunetze dargestellt, die sich beide der oben angeschriebenen Aufbauformel zuordnen lassen. Aus dem genannten Grund kommt nur das obere Aufbaunetz in Frage. Damit ist der innere Aufbau des Getriebes weitgehend festgelegt. Bei gegebenem Drehfrequenzbereich und gegebener Eingangsdrehfrequenz läßt sich unter Berücksichtigung der Vorgelegeeigenschaft mit einer Übersetzung 1:1 das Drehfrequenzbild zeichnen.

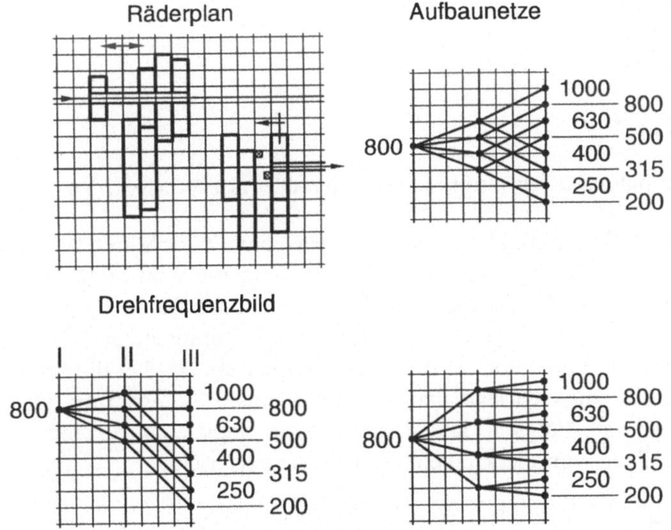

Abb. 6.7 Räderplan, Drehfrequenzbild und Aufbaunetze für ein achtstufiges Getriebe

In einem weiteren Beispiel werden die alternativen Möglichkeiten für den Zusammenbau von zwei Teilgetrieben, ein 2- und ein 3-stufiges Schieberadgetriebe, gezeigt. Die möglichen Aufbauformeln sind

$$z_{ges} = 2 \cdot 3$$
$$z_{ges} = 3 \cdot 2 \qquad\qquad (6.15)$$

d.h. das Teilgetriebe mit der größeren Stufenzahl ist einmal hinten, einmal vorn angeordnet. Je Aufbauformel lassen sich in diesem Fall zwei Aufbaunetze zeichnen (Abb. 6.8). Sie unterscheiden sich dadurch, daß der große Stufensprung einmal vorn und einmal hinten vorgesehen ist. Es ist nun zu fragen, ob damit die Gesamtheit der Aufbaunetze für die gewählten Teilgetriebe erfaßt ist und ob einzelne Aufbaunetze Vorteile gegenüber anderen bieten.

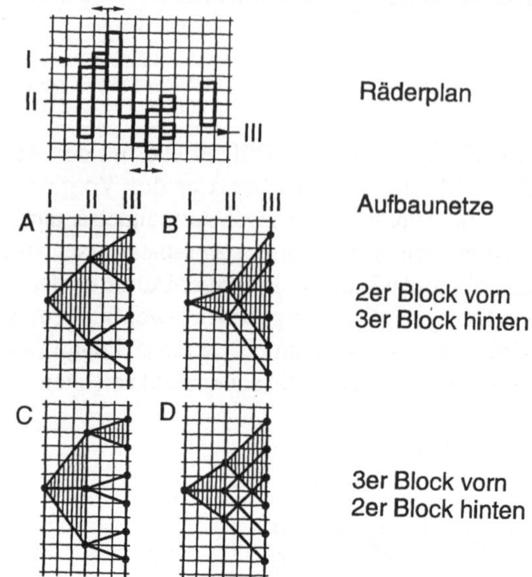

Abb. 6.8 Räderplan und Aufbaunetze eines sechsstufigen Zweiwellen Schieberadgetriebes

Die Gesamtzahl der Aufbaunetze N für ein Stufengetriebe mit der Stufenzahl z_{ges}, dem Stufensprung am Ausgang φ_g und der Zahl der Teilgetriebe m folgt aus der Anzahl der Aufbaunetze je Aufbauformel N_1 und der Anzahl der Aufbauformeln für die vorgegebene Stufenzahl und Zahl der Teilgetriebe N_2. Voraussetzung für eine lückenlose, einfach belegte Folge von Ausgangsdrehfrequenzen ist, daß die Stufensprünge der Teilgetriebe ungleich sind und daß der kleinste Stufensprung gleich dem Stufensprung φ_g ist. Folglich lassen sich diese Ungleichungen für jede Aufbauformel anschreiben, worin jede einem Aufbaunetz entspricht:

$$\varphi_g = \varphi_1 < \varphi_2 < ... < \varphi_m$$
$$\varphi_g = \varphi_2 < \varphi_1 < ... < \varphi_m$$
$$.... \quad ... \quad ... \quad .....$$
$$\varphi_g = \varphi_m < \varphi_{m-1} < ... < \varphi_1$$

$$(6.16)$$

Die Zahl der Aufbaunetze je Aufbauformel ergibt sich somit durch einfache Permutation

$$N_1 = m!$$

$$(6.17)$$

Für die Zahl der Aufbauformeln ist zu berücksichtigen, daß einige oder alle Teilgetriebe gleiche Stufenzahlen haben können, wie z.B. $z_{ges} = 2 \cdot 2 \cdot 3$ für ein 12-stufiges Getriebe. Eine Vertauschung des ersten und zweiten Teilgetriebes ergibt daher keine neue Aufbauformel. Deshalb wird nach Stufenzahlen zusammengefaßt

$$z_{ges} = z_1^{k_1} \cdot z_2^{k_2} \cdot\!\cdot\!\cdot\!\cdot\!\cdot\!\cdot\, z_r^{k_r}$$

$$(6.18)$$

worin k_r die Anzahl der Teilgetriebe mit jeweils gleicher Stufenzahl sind. Es ist also

$$k_1 + k_2 + \ldots\ldots + k_r = m \qquad (6.19)$$

nun folgt durch Kombination die Zahl der Aufbauformeln

$$N_2 = \frac{m!}{k_1! \cdot k_2! \ldots k_r!} \qquad (6.20)$$

Die Gesamtzahl der Aufbaunetze ist dann

$$N = N_1 \cdot N_2 \qquad (6.21)$$

oder

$$N = \frac{(m!)^2}{k_1! \cdot k_2! \ldots k_r!} \qquad (6.22)$$

Die vorstehende Betrachtung berücksichtigt nicht konstruktive Grenzen wie zulässige Grenzübersetzungen ins Schnelle oder ins Langsame. In Werkzeugmaschinengetrieben werden die Übersetzung 1:2 (ins Schnelle) und 4:1 (ins Langsame) je Radpaarung üblicherweise als Grenzen angesehen; geringere oder höhere Verhältnisse führen zu großen Zähnezahlsummen, zu großem Bauraum und hohen Teilkreisgeschwindigkeiten.

Die Frage, welches von den möglichen Aufbaunetzen vorteilhaft ist, führt auf die Optimierung von Stufengetrieben. Ziele einer Optimierung können sehr unterschiedlich sein. Die in Abb. 6.9 genannten können für den Einzelfall ergänzt werden. Für jedes Optimierungsziel lassen sich einige allgemeine Regeln angeben /STE58/.

Der *Bauaufwand* eines Getriebes läßt sich bereits beim Entwurf in den Stadien "Festlegen des Aufbaunetzes" und "Festlegen des Drehfrequenzbildes" anhand einiger Kriterien abschätzen. Dies sind die Zähnezahlsumme, die Anzahl der Radbreiten für das genannte Getriebe, die Summe der Achsabstände und die Zahl der Räder, Wellen und Schaltstellen.

Als erster grober Anhalt mag gelten: Die Herstellung eines Zahnes Modul 2.5 mm durch Fräsen erfordert eine durchschnittliche anteilige Maschinenbelegungszeit von 0,35 min, das Schleifen eines Zahnes erfordert ca. 1,2 min. Mit Hilfe der Maschinenzeitsätze lassen sich daraus die Fertigungskosten je Zahn ermitteln. Ob ein Zahnrad geschliffen werden muß, hängt wesentlich von der Geschwindigkeit ab, mit der es umläuft und von seiner Belastung, d.h. der Notwendigkeit es zu härten.

Für geringe Zähnezahlsummen und geringe Achsabstände ist die Nutzung von Rädern mit kleinster Zähnezahl (Kleinsträder) bestimmend (Regel 1). Als eine untere Grenze für Kleinsträder wird häufig Unterschnittfreiheit angegeben. Für eine 20°-Verzahnung läßt sich eine Zähnezahl von 17 errechnen, die noch unterschnittfrei herzustellen ist. Jedoch kann praktisch eine Unterschneidung bei 12 Zähnen noch hingenommen werden. Kleinere Zähnezahlen sind durch Profilverschiebungen zu erreichen. So laufen Ritzel mit 7 Zähnen bei entsprechender positiver Profilverschiebung noch ohne Funktionsmängel. Eine andere Frage ist, ob die Wellen für derart geringe Zähnezahlen noch ausreichend steif sind. Die Mindestzähnezahl für die auf die Welle eingeschnittenen Zahnräder beträgt erfahrungsgemäß 14. Mit flacher Paßfeder lassen sich Räder mit 16 Zähnen gerade noch auf Wellen aufsetzen. Für eine Wälzlagerung von Kleinsträdern mit Nadellagerungen liegt die Zähnezahl bei 20.

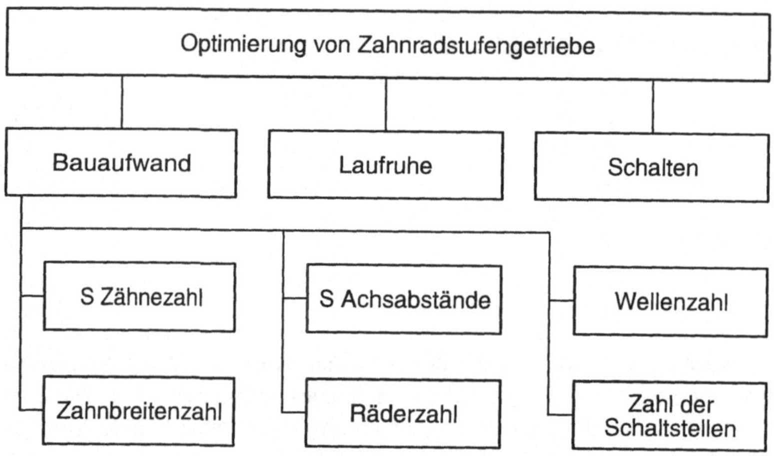

Abb. 6.9 Getriebeoptimierung, Kriterien

Ein wirkungsvolles Mittel, um den Bauaufwand durch Einsparen von Zahnrädern zu verringern, ist die Nutzung von "gebundenen Rädern". Abbildung 6.10 zeigt ein gebundenes Getriebe. Dabei werden ein oder zwei (doppelt gebundene Getriebe) Räder auf der Mittelwelle zwischen zwei Teilgetrieben für beide genutzt, d.h. es werden ein oder zwei Räder eingespart. Damit wird eine zusätzliche Festlegung für die Wahl der Zähnezahlen und den Entwurf des Getriebes eingegangen; jedoch braucht, wie Germar gezeigt hat /GER32/, auf die geometrische Stufung der Drehfrequenzen nicht verzichtet zu werden. Neben der Einsparung von Rädern steht auch die Verringerung von Verschiebeweg und damit Baubreite eines Getriebes im Vordergrund.

In Abb. 6.10 ist weiterhin ein Windungsgetriebe dargestellt. Es ist ein Ruppert-Getriebe, das aus zwei mit vertauschten Wellen ineinander gefügten Vorgelegegetrieben entstanden ist. Das Getriebe ist 4-stufig. Anders als beim Vorgelege sind An- und Abtriebswelle nicht koaxial. Das Windungsgetriebe ist nur zweiachsig, was gegenüber einem normalen Dreiwellengetriebe bauliche Vorteile bieten kann.

Die Wahl eines Aufbaunetzes aus den möglichen kann unter dem Kriterium Bauaufwand erfolgen. Die folgenden Regeln sind für Getriebe gültig, die im geometrischen Mittel ins Langsame treiben; d.h. die Eingangsdrehfrequenz liegt höher als die Bereichsmitte der Ausgangsdrehfrequenzen. Dann ist es zweckmäßig, die Drehfrequenzen im Getriebezug möglichst lange hoch zu halten und erst am Getriebeausgang stärker ins Langsame zu treiben. Dadurch wird erreicht, daß die Drehmomente erst gegen Ausgang zunehmen und im übrigen geringere Wellendurchmesser und damit geringere Kleinsträderzähnezahlen gewählt werden können. Dabei ist auch zu beachten, daß möglichst viele Räder in dem Teil des Getriebezuges angeordnet werden, wo höhere Drehfrequenzen auftreten. Daraus folgen diese Entwurfsregeln: Wenn in den Teilgetrieben unterschiedliche Stufenzahlen vorgesehen sind, sollen unter dem Kriterium "Bauaufwand" die größeren Stufenzahlen nahe der Antriebsseite angeordnet werden (Regel 2). Die großen Stufensprünge werden nahe der Abtriebsseite vorgesehen (Regel 3). Nach diesen Regeln ist also das Aufbaunetz D aus Abb. 6.8 das günstigste.

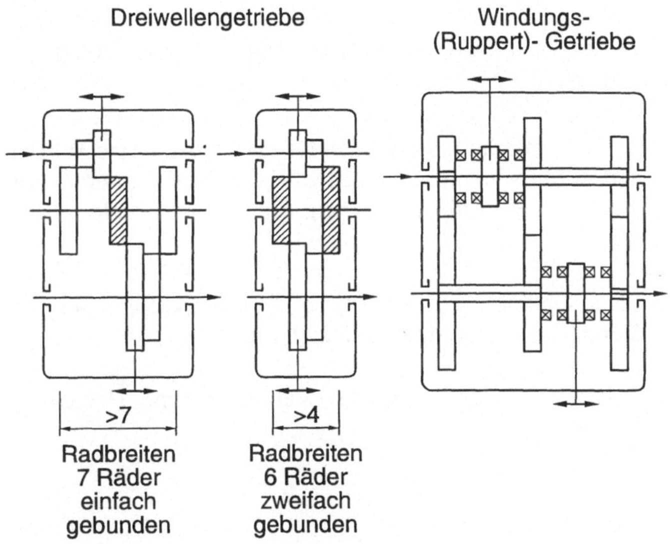

Abb. 6.10 Gebundene und Windungsgetriebe

Auch dem Entwurfsziel *Laufruhe* entspricht Regel 1 wie für den Bauaufwand, für die anderen Regeln kehren sich jedoch die Forderungen um. Da mit der Teilkreisgeschwindigkeit die emittierte Schalleistung im allgemeinen deutlich zunimmt, sind Möglichkeiten Kleinsträder zu verwenden, auch hier konsequent zu nutzen. Eine Verringerung der Zahl der Räder bzw. der Zahl der Zahneingriffe wirkt sich günstig aus. Das gleiche gilt für eine Verbesserung der Zahnqualität und für größere Zahnüberdeckungsgrade (Wahl des Moduls, Profilverschiebung, Schrägverzahnung). Im übrigen werden Teilkreisgeschwindigkeiten nach dem Antrieb so bald wie möglich abgesenkt und die größere Zahl der Radpaarungen in den Bereich mit niedriger Teilkreisgeschwindigkeit gelegt. Das bedeutet eine direkte Umkehrung der Regeln 2 und 3, die mit dem Ziel des geringsten Bauaufwandes aufgestellt waren.

Kriterien für das Optimierungsziel *leichtes Schalten* können sein: die Unterschiede in den Teilkreisgeschwindigkeiten der nacheinander zu schaltenden Radpaarungen, die Massenträgheitsmomente der beim Schalten zu beschleunigenden oder zu verzögernden Räder, die Zahl der Schaltungen und Schaltstellen beim Durchfahren eines Stufenbereiches. Hilfreich für leichtes Schalten sind danach geringe Teilkreisgeschwindigkeitsdifferenzen der Räder beim Schalten und möglichst wenige Doppel- und Mehrfachschaltungen beim Durchlaufen der Drehfrequenzstufen eines Bereiches. Schließlich gehört hierzu auch das sinnfällige Schalten der Stufen.

6.6 Schrifttum

/GER32/   Germar, R.: Die Getriebe für Normdrehzahlen; Dr.-Ing. Dissertation, TH Berlin 1932, Springer Verlag Berlin 1932

/KIE50/   Kienzle, O.: Normungszahlen; Springer Verlag Berlin, Göttingen, Heidelberg 1950

/LAN88/   Lange, K.: Umformtechnik: Handbuch für die Industrie und Wissenschaft, Band 2: Massivumformung, 2. völlig neubearb. u. erw. Auflage, Springer Verlag Berlin, Heidelberg, New York, London, Paris, Tokyo 1988

/STE58/   Stephan, E.: Optimale Stufengetriebe für Werkzeugmaschinen; Springer Verlag Berlin, Göttingen, Heidelberg 1958

/TÖN95/   Tönshoff, H.K.: Spanen; Springer Verlag Berlin, Heidelberg, New York 1995

6.7 Fragen zur Aufbereitung

6.01   Wie lassen sich Getriebe einteilen?

6.02   Was sind Mehrstufengetriebe und was Mehrwellengetriebe?

6.03   Vergleichen Sie die arithmetische und geometrische Drehfrequenzstufung.

6.04   Welche Grundtypen von Stufengetrieben sind Ihnen bekannt? Diskutieren Sie ihre Vor- und Nachteile.

6.05   Skizzieren Sie den Räderplan eines Getriebes, das aus einem 4-stufigen Schieberadgetriebe und einem Vorgelegegetriebe zusammengesetzt ist (nur Schema). Zeichnen Sie dazu das Aufbaunetz und das Drehfrequenzbild
$$(\text{Eingangswelle } n \quad = 1400 \text{ min}^{-1}$$
$$\text{Ausgangswelle } n_{max} = 1600 \text{ min}^{-1}$$
$$\text{Stufensprung} \quad \varphi_g \quad = 1{,}25)$$

6.06   Wieviel Aufbaunetze lassen sich für ein (geometrisch gestuftes) 12-stufiges 4-Wellen-Getriebe angeben?

6.07   Wieviel Aufbaunetze lassen sich für ein Getriebe anschreiben, dessen Teilgetriebe nach ihrer Stufenzahl festgelegt sind (nicht festgelegt sind Stufensprung und Anordnung)?

6.08   Nach welchen Kriterien können Stufengetriebe optimiert werden?

6.09   Welche Regeln für die Anordnung des Teilgetriebes mit der größten Stufenzahl und dem größten Stufensprung ergeben sich nach dem Kriterium "geringste Zähne-Zahlsumme"?

6.10   Welche Regeln gelten unter der Forderung nach größter Laufruhe?

6.11   Was ist ein Windungsgetriebe?

6.12   Warum werden gebundene Getriebe gebaut?

6.8 Übungsaufgabe

Für den Hauptantrieb einer Drehmaschine ist ein 12-stufiges 4-Wellen-Getriebe auszulegen. Folgende Daten sind bekannt:

- Abtriebsdrehfrequenzen : n $= 45 \dots 2000 \text{ min}^{-1}$
- Antriebsdrehfrequenz   : n_{mot} $= 1400 \text{ min}^{-1}$
- Grenzübersetzung   : $1/2 \leq i \leq 4$
- einheitlicher Stufensprung
- Modul   : m $= 3 \text{ mm}$
- Kleinsträder
  Wellen I, II, III   : z_{min} $= 16$
- Kleinstradwelle IV   : z_{min} $= 28$

Das Getriebe soll hinsichtlich Bauaufwand optimiert werden.

1. Entwerfen Sie das Aufbaunetz, das Drehfrequenzbild und den Räderplan des Getriebes.
2. Berechnen Sie den Achsabstand zwischen Welle III und Welle IV.

7 Elektrische Steuerungen

7.1 Einleitung

Steuerungen sind informationsverarbeitende Teilsysteme einer Werkzeugmaschine. Sie verknüpfen Eingangsvariablen und wandeln sie zu Ausgangsgrößen. Eingangsvariablen sind einmal von außen eingegebene Informationen wie Schaltimpulse über Tastschalter oder Koordinatendaten über Lochstreifen oder zum anderen Rückmeldungen aus der Maschine wie binäre Signale von Grenztastern oder Lagerückmeldungen von Wegmeßsystemen. Ausgangsgrößen dienen der Betätigung. von Antriebs- oder Stellgliedern bzw. der Informationsausgabe über Anzeigeelemente wie Leuchtdioden oder Bildschirme.

Steuerungen lassen sich nach verschiedenen Ordnungsgesichtspunkten gliedern, so nach dem *Leistungsniveau*. Steuerungen können leistungsführend sein, um neben der informatorischen noch die energetische Aufgabe eines Antriebs wahrzunehmen, oder können reine informationsverarbeitende Systeme sein. Leistungssteuerungen dienen der Ansteuerung und Energieversorgung von Motoren, die elektrische (oder auch hydraulische) in mechanische Energie umwandeln. Das in ihnen eingestellte Leistungsniveau richtet sich nach Antriebs- und Stellgliedern, die sie versorgen. Auch reine Informationssteuerungen setzen Leistung um, dies aber nur als Mittel zu dem Zweck, Informationen zu übertragen oder zu verarbeiten. Das Leistungsniveau wird dazu niedrig gehalten (z.B. 5 V, ...). Elektrische Steuerungen lassen sich nach dem *Schaltprinzip* einteilen in Kontaktsteuerungen und kontaktlose oder elektronische Steuerungen. Kontaktsteuerungen arbeiten mit magnetisch betätigten Schaltern wie Schützen und Relais. Kontaktlose Steuerungen verwenden Halbleiterbauelemente wie Dioden und Transistoren, um Schaltzustände zu realisieren. Nach beiden Schaltprinzipien lassen sich Werkzeugmaschinensteuerungen unterschiedlicher *Funktionsweise* aufbauen, nämlich Funktionssteuerungen und Programmsteuerungen. Programmsteuerungen enthalten einen oder mehrere Programmspeicher, in dem geometrische Informationen zur Herstellung eines Werkstücks enthalten sind. Funktionssteuerungen dagegen stellen Abläufe dar, die manuell z.B. durch Drucktaster oder von übergeordneten Programmsteuerungen gestartet werden. Sie enthalten keine Speicher für geometrische Informationen. Programm- und Funktionssteuerungen lassen sich hierarchisch miteinander verknüpfen (Abb. 7.1).

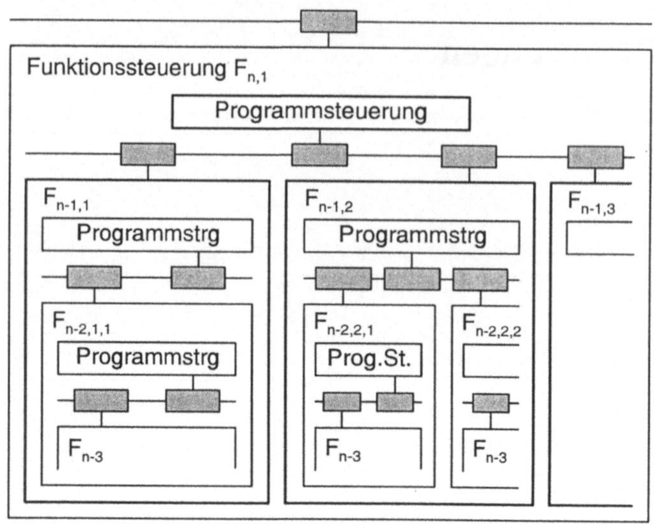

Abb. 7.1 Hierarchie von Funktions- und Programmsteuerungen /Quelle: G. Pritschow/

DIN 19237 (Steuerungstechnik) verwendet den Begriff "Verknüpfungssteuerung", die der Funktionssteuerung entspricht. In Funktionssteuerungen lassen sich vier Ebenen unterscheiden (Abb. 7.2).

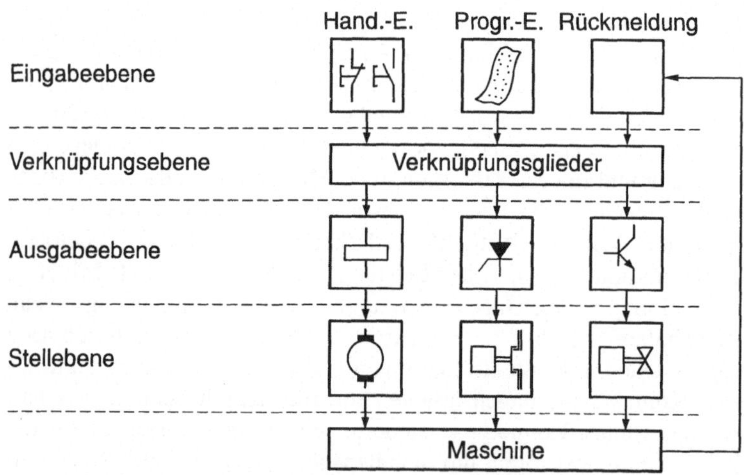

Abb. 7.2 Ebenenstruktur einer Funktionssteuerung /Quelle: G. Stute/

In der Eingabeebene werden Steuersignale manuell (Dekadenschalter, Drucktaster) von einer vorgelagerten Programmsteuerung oder von Sensoren aus der Maschine (z.B. Endtaster) eingegeben und an die Signalform zur nachfolgenden Verarbeitung angepaßt. In der Verknüpfungsebene werden die Eingabesignale über Grundfunktionsglieder wie

- Verknüpfungsglieder: UND; ODER; NICHT,
- Zeitglieder zur Signalverzögerung und
- Speicherglieder

zu Ausgabesignalen verarbeitet. Diese werden in der Ausgabeebene verstärkt (z.B. über Schütze, Leistungstransistoren, Thyristoren), womit in der Stellebene Stellelemente wie Motoren, magnetisch betätigte Kupplungen und Ventile betätigt werden.

Je nach *Ablaufgesetzmäßigkeit* lassen sich zeitgeführte und prozeßgeführte Programmsteuerungen unterscheiden. Zeitgeführte Programme werden z.B. in Kunststoffverarbeitungsmaschinen genutzt, wo Polymerisationsvorgänge zeitabhängig ablaufen. Die meisten Programmsteuerungen sind prozeßgeführt. Der Ablauf des Programms, d.h. das Weiterschalten eines Programmschrittes ist von Prozeßgrößen wie Wegen, Geschwindigkeiten oder Kräften abhängig.

Je nach *gerätetechnischer Ausführung* lassen sich Steuerungen nach Abb. 7.3 unterscheiden.

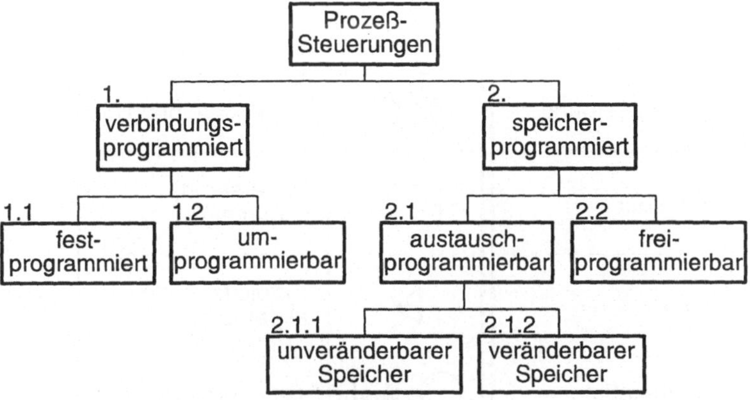

Abb. 7.3 Gliederung von Steuerungen nach DIN 19 237

Verbindungsprogrammierte Steuerungen (VPS) sind durch Drähte oder Leiterplatten realisiert. Die Verbindung der elektrischen Bauelemente durch die Verdrahtung stellt das steuerungsinterne Programm dar. Wenn die Bauelemente durch Löten oder Klemmen verbunden sind, ist die Steuerung festprogrammiert; wenn die Verbindungen zum Zwecke der Programmierung lösbar sind wie in Kreuzschienenverteilern oder Diodenmatrizen, spricht man von umprogrammierbarer VPS. In speicherprogrammierten Steuerungen (SPS) ist das interne Steuerungsprogramm über Software, über das Systemprogramm realisiert. SPS bestehen daher grundsätzlich aus Hard- und Software. Die Hardware ist damit weitgehend (bis auf Umfang und Peripherie) unabhängig von der Steuerungsaufgabe. SPS lassen sich weiter nach der Änderbarkeit des Programmspeichers in austauschprogrammierbare und freiprogrammierbare Steuerungen unterscheiden. Letztere haben einen Schreib-Lese-Speicher (RAM, random access memory), dessen Inhalt sich beliebig ändern läßt. In austauschprogrammierbaren Steuerungen muß dagegen der gesamte Speicherbaustein durch mechanischen Eingriff ausgetauscht werden; es werden Nur-Lese-Speicher (ROM, read only memory) verwendet. Diese lassen sich noch einmal gliedern in nach der Herstellung unveränderbare (PROM, programmable read only memory) oder mehrmals veränderbare Speicher (RPROM, reprogrammable read only memory).

7.2 Kontaktsteuerungen

Kontaktsteuerungen und VPS-Schaltelemente sind mechanisch und magnetisch betätigte Schalter, die bei Aktivierung (Betätigung) Kontakte schließen (Schließer) oder öffnen (Öffner). Symbole für Kontakte und ihre Betätigung sowie Antriebselemente, Sicherheitselemente und andere Bauelemente sind in Tabelle 7.1 dargestellt.

Tabelle 7.1   Schaltzeichen

Schalt-zeichen	Beschreibung	Schalt-zeichen	Beschreibung
	Schließer		Widerstand, allgemein
	Öffner		Halbleiterdiode, allgemein
	handbetätigte Schalter, allgemein		Transformator mit zwei Wicklungen
	Druckschalter (nicht rastend) Taster		Sicherung, allgemein
	Unterspannungs-relais		Öffner mit thermischer Betätigung
	Überstromrelais		Motor
	Schützspule, allgemein		Endschalter (Schließer) Betätigung durch Rolle

In Abb. 7.4 ist die Verwendung derartiger Elemente bzw. Symbole als ein vereinfachtes Beispiel für Antrieb und Steuerung eines Arbeitsspindelmotors dargestellt. Manuell betätigte Drucktaster sind am Bedienfeld angebracht. Ein Schütz mit drei

leistungsführenden Kontakten und einem Hilfskontakt und (nicht dargestellte)
Schutzvorrichtungen sind im Schaltschrank eingebaut. Der Magnetteil des Schützes
und die von ihm betätigten Kontakte sind in ihrer mechanischen Zugehörigkeit
direkt erkennbar.

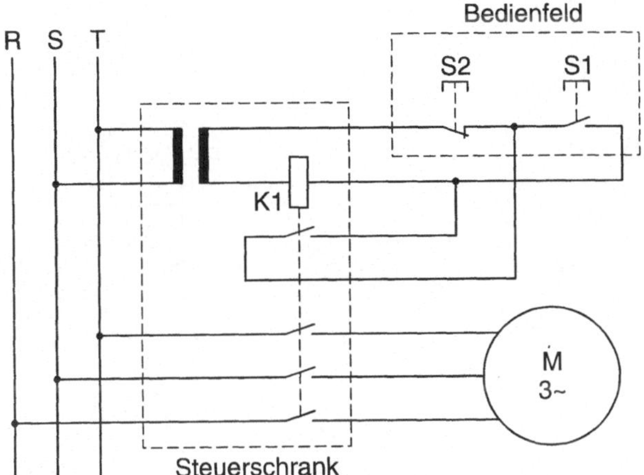

Abb. 7.4 Schaltplan für Antrieb und Steuerung eines Arbeitsspindelmotors (vereinfacht)

Schaltungsunterlagen werden entsprechend dem Zweck eingeteilt in:

- Schaltungsunterlagen zur Erläuterung der Verbindung und der räumlichen Lage
  von Betriebsmitteln. Zu dieser Kategorie von Schaltungsunterlagen gehören
  Verdrahtungspläne, Anschlußpläne, Verbindungspläne und Anordnungspläne.
  Sie dienen zum Fertigen, Errichten und Warten elektrischer Einrichtungen wie
  beispielsweise Schaltschränke.
- Schaltungsunterlagen zur Erläuterung der Arbeitsweise. Übersichtsschaltpläne,
  Ersatzschaltpläne und Stromlaufpläne gehören zu dieser Kategorie von Schaltungsunterlagen. Die räumliche Lage bzw. der tatsächliche Einbauort von Bauelementen ist in diesen Unterlagen nicht von Bedeutung.

In Stromlaufplänen wird die mechanische Zugehörigkeit von Kontakten zu Betäti-
gungsteilen nicht mehr durch die Lage, sondern durch gleiche alphanumerische Be-
zeichnung und durch Tabellen der Strompfadnummern, in denen die Kontakte liegen, an der betätigten Spule gekennzeichnet. Diese Darstellungsart vereinfacht besonders bei komplexen Steuerungen die Schaltpläne ganz wesentlich. Abbildung 7.5
zeigt den Stromlaufplan für den Spindelantrieb.

Grundsätzlich werden alle Elemente in Ruhestellung gezeichnet, d.h. ohne Betätigung oder Erregung der Magnete. Die in Abb. 7.5 dargestellte Steuerung enthält
außer den in Tabelle 7.1 dargestellten folgende Geräte: Über den Hauptschalter S_1
wird die ganze Anlage mit dem Drehstromnetz verbunden. Dieser Schalter ist
handbetätigt und kann den vollen Laststrom schalten.

F_2 ist ein kombinierter Not- und Schutzschalter, der zum Einschalten mechanisch
verriegelt werden muß. Als Motorschutzschalter verhindert er sowohl zu hohe An-
laufströme durch den schnellen Überstromauslöser als auch unzulässige Erwärmung

des Motors z.B. beim Blockieren durch den mit einer gewissen Verzögerung ansprechenden thermischen Auslöser.

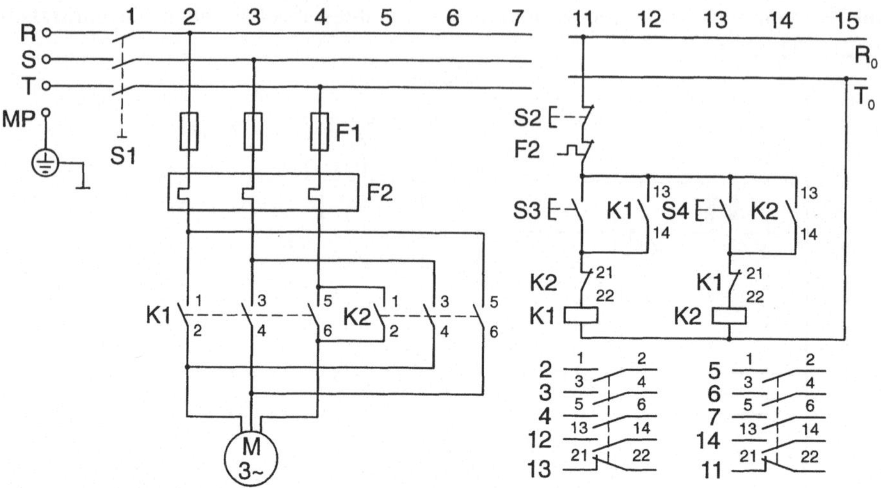

Abb. 7.5 Stromlaufplan eines reversierbaren Spindelantriebs

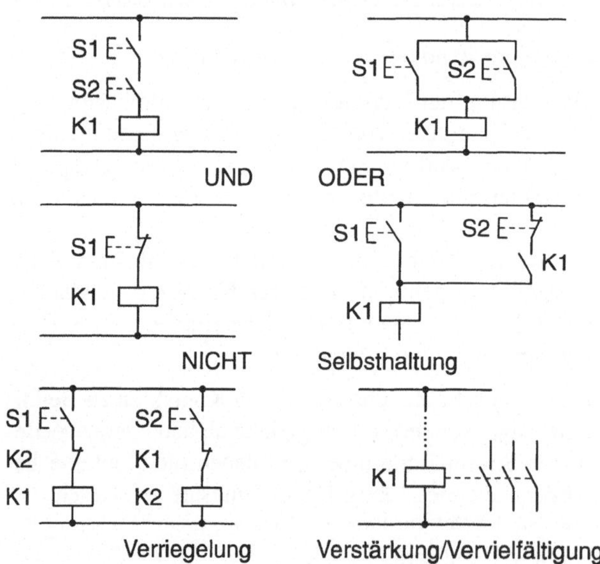

Abb. 7.6 Grundschaltung in Kontaktausführung

Die Elemente lassen sich zu Grundschaltungen verknüpfen, die die logischen Funktionen UND, ODER und NICHT enthalten. Die Grundschaltungen in Kontakttechnik sind in Abb. 7.6 dargestellt. Durch die Selbsthalteschaltung wird eine einfachste Form der Signalspeicherung erreicht, durch ein im Steuerkreis angesteuertes Schütz mit leistungsführenden Kontakten im Arbeitskreis eine Verstärkung und - über drei Phasen - eine Vervielfältigung. Aus den Grundschaltungen lassen sich beliebig komplexe Steuerungen aufbauen.

Sicherheitsbestimmungen dienen der Unfallvermeidung und der Erhöhung der Betriebssicherheit. Unfallsicherheit *muß*, Funktionssicherheit *soll* gegeben sein. Sicherheitsbestimmungen sind in den relevanten Normen und Richtlinien z.B. in VDE 0100 (Allgemeine Richtlinien) und VDE 0113 (Richtlinien für Werkzeugmaschinen) niedergelegt. Zu den unverzichtbaren Bestimmungen gehören:

- Hauptschalter zur Trennung vom Netz
- Steuertrafo zur galvanischen Trennung
- maximale Steuerspannung 220 V
- Überstrom-Auslösung
- getrennter Einbauraum für Steuerelemente
- Motore mindestens nach IP 44 (DIN 40 050) schützen

  Zu den Soll-Bestimmungen gehören:

- Notaus-Taster
- Unterspannungsschutz
- thermische Auslösung für Motore
- Begrenzungsendschalter

7.3 Elektronische Steuerungen

Schalter und Schütze haben Vorteile, wie hohes Schaltvermögen (d.h. Schalten hoher Ströme und Spannungen), elektrische Isolation von Steuerungs- und Arbeitsebene und die Möglichkeit, nahezu beliebig viele Kontakte auf einer Achse anzuordnen und gleichzeitig zu schalten. Nachteilig sind vor allem ihre relative Langsamkeit, große Bauform, der auftretende mechanische Verschleiß und die begrenzte Schaltsicherheit (Kontaktzuverlässigkeit), die bei der Vielzahl der Schaltaufgaben und Schaltspiele einer Werkzeugmaschinensteuerung bald eine entscheidende Rolle spielen kann. Vor allem ist die Komplexität einer Steuerung mit mechanischen Schaltelementen begrenzt.

Fast völlig verschleißfrei arbeiten dagegen elektronische Halbleiter-Schalter. Das einfachste elektronische Schaltelement ist die *Diode*, die nur eine ja/nein-Entscheidung zuläßt. Anders als beim mechanischen Schalter werden die Zustände - Strom/kein Strom - jedoch nicht durch mechanisches Schließen eines Kontaktes, sondern durch Änderung der Polarität (bzw. der Höhe) der anliegenden Spannung erzeugt. Eine Diode hat zwei Anschlüsse, von denen der eine als Anode, der andere als Kathode bezeichnet wird. Sie besteht aus einem Halbleitermaterial (z.B Silizium), in dem durch Einbringen von Fremdatomen, der sogenannten Dotierung, zwei elektrisch unterschiedliche, sich berührende Gebiete geschaffen werden.

Reines Silizium weist nur eine sehr geringe Leitfähigkeit auf. Werden in das Kristallgitter Atome eines Elementes der fünften Gruppe des Periodensystems, z.B. Arsen, eingebracht, so ergeben sich freie Elektronen, die zur Leitfähigkeit beitragen. Das Silizium ist dann N-dotiert. Werden Atome aus der dritten Gruppe eingebracht, z.B. Gallium, so ergeben sich Defektelektronen, sogenannte Löcher, die als positive Ladungsträger der P-Dotierung betrachtet werden können.

Abbildung 7.7 zeigt Aufbau und Wirkungsweise einer Diode, die aus einem P- und einem N-dotierten Gebiet aufgebaut ist. Je nach Polarität der angelegten Spannung entfernen sich die Ladungsträger von der Kontaktzone, der Sperrschicht, oder bewegen sich darauf zu und beeinflussen so die Leitfähigkeit der Diode. Um die Sperrschicht auch bei richtiger Polarität der Spannung überhaupt überwinden zu können, benötigen die Ladungsträger eine Mindestspannung, die bei Silizium ungefähr 0,7 V beträgt.

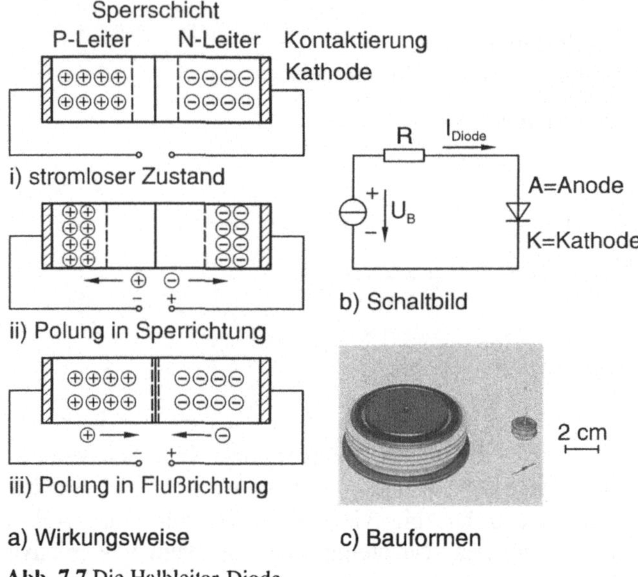

Abb. 7.7 Die Halbleiter-Diode

Im Gegensatz zu mechanischen Schaltelementen gibt es bei Dioden Einschränkungen hinsichtlich Strom- und Spannungsgrenzwerten. Zur Zeit liegen sie ungefähr bei 4 kV und 3 kA.

Die Diode ist wie ein mechanischer Schalter Steuer- und Schaltelement zugleich. Im Gegensatz dazu ist der *Transistor* wie ein Schütz ein Schaltleistungsverstärker.

In Abb. 7.8 sind Aufbau und Schaltbild eines NPN-Transistors dargestellt. Kollektor C und Emitter E bestehen aus N-dotiertem Silizium, die Basis B ist P-dotiert. Mit Hilfe der Spannung U_{BE} zwischen Basis und Emitter läßt sich der Stromfluß im Kollektor-Emitter-Kreis steuern. Wie bei der Diode muß die Steuerspannung höher als die Schwellspannung (Silizium 0,7 V) und positiv sein. Die Leistung im Arbeitskreis (Kollektor/Emitter) kann dabei einige 1000 mal größer sein als die im Steuerkreis (Basis/Emitter). Die Grenzwerte liegen heute bei etwa 1,2 kV Spannungsfestigkeit und 500 A Kollektorstrom. Wichtiger sind jedoch die maximale Schaltleistung, die im unteren Kilowattbereich liegt, sowie die zulässige Verlustleistung je Transistor, die selten höher als 200 W ist.

Transistor und Diode können jeweils nur einen mechanischen Kontakt ersetzen; bei mehreren gleichzeitig erforderlichen Schaltvorgängen müssen entsprechend viele Halbleiter parallel geschaltet werden.

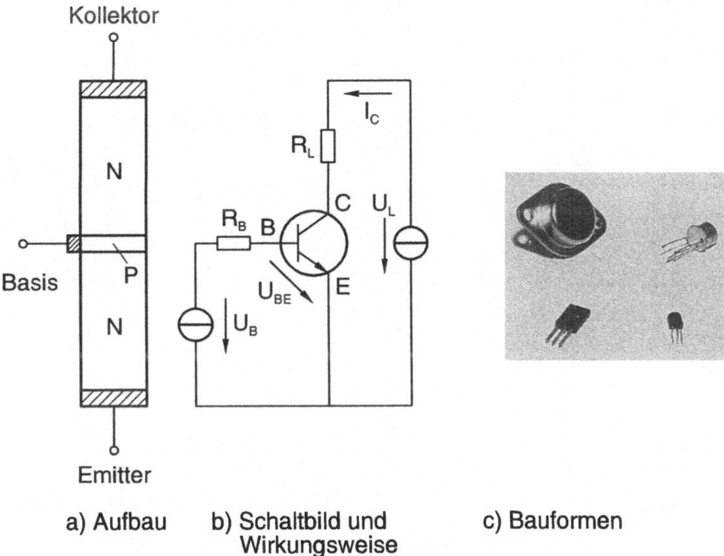

Abb. 7.8 Der NPN-Transistor

Die für Kontaktsteuerungen gezeigten Grundschaltungen lassen sich auch durch Halbleiterbauelemente verwirklichen, wie Abb. 7.9 und Abb. 7.10 zu entnehmen ist. Nur wenn in Abb. 7.9 oben an den Dioden D_1 und D_2 Spannungen anliegen, die die Durchlaßspannung U_D (für Silizium $U_D \approx 0{,}7$ V) übersteigen, kann an Q Spannung anliegen. Entsprechend muß für die ODER-Verknüpfung in Abb. 7.9 unten an Diode D_1 oder D_2 oder an beiden die Durchlaßspannung anliegen, um Spannung am Ausgang zu haben. Eine Negation läßt sich mit Dioden allein nicht schalten. In Abb. 7.10 oben kann Spannung am Ausgang nur anliegen, wenn beide Transistoren Tr1 und Tr2 leitend sind. Die ODER- und NICHT-Verknüpfung sind entsprechend aufgebaut.

Transistoren sind relativ langsame Schaltelemente und haben recht hohe Schalt- und Durchlaßverluste. Zudem muß zum Schalten von Wechselstrom erheblicher Aufwand getrieben werden. In solchen Fällen setzt man, wo möglich, Thyristoren oder Triacs ein.

Thyristor und *Triac* kann man als weiterentwickelte Dioden betrachten, die trotz "richtiger" Polarität der anliegenden Anoden-Kathoden-Spannung U_{AK} (Abb. 7.12 und Abb. 7.11) bzw. U_{A2A1} so lange sperren, bis am dritten Anschluß, dem Gate-Anschluß G, eine positive Spannung U_{GK} bzw. U_{GA1} anliegt und ein positiver Gatestrom I_G von etwa 2 ... 50 mA fließt. Der Stromfluß über die Anoden-Katho-den-Strecke kann also durch den Gateanschluß gesteuert werden. Nach dem "Zünden" bleibt ein Thyristor so lange im leitenden Zustand, bis der Strom I_L zu null wird oder die Spannung U_{AK} ihre Polarität umkehrt. Damit ist ein Thyristor zum Schalten von Wechselstrom prädestiniert, für Gleichstrom jedoch nur bedingt geeignet.

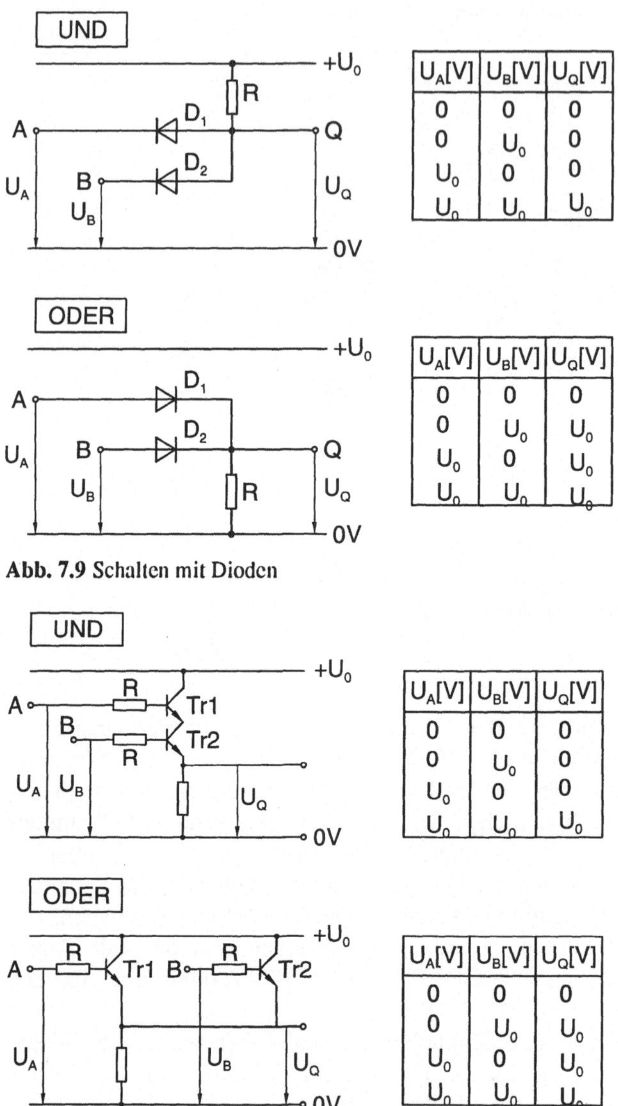

Abb. 7.9 Schalten mit Dioden

Abb. 7.10 Schalten mit Transistoren

Abbildung 7.11 zeigt aber auch den Nachteil eines Thyristors: Trotz des vorhandenen Gate-Stroms kann nur eine Halbwelle des sinusförmigen Wechselstroms ausgenutzt werden. In einem Triac wurde dies durch Anordnen zweier "umgekehrt" oder antiparallel angeordneter Thyristoren auf einem Chip mit gemeinsamem Gate-Anschluß umgangen. Dort ist Stromfluß in beiden Richtungen möglich. Ein Triac "löscht" jeweils beim Nulldurchgang des Stromes I_L.

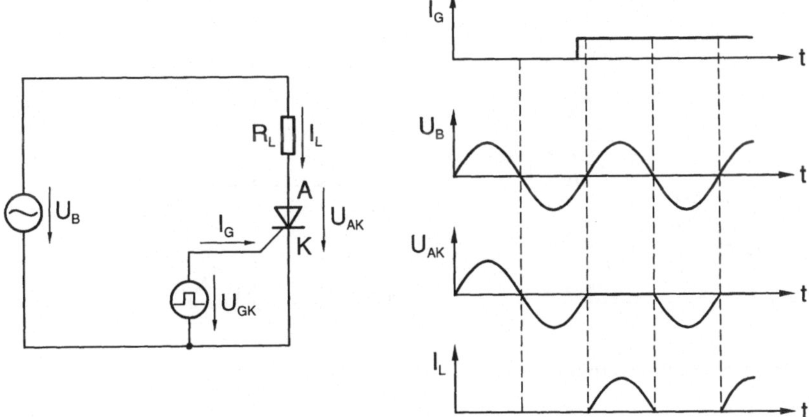

Abb. 7.11 Thyristor - gesteuerte Halbleiterventile

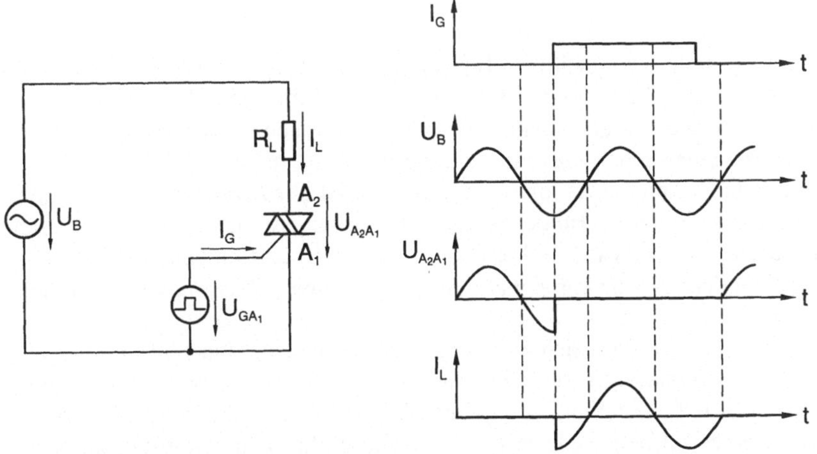

Abb. 7.12 Triac - gesteuerte Halbleiterventile

Während mit Thyristoren Spannungen bis zu einigen Kilowatt und Ströme bis in den kA-Bereich geschaltet werden können, so daß sich Schaltleistungen bis zu einigen hundert Kilowatt ergeben, sind Triacs bezüglich Strom, Spannung und Leistung auf das Gebiet unter 1000 V, 200 A und wenige Kilowatt beschränkt.

Als einfache Möglichkeit der Motordrehfrequenzsteuerung mit einem Triac ist die Phasenanschnittschaltung in Abb. 7.13 skizziert. Über eine geeignete Erzeugung der Gate-Spannung U_{GA1} wird erreicht, daß nur während eines Teils einer Sinushalbwelle Strom durch den Motor fließt. Je nach Größe des Zünd- oder Phasenanschnittswinkels α, abhängig von R_1 und C_1, wird dem Verbraucher mehr oder weniger Energie zugeführt, so daß die Drehfrequenz stufenlos gesteuert werden kann.

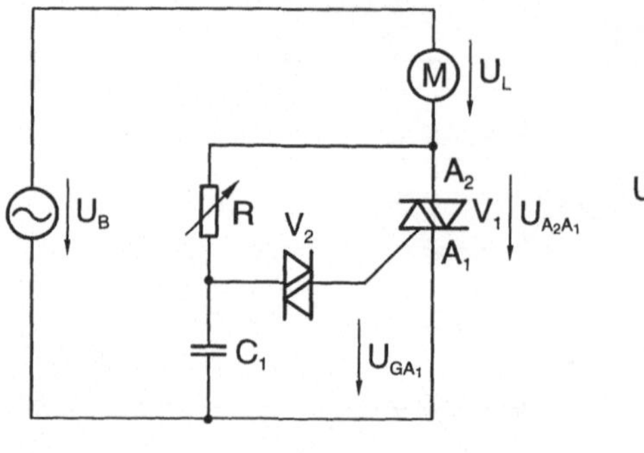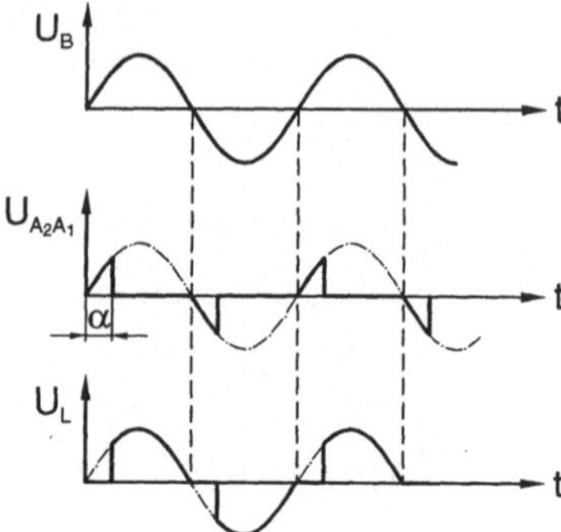

Abb. 7.13 Phasenanschnittsteuerung

7.4 Logische Funktionen

Die Zuordnung einer oder mehrerer Eingangsvariablen x_i zu einer oder mehreren Ausgangsvariablen y_i heißt logische Funktion. Die Ein- und Ausgangsvariablen können die Werte 0 und 1 annehmen. Logische Funktionen können unabhängig von der Realisierung einer Schaltung eine Verknüpfung beschreiben.

Das einfachste Beispiel einer logischen Funktion ist der *Invertierer* (Nicht-Funktion). Er besitzt lediglich ein Eingangs- und ein Ausgangssignal. Liegt eine logische 1 am Eingang an, wird diese am Ausgang zu logisch 0 und umgekehrt. Die Auflistung der möglichen Eingangssignale mit zugehörigen Ausgangssignalen heißt Wahrheitstabelle.

Ein solcher Invertierer läßt sich z. B. mit Relais aufbauen. Hier und im folgenden soll dazu die Vereinbarung gelten: Ruhestellung des Relais (Arbeitskontakt geöffnet) = logisch 0; Arbeitsstellung des Relais (Arbeitskontakt geschlossen) = logisch 1. Mit Hilfe 'eines Öffners ließe sich schon eine einfache Invertierung aufbauen. Hierbei sei "Öffner nicht betätigt" : logisch 0, "Öffner betätigt" : logisch 1. Eingangsvariable ist hier der Zustand des Tasters, Ausgangssignal der des Relais (s. Abb. 7.7).

Eine als elektronische Schaltung realisierte logische Funktion wird durch Symbole dargestellt. Die oft in Schaltplänen verwendeten Zeichen zeigt Abb. 7.14.

Prinzipiell kann man die Verknüpfung aus diskreten Bauelementen, d.h. aus einzelnen Transistoren und Widerständen aufbauen. Um den Bauaufwand entscheidend zu verringern, wurden integrierte Schaltungen (IC - Integrated Circuit) entwickelt, die alle Bauelemente auf einem (Silizium-) Kristall enthalten und nur noch Ein- und Ausgangskontakte haben. Je nach verwendeten internen Bauteilen, Herstellungsmethoden und Anwendungsbereichen haben sich inzwischen mehrere Schaltkreis- (Logik-) familien ergeben. Die wichtigsten sind

RTL, DTL	:	Widerstands- bzw. Dioden-Transistor-Logik; veraltet
TTL + Derivate	:	Transistor-Transistor-Logik; weltweit genormt,

		am meisten verbreitet, relativ schnell, sehr billig aufgrund hoher Stückzahlen
ECL	:	Emitter-coupled-Logic; sehr schnell, hohe Verlustleistung, sehr teuer
CMOS	:	Komplementär-Metalloxid-Silizium-Logik; international genormt, verhältnismäßig langsam und teuer, störungsempfindlich, sehr geringer Leistungsverbrauch, Einsatztendenz wachsend.

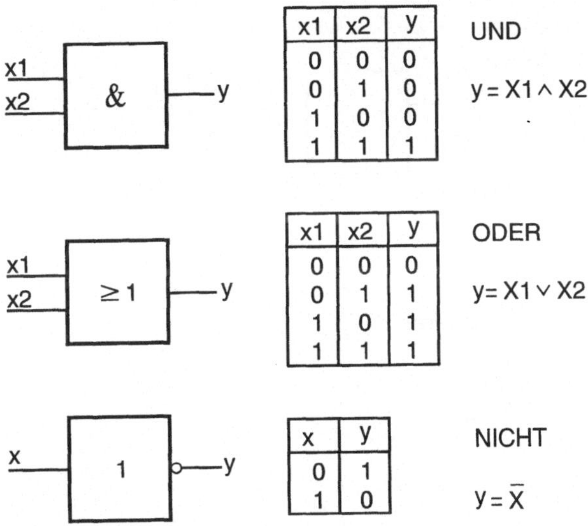

x1	x2	y
0	0	0
0	1	0
1	0	0
1	1	1

x1	x2	y
0	0	0
0	1	1
1	0	1
1	1	1

x	y
0	1
1	0

Abb. 7.14 Logische Funktionen und Schaltzeichen

Eine einfache logische Funktion mit mehreren Eingängen ist die ODER-Funktion. Ihr Ausgang ist dann logisch 1, wenn mindestens ein Eingang den Wert logisch 1 annimmt. Ihre Wahrheitstabelle und das Schaltzeichen zeigt Abb. 7.14.

Die Zusammenfassung eines ODER- und eines NICHT-Bausteins wird NOR-Baustein (NICHT-ODER) genannt. Die Wahrheitstabelle und das Schaltzeichen eines solchen Bausteins zeigt Abb. 7.15.

Eine weitere Funktion ist die UND-Funktion. Ihr Ausgang ist dann logisch 1, wenn alle Eingänge logisch 1 sind. Die Wahrheitstabelle und das Schaltzeichen zeigt Abb. 7.14.

Wird ein UND-Gatter und ein Invertierer hintereinandergeschaltet, ergibt sich ein NAND-Baustein mit einer Wahrheitstabelle nach Abb. 7.15.

Die vorgestellten Funktionen haben gemein, daß der Zustand ihres Ausgangs nur von den tatsächlich anliegenden Eingangssignalen abhängt. Welchen Zustand die Eingänge zu einem beliebigen, in der Vergangenheit liegenden Zeitpunkt hatten, ist ohne Bedeutung. Schaltungen, die aus Bauelementen ohne Gedächtnis aufgebaut sind, heißen Schaltnetze. Andernfalls handelt es sich um ein Schaltwerk, das sind also Speicher. Für Schaltnetze gilt der Darstellungssatz der Schaltalgebra:

Mit n Variablen und den Operationen NOR oder NAND kann jede beliebige Schaltfunktion eines Schaltnetzes realisiert werden.

Ein NAND- und ein NOR-Gatter kann z.B. auch als Invertierer benutzt werden. Außerdem ist es, wie in Abb. 7.16 angegeben, möglich, eine NOR-Funktion mit NAND-Gattern zu realisieren und umgekehrt.

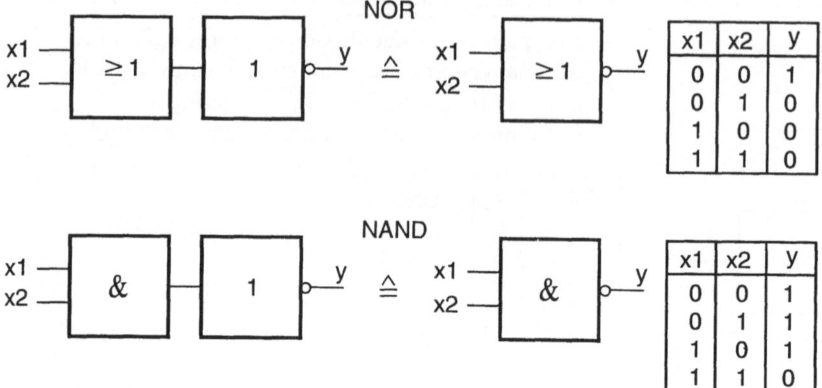

x1	x2	y
0	0	1
0	1	0
1	0	0
1	1	0

x1	x2	y
0	0	1
0	1	1
1	0	1
1	1	0

Abb. 7.15 NOR- und NAND-Gitter

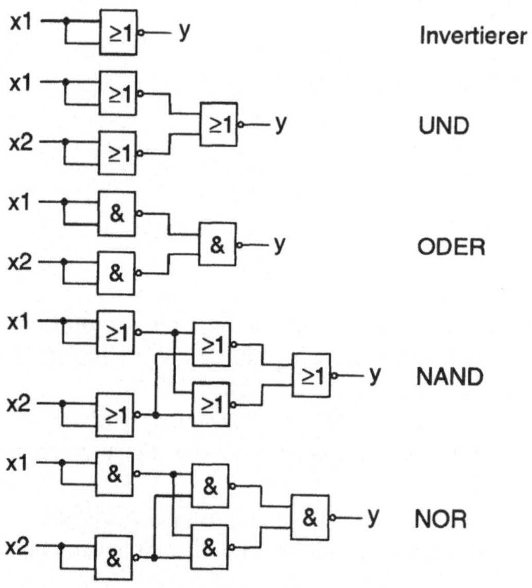

Abb. 7.16 Schaltnetze aus NOR- und NAND-Gattern

In vielen Anwendungen werden Bauelemente benötigt, die einen Zustand speichern. Eine solche Speicherung leistet die Selbsthaltung (s. auch Abb. 7.6). Abbildung 7.17 zeigt die Selbsthaltung in Kontaktausführung und ihre Wahrheitstabelle.

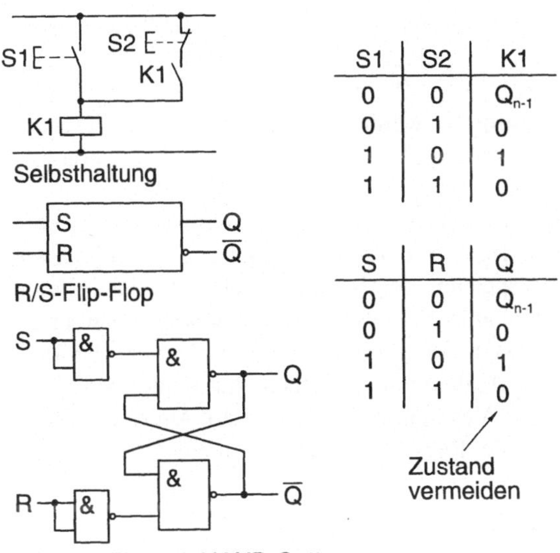

S1	S2	K1
0	0	Q_{n-1}
0	1	0
1	0	1
1	1	0

S	R	Q
0	0	Q_{n-1}
0	1	0
1	0	1
1	1	0

Abb. 7.17 Schaltungen zur Speicherung eines Zustandes

Wird der Taster S1 betätigt, zieht das Relais K1 an, und der Kontakt K1 wird geschlossen. Das Relais bleibt in diesem Zustand, auch wenn der Taster S1 nicht mehr geschlossen ist. Die Tatsache, daß S1 gedrückt wurde, ist also im Relais K1 gespeichert. Erst die Betätigung des Tasters S2 bringt es wieder in Ruhestellung. Wird hier wieder die Betätigung der Taster S1 und S2 mit Zustand logisch 1 bezeichnet, ergibt sich die nebenstehende Wahrheitstabelle. Gilt S2 = S1 = 0, wird der Zustand, in dem das Relais nach dem letzten Umschalten war (hier durch Q_{n-1} bezeichnet), beibehalten. Der Taster S1 könnte auch als Setzmöglichkeit, der Taster S2 als Rücksetzmöglichkeit bezeichnet werden.

Eine der Selbsthaltung ähnliche elektronische Schaltung ist das R/S-Flip-Flop (R/S steht für Reset/Set). Das Schaltzeichen und die Wahrheitstabelle sind ebenfalls in Abb. 7.17 enthalten. Die Realisierung eines R/S-Flip-Flop mit NAND-Gattern ist in Abb. 7.17 unten dargestellt. Der Wahrheitstabelle ist zu entnehmen, daß der Eingang S als Setzeingang und der Eingang R als Rücksetzeingang wirkt. Wird R = S = 1 gesetzt, bleibt das Ausgangssignal Q nur so lange bestehen wie die Eingangssignale anliegen. Daher sollte dieser Zustand nicht auftauchen. Neben dem angesprochenen Flip-Flop gibt es andere Versionen von Netzwerken.

7.5 Speicherprogrammierte Steuerungen

Steuerungsaufgaben wurden bisher gelöst, indem Schütze, Relais oder elektronische Bauelemente abhängig von der Aufgabenstellung so verdrahtet wurden, daß die gewünschte Funktion erfüllt wurde. Man spricht deshalb bei Schützen- und Relaissteuerungen sowie bei elektronischen Steuerungen, die aus einzelnen Baugruppen zusammengebaut werden, von verbindungsprogrammierten Steuerungen. Die Funktion ist durch die Verdrahtung festgelegt.

Bei speicherprogrammierten Steuerungen (SPS, PC = programmable controller oder PLC = programmable logic controller) werden dagegen serienmäßige Standardgeräte verwendet. Die gewünschten Funktionen werden durch Programme verwirklicht, die in Speicher eingegeben werden.

Ein speicherprogrammierbares System besteht aus einer Standardsteuerung, dem Programmiergerät und der dazugehörigen Programmiersprache. Die zu lösende Steuerungsaufgabe ist im Programmspeicher der Steuerung als Anweisungsfolge enthalten. Das Steuerwerk liest nacheinander die gespeicherten Anweisungen, interpretiert deren Inhalt und sorgt für dessen Ausführung. Der Sprachvorrat der Programmiersprache stellt Elemente zum Aufbau von logischen Verknüpfungen, Zeitgliedern, Merkern (Speicher) u.a. zur Verfügung. Bei größeren Anlagen können auch arithmetische Funktionen, digitale Regelkreise und Meldetexte verarbeitet werden.

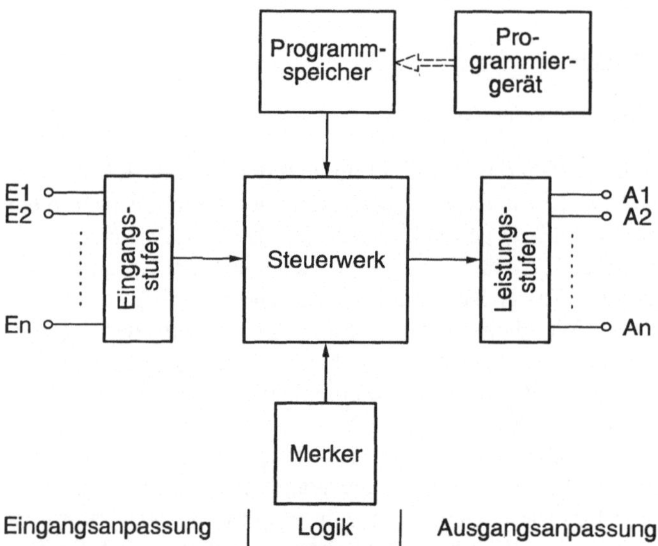

Abb. 7.18 Struktur einer frei programmierbaren Steuerung

Abbildung 7.18 zeigt die wichtigsten Elemente einer solchen Steuerung. Die Eingangsanpassung sorgt für die Verstärkung von zu kleinen bzw. die Dämpfung von zu großen Eingangssignalen, die von Endschaltern, Bedienungselementen, Impulsgebern usw. kommen können, und führt ggf. einen Potentialausgleich durch. Im logischen Teil werden die erforderlichen Verknüpfungen vorgenommen. Die Ausgangsanpassung stellt genügend Leistung für die angeschlossenen Stellelemente wie z.B. Motoren, Kupplungen, Magnetventilen zur Verfügung.

Das Programm wird zyklisch mit hoher Geschwindigkeit abgearbeitet, so daß für den Benutzer ein scheinbar statisches Verhalten der Steuerung vorhanden ist. Der Programmspeicher, der meist mit Halbleiter-Speicherbauelementen ausgestattet ist, wird während der Phase der Programmerstellung mit Hilfe eines Programmiergerätes mit Befehlen aufgefüllt. Während des Betriebs wird das Programmiergerät nicht benötigt und kann daher meist entfernt werden. Durch den Einsatz von Pufferbatterien oder die Verwendung von speziellen, programmierbaren integrierten Schaltungen (erasable programmable read only memory, EPROM) wird sichergestellt, daß das gespeicherte Programm auch bei Stromausfall nicht verloren geht. Im Gegensatz zu Prozeßdatenverarbeitungsanlagen sind die verwendeten Programmiersprachen speziell auf die Belange abgestimmt, die bei Maschinensteuerungen vorkommen. Abbildung 7.19 zeigt ein Programmbeispiel für eine ANTIVALENZ-Funktion in der Programmiersprache STEP 5.

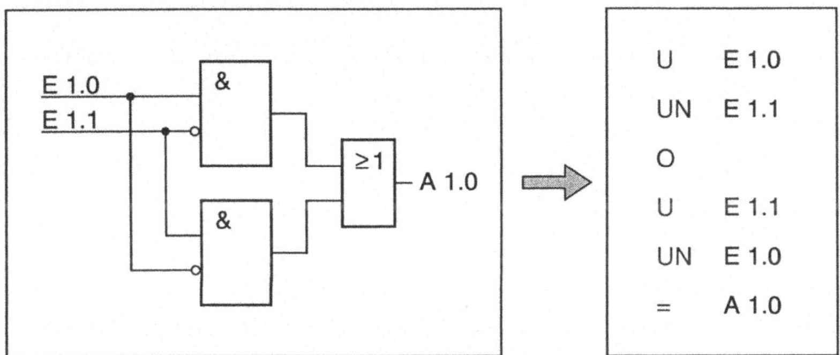

Abb. 7.19 Programmierung einer Antivalenz-Funktion

Typische Kennzeichen von marktüblichen Geräten sind:

- mehrere hundert Ein- und Ausgänge anschließbar
- Ausführzeit eines Programmzyklus im Millisekundenbereich
- Programmspeicher für mehrere hundert bis tausend Programmschritte

Die Vorteile einer SPS kommen besonders zum Tragen, wenn die Steuerungsaufgaben sowohl im Umfang als auch in der Verarbeitungstiefe eine gewisse Größe erreicht hat. Dabei sind zu nennen:

- leichte Änderung der Funktionen durch Programmodifikation
- Verwendung von standardisierten Bausteinen
- automatische Programmdokumentation
- leichte Integration von Diagnosefunktionen durch zusätzliche Software

Demgegenüber stehen als Nachteile:

- erforderliche Ausbildung des Personals
- Reaktionszeit durch zyklische Programmbearbeitung
- schwierige Fehlersuche bei Anwendung konventioneller Meßgeräte
- höherer Preis

7.6 Schrifttum

/NN/   N.N.: DIN 40713

/NN/   N.N.: DIN 40719

/NN/   N.N.: DIN 40900

/NN/   N.N.: DIN 19237

/WEC89/   Weck, M.: Werkzeugmaschinen. Band 3; VDI-Verlag Düsseldorf
            1989

7.7 Fragen zur Aufbereitung

7.01   Nach welchen Ordnungsgesichtspunkten lassen sich Steuerungen einteilen?

7.02   Wie lassen sich elektrische und elektronische Steuerungen gliedern?

7.03   Was sind Kontakt- und kontaktlose Steuerungen?

7.04   Aus welchen Elementen lassen sich Kontaktsteuerungen aufbauen?

7.05   Nach welchen Kriterien werden Schaltungsunterlagen grundsätzlich unter-
        schieden?

7.06   Skizzieren Sie Grundschaltungen.

7.07   Geben Sie Muß- und Soll-Sicherheitsbestimmungen für elektrische Steue-
        rungen an.

7.08   Wie unterscheiden sich Funktions- von Programmsteuerungen?

7.09   Nennen Sie Äquivalenzbeziehungen der Physik und Informationstechnik.

7.10   Welche 4 Darstellungsmittel nutzt die Schaltalgebra?

7.11   Was sagt der Darstellungssatz der Schaltalgebra?

7.12   Wie lassen sich die disjunktive und konjunktive Normalform aus einer Wer-
        tetabelle ableiten?

7.13   Geben Sie einige Rechenregeln der Schaltalgebra an.

7.14   Welche Vorteile bieten kontaktlose gegenüber Kontaktsteuerungen?

7.15   Erläutern Sie die Physik von Dioden und Transistoren.

7.16   Schalten Sie Dioden und Transistoren zu Konjunktion und Disjunktion zusammen.

7.17   Wie unterscheiden sich verbindungs- und speicherprogrammierte Steuerungen?

7.18   Wie sind SPS aufgebaut?

7.19   Welche Anweisungen kann das Programm einer SPS enthalten?

7.20   Welche Programmierarten lassen sich für SPS einsetzen?

7.21   Nennen Sie Vor- und Nachteile von SPS.

7.22   Vergleichen Sie qualitativ die Herstellkosten für Relais- und SPS-Steuerungen in Abhängigkeit von der Komplexität.

7.8 Aufgaben

Der Tisch einer Fräsmaschine soll in X-Richtung gesteuert werden. Dazu steht ein zweistufiges Schaltgetriebe (Elektromagnetische Kupplungen) zur Verfügung. Als Antrieb dient ein Drehstrommotor, dessen Drehsinn durch Phasenschaltung gesteuert wird.

Taster S0 - Stop
Taster S1 - Eilgang vor (+X) (nur Tippbetrieb)
Taster S2 - Arbeitsgang vor (mit Selbsthaltung)
Taster S3 - Eilgang rück (-X) (nur Tippbereich)
Taster S4 - Arbeitsgang rück (mit Selbsthaltung)

Kupplung Y1 schaltet die Eilbewegung, Kupplung Y2 schaltet die Arbeitsbewegung. Die Schaltung ist so auszulegen, daß das gleichzeitige Arbeiten von Y1 und Y2 ausgeschlossen ist.

8 Numerische Steuerungen

8.1 Einführung, Geschichtliches

Numerische Steuerung bedeutet, daß die zum Betreiben von Werkzeugmaschinen notwendigen Informationen (Arbeitsinformationen) in Ziffern und Zeichen kodiert sind. So ist evident, daß die Entwicklung der NC-Technik (NC: numerical control) eng mit der der elektronischen Rechenanlage verbunden ist. Das gilt für die anfängliche Entwicklung und in starkem Maße auch für den gegenwärtigen Stand.

Bereits in der ersten Hälfte dieses Jahrhunderts gab es automatisierte Werkzeugmaschinen, in denen Schaltinformationen wie Spindeldrehzahlen, Vorschubgeschwindigkeiten und -richtungen durch Zahlenangaben gespeichert werden konnten. Kreuzschienenverteiler an nockenbahngesteuerten Fräsmaschinen oder Nachformdrehmaschinen waren dafür Beispiele (Abb.1.9, oben). Die gespeicherten Daten enthielten aber nur Schaltinformationen. Von einer numerischen Steuerung konnte man erst sprechen, als auch die Geometrie- oder Weginformationen durch Ziffern und Zeichen kodiert wurden (Abb. 1.9, unten). Eine solche Steuerung wurde von dem Amerikaner John T. Parson angeregt und mit Gruppen aus dem Servomechanism Laboratory und dem Computer Application Laboratory des Massachusetts Institute of Technology (MIT) in Cambridge bei Boston, USA entwickelt. Parson erhielt 1949 von der US Air Force den Auftrag, eine digital gesteuerte Fräsmaschine zu konstruieren und zu bauen, auf der Integralstrukturbauteile eines neuen Hochgeschwindigkeitsflugzeugs gefertigt werden konnten. Mitte 1951 konnte eine in drei Achsen *bahngesteuerte* Fräsmaschine vorgeführt werden /SPU91/.

Das Wesentliche dieser Entwicklung von Parson und Wissenschaftlern des MIT bestand in der Bahnsteuerung und der damit in die Maschine integrierten Rechentechnik, denn auch vorher hatte es in den USA Maschinen gegeben, die z.B. als Koordinatenbohrmaschinen Positionen aufgrund von Koordinatenangaben anfahren konnten. Die erste Entwicklung dieser Art in Deutschland betrieb die Firma Max Müller in Hannover, die Anfang der 50er Jahre mit ihrer ELTROPILOT-Steuerung eine numerische Koordinateneingabe über eine Klinkenfeldsteuerung für eine Drehmaschine baute und 1957 auf der Werkzeugmaschinenausstellung in Hannover vorstellte.

Bereits der Beginn der NC-Technik mit der Bahnsteuerung einer 3-Achsen-Fräs-maschine ist eng mit der Entwicklung der Digitalrechner verbunden: John von Neumann hatte mit seinen Mitarbeitern 1946 vorgeschlagen, ein als Information ge-speichertes Programm zur *Steuerung* einer Rechenmaschine zu verwenden (Abb. 8.1) /GAN81/. Mit diesem Vorschlag, der eine wesentliche Grundlage der maschinellen Informationsverarbeitung darstellt, war die Äquivalenz von Informa-tion und Steuerung postuliert. Karl Ganzhorn reiht diese Betrachtungsweise in die Folge von Äquivalenzen ein, die die Naturwissenschaften und die Technik entschei-dend beeinflußten: die Äquivalenz zwischen Wärme und Energie von Robert Mayer 1842, die Äquivalenz zwischen Entropie eines Systems und der sie beschreibenden Information von Ludwig Boltzmann 1877 und schließlich die Äquivalenz zwischen Masse und Energie von Einstein 1905, die die Grundlage der Atomenergietechnik bildet.

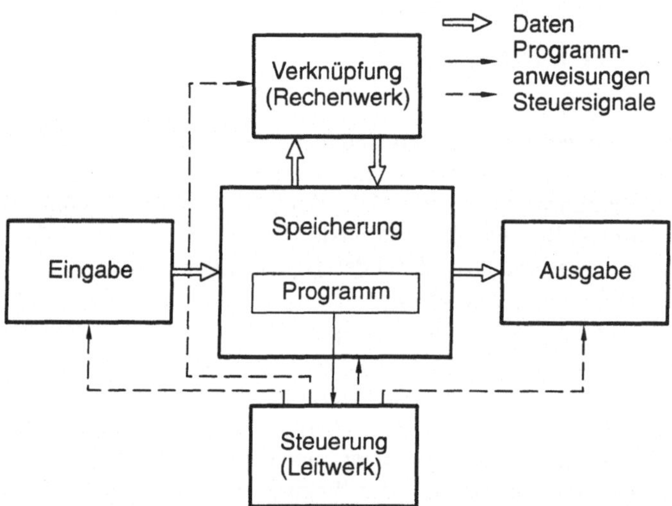

Abb. 8.1 Datenverarbeitungsanlage mit gespeichertem Programm /Quelle: K. Ganzhorn/

Die Äquivalenz zwischen Information und Steuerung, der Steuerung einer Ma-schine, der Verarbeitung von Informationen über die Zustände der Maschine und die Beeinflussung von Informationsströmen von außen und aus dem Maschinen-system selbst heraus liegt als Basisidee der numerischen Steuerung zugrunde. Dar-aus folgt, daß die Vorteile, die man ursprünglich mit der NC-Technik verbunden sah,

- die umfassende Automatisierung einer Werkzeugmaschine und
- die Flexibilität des Informationsaustausches, die mit der digitalen Speicherung verbunden war,

bei weitem in ihrer Bedeutung überragt wurden durch

- die Integrationsfähigkeit des Prinzips der numerischen Steuerung. Diese Integra-tionsfähigkeit besteht nach außen, d.h. in übergeordnete und gekoppelte Infor-mationsverarbeitungssysteme wie die rechnerunterstützte Konstruktion (CAD) und die rechnerunterstützte Teileprogrammierung, wie auch nach innen zur Integration von Grenz- und Optimierregelkreisen und neuerdings von geometrischen und technologischen Programmierbausteinen innerhalb *offener Steuerungen*. Diese Integrationsfähigkeit der numerischen Steuerung ist auch die Grundlage für ihre folgenreiche Weiterentwicklung nach dem Prinzip der Speicherprogrammierung.

So lassen sich seit dem Bau der ersten numerischen Steuerung verschiedene Entwicklungsstufen (Generationen) unterscheiden:

1. Generation: Aufbau der NC-Steuerung in Relaistechnik als Kontaktsteuerung
2. Generation: Aufbau mit diskreten Halbleiterbauelementen (Transistoren und Dioden)
3. Generation: Aufbau als mikroelektronische Steuerung mit integrierten Schaltkreisen und Verbindungsprogrammierung
4. Generation: Ausführung als speicherprogrammierte Steuerung

In der Übergangszeit von der 3. zur 4. Generation wurde zur Unterscheidung der Begriff CNC, also computerized numerical control, geprägt. Heute werden alle NC-Steuerungen mit Speicherprogrammierung gebaut, so daß eine Differenzierung nicht mehr erforderlich ist.

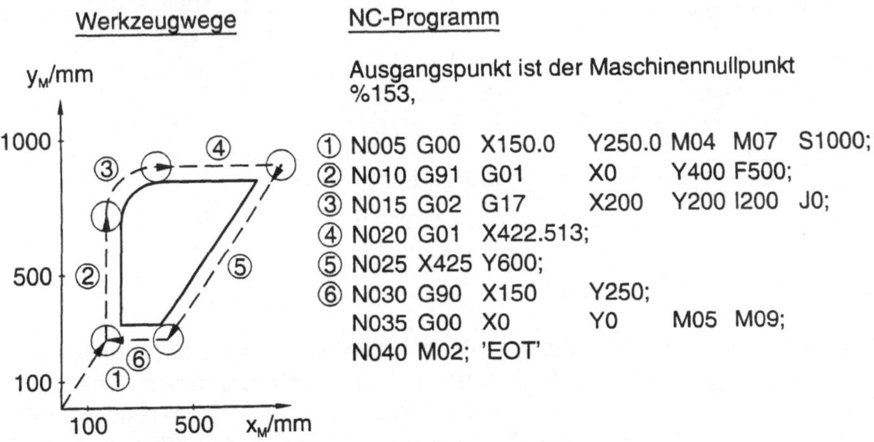

Abb. 8.2 Beispiel für ein NC-Programm /Quelle: G. Pritschow/

Abbildung 8.2 stellt ein Beispiel für die Teileprogrammierung einer Fräsbearbeitung nach DIN 66025, Blatt 1 bis 4 dar. Das Zeichen % steht für den Programmanfang, danach folgen Sätze, die jeweils mit der Satznummer N xxx beginnen. Es schließen sich Informationen über Maschinenoperationen in Adreß-Schreibweise an, wobei der Adreßbuchstabe die Funktion (den Speicherplatz) kennzeichnet mit anschließendem numerischem Inhalt. Im Beispiel kennzeichnet G00 eine Punktfahrt. Es folgen Koordinatenangaben; die Zusatzfunktion M04 steht für "Spindel ein, Linkslauf", M07 für "Kühlschmiermittel einschalten" und S1000 für die Spindelfrequenz 1000 min^{-1}. G91 kennzeichnet die Kettenbemaßung, G01 die Geradeausfahrt, G02 die Kreisfahrt im Uhrzeigersinn usw.

8.2 Aufbau einer numerischen Steuerung

Abbildung 8.3 stellt den Aufbau einer numerischen Steuerung und ihr Zusammenwirken mit dem übrigen Teil einer Werkzeugmaschine dar. Das NC-Programm kann von Hand über ein Tastenfeld, über einen Leser für Datenträger, z.B. für Lochstreifen, Magnetbandkassetten oder Disketten, eingegeben und über eine Anzeige z.B. einen Bildschirm dargestellt werden (s.a. Abschnitt 8.4.1: Eingabe, Programmierung). Über den Bildschirm lassen sich bei modernen Maschinen auch Maschinenzustände, Diagnoseinformationen und Hinweise zur Bedienerführung anzeigen. Über dieses Medium werden auch dynamische graphische Simulationen des Zusammenwirkens von Werkzeug und Werkstück ausgegeben. Es ließe sich künftig auch als Endgerät einer CAD/CAM-Kopplung verwenden.

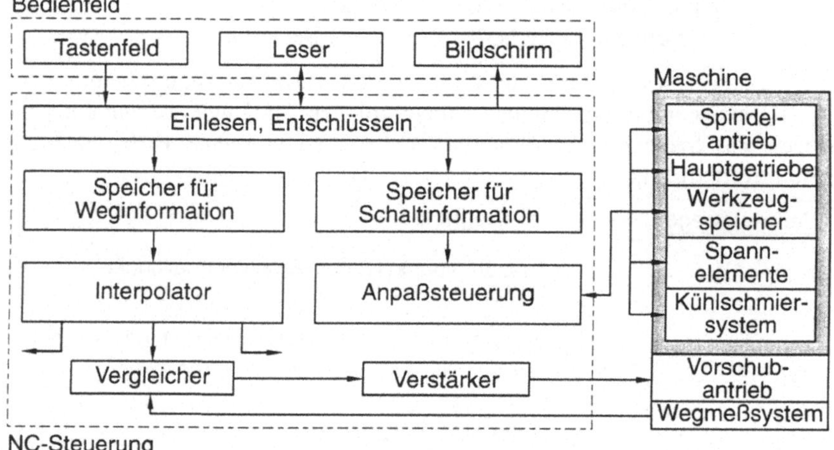

Abb. 8.3 Aufbau einer NC-Steuerung

Heutige Steuerungen sind durchweg als speicherprogrammierte Steuerungen ausgeführt, nachdem die dritte NC-Generation noch verbindungsprogrammiert war (Abschnitt 9.1). Kern der Steuerungen ist ein Rechner, der mit einem residenten Systemprogramm geladen ist. Dieses Konzept bietet analog zu den SPS den Vorteil, daß Steuerungen für unterschiedliche Maschinen mit der gleichen Hardware ausgestattet werden können und daß die Anpassung an die Maschinenfunktion über die Software, über das Systemprogramm erfolgen kann. Der steuerungsinterne Rechner ist zudem in der Lage, ein oder mehrere Teileprogramme (vom Systemprogramm zu unterscheiden!) aufzunehmen. Damit lassen sich Teileprogramme während der Nutzung z.B. bei geänderten Rohteilabmessungen über die Handeingabe ändern (editieren). Auch braucht das Teileprogramm für die Bearbeitung eines jeden Teiles nicht vom Datenträger, z.B. vom Lochstreifen oder Kassettenband gelesen zu werden mit den dabei möglichen Lesefehlern. Der Datenträger dient nur noch zur Neueingabe eines Programms, der Arbeitsspeicher des steuerungsinternen Rechners übernimmt dann die Speicherfunktion für die Abarbeitung eines Auftrages gleicher

Teile. So bieten die heutigen speicherprogrammierten Steuerungen eine Reihe von
Vorteilen für Werkzeugmaschinenhersteller und Anwender (Abb. 8.4).

Vorteile für Maschinenhersteller	Vorteile für Anwender
● Nutzung einheitlicher Hardware ● Anpassung der Systemeigen- schaften über Software ● Einfache Duplizierbarkeit des Systemprogramms ● Einfacher Einbau von Zusatz- funktionen ● Systemprogrammerstellung mit Hilfe von Software-Werkzeugen ● Automatische Dokumentation der Systemsoftware ● Einfache Diagnosemöglichkeiten	● Teileprogrammänderungen an der Maschine ● Speicherung von mehreren Teileprogrammen ● Bedienerführung ● Werkstattorientierte Pro- grammierung und Senkung der NC-Eintrittsschwelle ● Einfachere Fehlersuche ● Makroprogrammierung-DNC- Betrieb

Abb. 8.4 Vorteile der NC-Technik mit Speicherprogrammierung

Eine interessante Entwicklung für den Werkzeugmaschinenbau und die Anwen-
derindustrie kann das Konzept der "*offenen Steuerungen*" sein. Während bisher die
Systemprogramme allenfalls eng begrenzte Möglichkeiten für den individuellen Eingriff eines Werkzeugmaschinenherstellers boten, um die spezifischen Merkmale und
Vorteile seiner Maschinen durch eigene Systemsoftware zu entwickeln, soll das
neue Konzept sowohl im Softwarekern als auch in der Bedienoberfläche den Einbau
herstellerspezifischer Module und Bedieneigenschaften zulassen /PRI 93/.

8.3 Steuerungsarten

Je nach Bearbeitungsaufgabe werden unterschiedliche Steuerungsarten verwendet
(Abb. 8.5):
Punktsteuerungen werden für Positionieraufgaben eingesetzt, wenn lediglich ein
definierter Punkt angefahren werden muß. Dies ist der Fall bei Koordinatenbohrmaschinen, Punktschweißmaschinen, Lochstanzen oder Laserbohrmaschinen. Während
des Verfahrens sind Werkzeuge und Werkstücke nicht im Eingriff. Der Zielpunkt
kann vom Ausgangspunkt auf einem unbestimmten Weg angefahren werden. Wenn
beim Positionieren Kollisionsmöglichkeiten bestehen, muß mit programmierten
Zwischenpunkten gearbeitet werden.

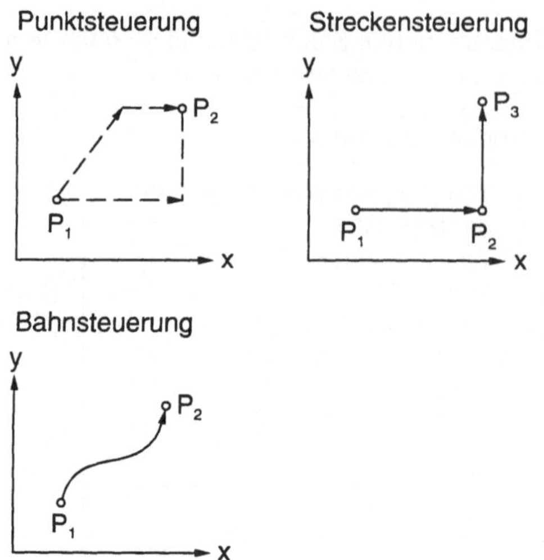

Abb. 8.5 Steuerungsarten

Streckensteuerungen erlauben ein Verfahren während des Eingriffs der Wirkpartner. Die verfahrenen Bahnen müssen jedoch zu den natürlichen Achsen der Maschine parallel liegen. Einsatzbeispiele sind Drehmaschinen für Zylinder- oder Planflächen, Fräsmaschinen oder Brennschneidmaschinen für rechteckige Konturen.

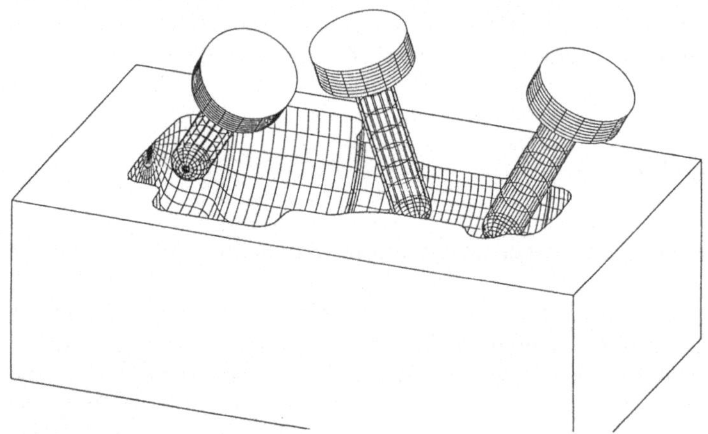

Abb. 8.6 5-Achsenfräsen mit Kugelkopffräser

Bahnsteuerungen erlauben funktional abhängige Bewegungen in mehreren Achsen. Werkzeug und Werkstück sind während der Fahrt im Eingriff. Bahnsteuerungen werden z.B. in Dreh- und Fräsmaschinen für beliebige Konturen oder in Laserschneidmaschinen für räumliche Blechteile eingesetzt. Für die Bahnfahrt müssen die Lagesollwerte durch Interpolatoren ermittelt werden. Die Vorschubantriebe müssen stufenlos verstellbar mit hoher Verfahrdynamik ausgestattet sein (s. Abschnitt 9.5). Wenn zwei Achsen bahngesteuert und eine streckengesteuert ist, spricht man in der

Praxis auch von einer 2 1/2D-Steuerung. In Fräsmaschinen oder Bearbeitungszentren werden 5D-Steuerungen mit 3 translatorischen und 2 rotatorischen Achsen eingesetzt. Die rotatorischen Achsen können dazu genutzt werden, um Bauteile in mehr als drei Achsrichtungen zu bearbeiten, z.B. zum Einbringen schräger Bohrungen, oder um Werkzeuge aus technologischen Gründen normal oder unter einem bestimmten Sturzwinkel zur erzeugten Oberfläche zu halten (Abb. 8.6).

8.4 Elemente einer numerischen Steuerung

In einer speicherprogrammierten numerischen Steuerung werden die meisten Funktionsmodule softwaremäßig dargestellt. Einige Module werden hier besonders erläutert.

8.4.1 Eingabe, Programmierung

Die Dateneingabe kann über alphanumerische Tastatur, Dekadenschalter, Lochstreifen, Magnetband oder direkt von einem vorgelagerten Rechner (DNC-Betrieb) erfolgen. Die meisten Maschinen verfügen noch über ein Lochstreifenlesegerät, das die Lochstreifen optisch abtastet. Abbildung 8.7 zeigt einen Ausschnitt eines 8-kanaligen Lochstreifens am Programmanfang. Die Kodierung von Lochstreifen ist in ISO-R 840 entsprechend DIN 66024 festgelegt. Ein weiterer noch üblicher, ebenfalls 8-kanaliger Code ist in EIA-RS 244-A (EIA: Electronics Industries Association) definiert (Abb. 8.8). Beide Codes verwenden sieben Informationsbits und ein Bit zu Prüfzwecken. Auf diese Weise lassen sich Einfachfehler erkennen. Der ISO-Code wird auf gerade Anzahl von Löchern geprüft. Das Lesegerät wiederholt den Lesevorgang mehrmals, um Fehllesungen zu korrigieren. Mit sieben Informationsbits läßt sich ein Merkmalsraum von $2^7 = 128$ Zeichen abbilden. Die in den Codes nicht verwendeten Bitkombinationen dienen zusätzlich der Fehlererkennung.

Der Aufbau eines NC-Programms ist in DIN 66025, Blatt 1-4 festgelegt. Danach beginnt ein Programm mit einem Sonderzeichen zur Kennzeichnung des Programmanfangs (%) und besteht dann aus Sätzen. Jeder Satz beginnt mit einer Satznummer und endet mit LF (line feed). Ein Satz entspricht einer Anweisungseinheit, enthält die für einen Bewegungsschritt notwendigen Informationen. Die Sätze werden von der Steuerung sequentiell abgearbeitet. Das Programm wird mit M02 für Programmende ohne Rücksetzen auf den Programmanfang oder M30 mit Rücksetzen, der Lochstreifen mit EOT (end of tape) beendet (Abb. 8.9). Abbildung 8.10 enthält einen Auszug aus der Liste der zulässigen Wörter.

Abb. 8.7 oben (ISO-Code):

NUL   NULL = Füllzeichen
BS   BACKSPACE = Rückwärtsschritt
HT   HORIZONTAL TABULATOR
LF   LINE FEED = Zeilenvorschub

CR   CARRIAGE RETURN =
      Wagenrücklauf
SP   SPACE = Zwischenraum
DEL   DELETE = Löschen

Abb. 8.7 ISO-Code nach DIN 66024 /Quelle: DIN 66024/

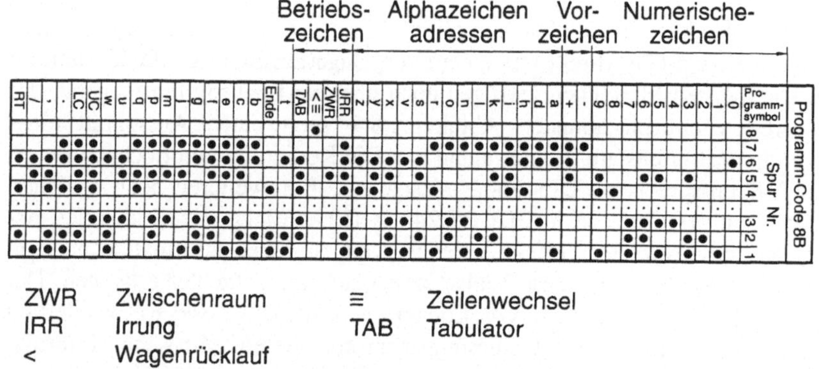

ZWR   Zwischenraum   ≡   Zeilenwechsel
IRR   Irrung   TAB   Tabulator
<   Wagenrücklauf

Abb. 8.8 EIA-Code /Quelle: EIA Standard RS-244-B/

Die Wegbedingungen (G-Funktionen) und die Koordinatendaten bilden die geometrischen Informationen des NC-Programms. Sie enthalten den Adreßbuchstaben G und eine zweiziffrige Schlüsselzahl. So bedeuten G00 Punktfahren im Eilgang, G01 Fahren mit Geradeninterpolation, G02 Fahren mit Kreisinterpolation im Uhrzeigersinn (clw) usw. Ein Satz kann mehrere G-Funktionen enthalten, um z.B. die Bemaßungsart (Ketten- oder Absolutbemaßung) und die Geradeninterpolation aufzurufen. Einige G-Funktionen sind automatisch bei Programmbeginn gesetzt, wie z.B. G01, G17 für die Interpolationsebene x-y oder G71 für die metrische Koordinateneingabe. Sie müssen falls erforderlich durch anderslautende G-Funktionen überschrieben werden. Die meisten Funktionen (darunter G-Funktionen, Koordinateneingaben, F-, S- und M-Funktionen sind selbsthaltend, d.h. sie werden nach Definition im Programm erst durch Überschreiben geändert.

Abb. 8.9 Programmaufbau nach DIN 66025

Adreßbuchstaben	Bedeutung
X,Y,Z,U,V,W,A,B,C,E	Koordinatenwörter
N	Satznummer
G	Wegbedingung
z.B. G00	Punktsteuerverhalten
G01	Geradeninterpolation
G03	Gewindeschneiden
D	Anwahl Werkzeugkorrekturspeicher
I,J,K	Interpolationsparameter
S	Spindeldrehfrequenz
T	Werkzeug
F	Vorschub
M	Zusatzfunktion
z.B. M02	Programmende
M60	Werkstückwechsel
L	Unterprogramm
H	Hilfsfunktion

Abb. 8.10 Zulässige Wörter zur Programmierung numerisch gesteuerter Werkzeugmaschinen (Auswahl) /Quelle: DIN 66025 Teil 1 A1/

Die Adressen für die natürlichen Koordinaten einer Werkzeugmaschine werden mit X, Y, Z für die linearen Achsen und A, B, C für die Drehbewegungen um die X-, Y-, Z-Achsen gekennzeichnet.

Die Koordinatensysteme für Werkzeugmaschinen sind in DIN 66217 festgelegt. Grundsätzlich werden rechtsdrehende, rechtwinklige Koordinatensysteme verwendet. Die Z-Achse ist identisch mit der Drehachse der Hauptbewegung. Sie zeigt in die Werkzeugspindel hinein, wenn das Werkzeug rotiert wie bei Fräsmaschinen, und aus der Werkstückspindel heraus, wenn das Werkstück rotiert wie bei Drehmaschinen (Abb. 8.11). Bei Maschinen ohne rotierende Hauptbewegung steht die Z-Achse senkrecht auf der Werkstückaufspannfläche. Die X-Achse ist die Hauptvorschubachse und verläuft parallel zur Werkstückaufspannfläche. Bei Wahlmöglichkeit sollte sie horizontal gelegt werden. Die Y-Achse ergibt sich aus den beiden anderen.

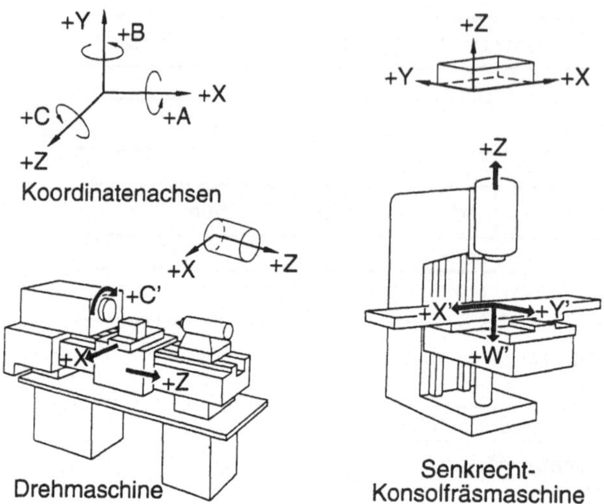

Abb. 8.11 Koordinatensystem für numerisch gesteuerte Werkzeugmaschinen /Quelle: DIN 66217/

Die Achsbezeichnungen kennzeichnen die geometrieerzeugenden Vorschubbewegungen. Wenn die Vorschubbewegung vom Werkzeug ausgeführt wird, stimmen positive Bewegungsrichtung und positive Achsrichtung überein. Die Bewegungen werden in X, Y, und Z-Koordinaten beschrieben. Wenn die Vorschubbewegung vom Werkstück übernommen wird, entsteht die gleiche Maßgröße am Werkstück durch die entgegengesetzte Bewegung. Die Werkstückbewegungen werden daher im System X', Y' und Z' angegeben, das dem System X, Y und Z entgegengerichtet ist. Die Achs- und Bewegungsrichtungen für die Drehbewegungen sind entsprechend definiert.

Für die Teileprogrammierung müssen Koordinatenbezugspunkte festgelegt werden (Abb. 8.12). Sie definieren mit

M: den Maschinennullpunkt, der durch den Aufbau der Maschine festgelegt ist und sich nicht verändert.

R: den Referenzpunkt, auf den sich die Steuerung durch das maschineninterne Meßsystem bezieht. Die Lage von R zu M wird einmal fest eingestellt.

W: den Werkstückbezugspunkt, auf den sich die Teileprogrammierung bezieht. W kann bei der Programmierung nach Zweckmäßigkeit gewählt werden.

F: den Schlittenbezugspunkt, der sich nach Referenzpunktfahrt mit R deckt.

B: den Startpunkt bei Programmanfang und mit

P: den Werkzeugschneidenpunkt, der bei der Werkzeugvoreinstellung gegen F bzw. einen durch F festgelegten Werkzeugbezugspunkt N vermessen wird.

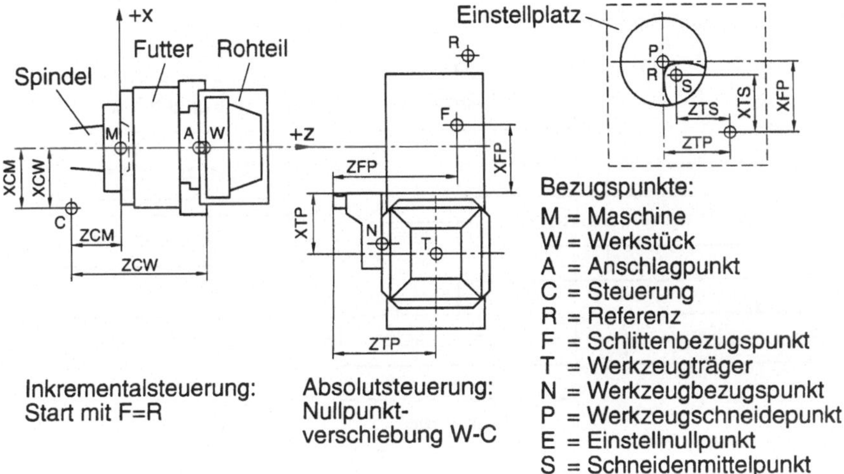

Abb. 8.12 Bezugspunkte beim Drehen /Quelle: G. Pritschow/

Für die Programmerstellung lassen sich drei Arten unterscheiden:

- die manuelle Programmierung
- die maschinelle Programmierung mit einteiligen und zweiteiligen Sprachen
- die werkstattorientierte Programmierung

Bei der *manuellen Programmierung* erstellt der Programmierer ein aus Sätzen nach DIN 66025 bestehendes Programm der Liste in Abb. 8.2 entsprechend. Ausgangsinformation ist die Einzelteilzeichnung des zu fertigenden Werkstücks und der Arbeitsplan, in dem sämtliche Arbeitsgänge, die vom Rohteil zum Fertigteil führen, aufgeführt sind (Abb. 8.13). Je nach Detaillierung wird das Programm für einen Arbeitsgang oder innerhalb eines Arbeitsganges für eine Aufspannung geschrieben.

Nach Festlegung der Spannmittel, ihrer Anordnung am Werkstück und der einzusetzenden Werkzeuge werden die Verfahrwege (die Relativbewegungen zwischen Werkzeug und Werkstück) festgelegt. Dabei muß die Werkzeuggeometrie berücksichtigt werden (s. Abschnitt 10.5), wobei geometrische Rechnungen auszuführen sind: In Abb. 8.14 sind die Koordinaten der Punkte P1, P2, P3 und P4 nicht direkt aus der Konstruktionszeichnung zu entnehmen. Zu ihrer Berechnung werden Hilfsprogramme genutzt. Für die Festlegung der Einstellgrößen wie Drehfrequenzen und Vorschubgeschwindigkeiten müssen die verfügbaren Maschinendaten berücksichtigt werden. Im allgemeinen stellen neuere Steuerungen leistungsfähige Hilfsfunktionen zur Verfügung, mit denen geometrische Berechnungen bei der Programmierung am Eingabetableau (s.a. Werkstattorientierte Programmierung) vorgenommen und mit denen über herstellerspezifische G-Funktionen durch parameterbeschreibbare Bearbeitungszyklen komfortabel programmiert werden kann.

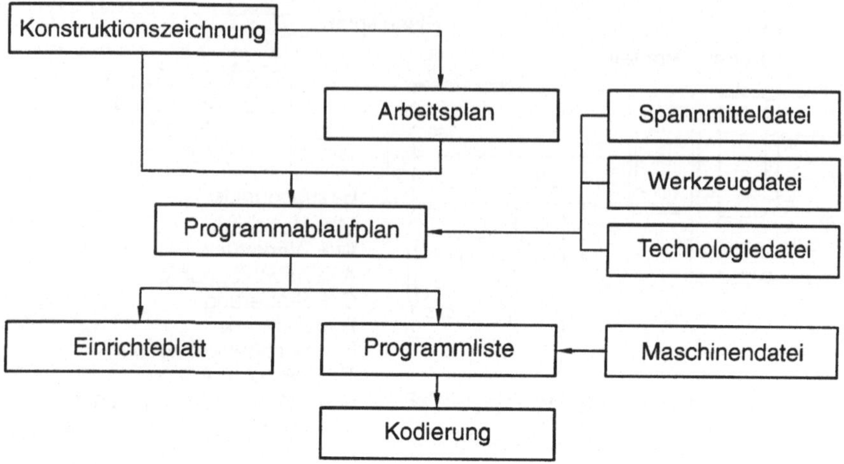

Abb. 8.13 Manuelle Programmierung

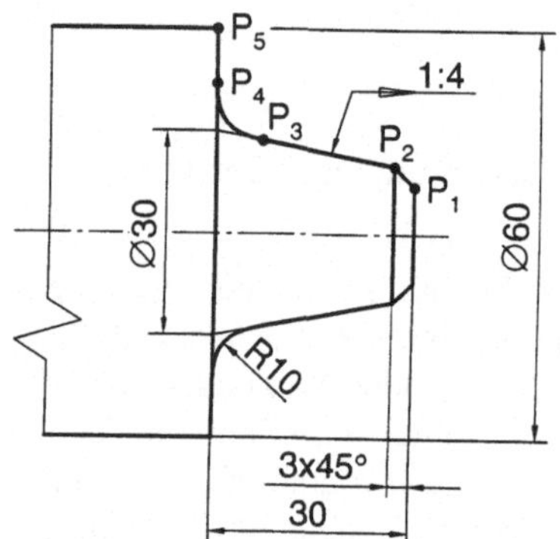

Abb. 8.14 Zur manuellen Programmierung

Die *maschinelle Programmierung* nutzt eine für die numerische Steuerung speziell ausgelegte Software, einen Prozessor. Das Werkstück wird mit einer problemzugeschnittenen Sprache beschrieben. Der Prozessor entwickelt daraus selbsttätig oder interaktiv die Werkzeugbahn. Dabei greift er je nach Auslegung auf technologische Daten, wie z.B. günstige Einstellwerte, auf Kraft- und Leistungsrechnungen, auf Werkzeugkataloge oder Maschinendaten zurück.

Bei *maschineller Programmierung mit einteiligen Prozessoren* wird über eine problemangepaßte Sprache das Werkstück bzw. die Bearbeitungsaufgabe beschrieben und in den Prozessor eingegeben (Abb. 8.15). Dieser greift - falls vorgesehen auf Technologiedaten und - auf Maschinendaten zu und liefert ein lauffähiges Teileprogramm. Als Schnittstelle dient im allgemeinen der Standard nach DIN 66025. Diese Art der maschinellen Programmierung ist nicht steuerungs- und maschinenunabhängig; denn die Anpassung an die Maschinen wird innerhalb des Prozessors geleistet. Daher sind die Prozessoren im allgemeinen an bestimmte Werkzeugmaschinenhersteller gebunden. Solche Prozessoren sind z.B. Easyprog (Gildemeister) und Dia-Prog (Deckel).

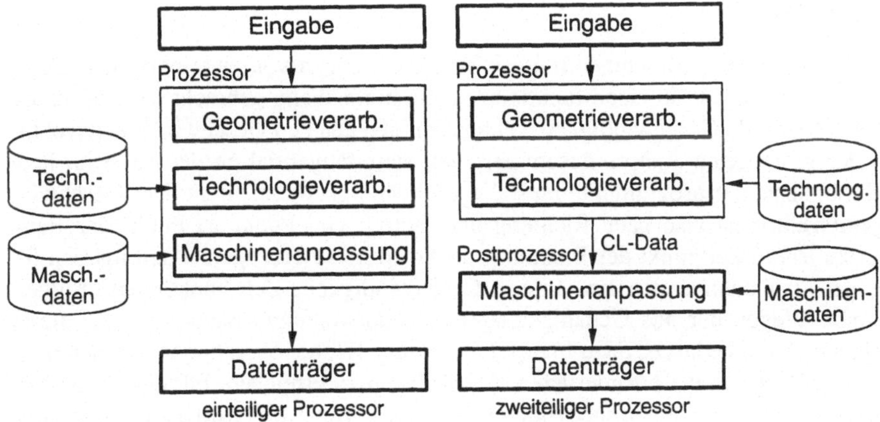

Abb. 8.15 Maschinelles Programmieren

Bei *maschineller Programmierung mit zweiteiligen Prozessoren* dagegen ist ein separater Postprozessor zur Maschinenanpassung vorgesehen. Er ist mit dem Prozessor über eine standardisierte Schnittstelle, z.B. über CL-DATA (cutter location) nach DIN 66015 verbunden. Über diese Teilung läßt sich erreichen, daß der Prozessor maschinenunabhängig gehalten werden kann. Meist ist er auch rechnerunabhängig. Beispiele für Prozessoren und zugehörige Programmiersprachen sind APT (automated programming of tools) und EXAPT.

Die *werkstattorientierte Programmierung* wurde entwickelt, um auch an der Maschine oder an einem maschinennahen Programmierplatz in der Werkstatt Teileprogramme erstellen zu können. Die Entwicklung wurde erst möglich, nachdem die NC-Steuerungen über leistungsfähige Rechner verfügten. Damit konnten komfortable Eingabemöglichkeiten zur Verfügung gestellt werden wie dialogbasierte Geometriebeschreibungen, parametrierte bildliche Eingabeelemente, automatische Technologieaufschaltung oder dynamische graphische Werkzeugwegsimulationen. Die werkstattorientierte Programmierung verbindet so die Vorteile der manuellen Programmierung an der Maschine (unmittelbare Nutzung des Know-hows des Werkers, Programmierverantwortung an der Maschine, schnelle Reaktion auf Abweichungen von Normalzuständen der Rohteile, Werkzeuge oder Maschinen) mit Merkmalen der maschinellen Programmierung (komfortable Rohteil- und Fertigteilbeschreibung, automatische Bahnermittlung, technologische Berechnungen). Nachteilig können sein: Stillstandszeiten der Maschine während der Programmierung, was allerdings bei neueren Steuerungsentwicklungen durch gänzliche oder teilweise Parallelisierung von Bearbeitung und Programmierung gemildert oder beseitigt werden kann, Abhängigkeit der Teileprogramme von einzelnen Werkern, nicht ausreichende Nutzung von übergreifenden Standards und Hilfsmitteln. Die werkstattorientierte Programmierung hat sich jedoch insgesamt besonders für nicht zu komplexe Bearbeitungsaufgaben sehr bewährt.

8.4.2 Interpolation

Für bahngesteuerte Maschinen müssen die Bewegungen von zwei oder mehr Achsen koordiniert, d.h. in einen funktionalen Zusammenhang gebracht werden, damit der resultierende Geschwindigkeitsvektor, der sich aus den Geschwindigkeitsvektoren der gesteuerten Achsen zusammensetzt, stets tangential an der Sollbahn liegt und möglichst der programmierten Bahngeschwindigkeit entspricht. Der Geschwindigkeitsvektor ist also nach Richtung und Betrag von Punkt zu Punkt der Bahn oder zu jedem Zeitpunkt der Bahnfahrt als Sollwert zu erzeugen. Dazu müssen für alle simultan bahngesteuerten Achsen Geschwindigkeits-Zeit-Funktionen ermittelt werden. Wegen der aus Genauigkeitsgründen notwendigen feinen Stufung dieser digitalen Daten bedarf es dazu Interpolatoren. Die Rechenoperationen werden digital ausgeführt, um die erforderlichen Auflösungen zu erreichen. Für einen Verfahrbereich von 1 m und einer notwendigen Auflösung von 1 μm wird also eine relative Genauigkeit von 10^{-6} gefordert. Bei einer analogen Signalverknüpfung des Verfahrbereiches, der 5 V entsprechen möge, bedeutet das eine Unterscheidbarkeit von 5 μV, was mit technisch sinnvollem Aufwand nicht zu halten wäre. Die digitale Signalverarbeitung kommt dagegen mit einer Breite von 20 bit aus. Heute werden meist 32 bit-Rechner verwendet. Analoge Interpolatoren haben bei den heute geforderten Genauigkeiten und Bahngeschwindigkeiten keine Bedeutung mehr.

Man kann zwischen Interpolationsarten und Interpolationsverfahren unterscheiden. *Interpolationsarten* sind durch die Funktion (oder geometrisch: die Kurve) bestimmt, auf denen Zwischenpunkte zwischen vorgegebenen Stützwerten liegen. Interpolationsarten geben also die Ordnung des Polynoms an, das die zu verfahrende Bahn zwischen den Stützwerten beschreibt. Üblich sind die

lineare Interpolation von 2 oder 3 Achsen und die
zirkulare Interpolation von 2 Achsen.

Weitere Achsen können mitgeschleppt werden. Lineare Interpolationen lassen sich zwischen translatorischen und rotatorischen Achsen durchführen (z.B. eine translatorische und rotatorische Achse führen zur Schraubeninterpolation). Bei der Zirkularinterpolation lassen sich meist nur 2 natürliche Achsen simultan steuern.

Unter den *Interpolationsverfahren* versteht man die Algorithmen und Rechenvorschriften, mit denen die Sollwertvorgaben entsprechend den durch die Interpolationsart bestimmten Funktionen ermittelt werden. Hier werden folgende Grundformen der Interpolationsverfahren behandelt

- Implizite Funktionsdarstellung
- Funktionsdarstellung in Parameterform
- Direkte Funktionsberechnung

Beim *Suchschrittverfahren* wird die Funktion implizit dargestellt in der Form

$$F_{(x,y,z)} = 0$$

Um Eindeutigkeit zu gewährleisten, können Interpolationen nur segmentweise vorgenommen werden, solange die Funktion monoton verläuft; z.B. kann eine Zirkularinterpolation nur quadrantenweise ausgeführt werden. Abbildung 8.16 zeigt das allgemeine Prinzip. Für die Bahnkurve gilt $F_{(x,y)} = 0$, die Bereiche ober- und unterhalb sind durch Ungleichungen gekennzeichnet. Die Rechenvorschrift ist

$$\text{für } F_{(x,y)} \geq 0 : \qquad x_{k+1} = x_k + \Delta x, \ y_{k+1} = y_k \tag{8.1}$$

$$\text{für } F_{(x,y)} < 0 : \qquad y_{k+1} = y_k + \Delta y, \ x_{k+1} = x_k \tag{8.2}$$

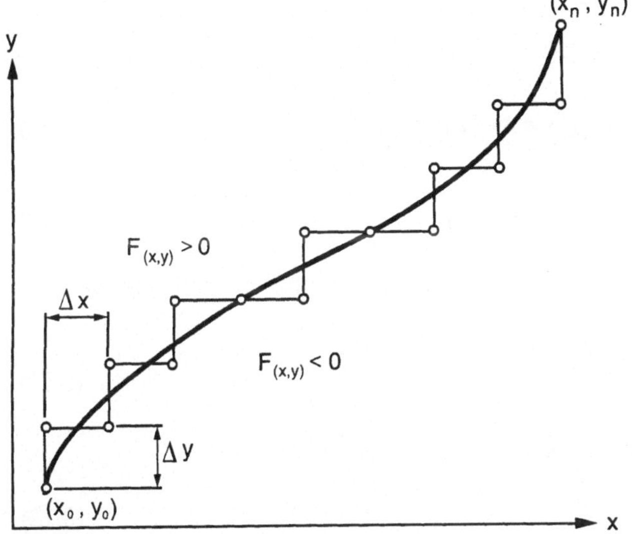

Abb. 8.16 Interpolation nach dem Suchschrittverfahren

Für die *Linearinterpolation* geht man von der 2-Punkt-Formel der Geradengleichung aus

$$\frac{y - y_0}{y_n - y_0} = \frac{x - x_0}{x_n - x_0} \tag{8.3}$$

und schreibt in impliziter Form

$$F_{(x,y)} = (y - y_0)(x_n - x_0) - (x - x_0)(y_n - y_0) \tag{8.4}$$

Ein Suchschritt in x-Richtung ergibt:

$$\Delta F_{(x_k)} = F_{(x_{k+1},y_k)} - F_{(x_k,y_k)} = -\Delta x (y_n - y_0) \tag{8.5}$$

und in y-Richtung

$$\Delta F_{(y_k)} = F_{(x_k,y_{k+1})} - F_{(x_k,y_k)} = \Delta y (x_n - x_0). \tag{8.6}$$

Im vorstehenden Beispiel wurde eine Suchschrittinterpolation in der x,y-Ebene dargestellt. Eine Interpolation im Raum läßt sich durch eine gemeinsame Bezugsachse erzwingen, indem man z.B. mit der Bezugsachse x in den Ebenen x,y und x,z interpoliert. Es gilt dann;

$$F_{1(x,y, z = 0)} = 0 \tag{8.7}$$

$$F_{2(x,y = 0, z)} = 0 \tag{8.8}$$

und

$$\Delta F_{1(x_k)} = -\Delta x(y_n - y_0), \quad \Delta F_{2(x_k)} = \Delta x\,(z_n - z_0) \tag{8.9}$$

$$\Delta F_{1(y_k)} = \Delta y(x_n - x_0), \quad \Delta F_{2(z_k)} = -\Delta z\,(x_n - x_0) \tag{8.10}$$

Für die *Kreisinterpolation* nach dem Suchschrittverfahren wird implizit angeschrieben:

$$F_{(x,y)} = x^2 + y^2 - R^2 = 0 \tag{8.11}$$

Ein Suchschritt in x-Richtung ergibt:

$$\Delta F_{(x)} = \pm 2\,x\,\Delta x + \Delta x^2 \tag{8.12}$$

und in y-Richtung

$$\Delta F_{(y)} = \pm 2\,y\,\Delta y + \Delta y^2 \tag{8.13}$$

Die Änderungsfunktion ΔF wechselt das Vorzeichen beim Quadrantenübergang. Generell gilt für das Suchschrittverfahren bei unveränderlicher Kontursteigung, daß bei konstanter Taktfrequenz und konstanter Schrittweite die vorgegebene Bahngeschwindigkeit um den Faktor $\sqrt{2}$ in der Ebene oder $\sqrt{3}$ im Raum verfehlt werden kann.

Das Suchschrittverfahren benötigt hohe Rechengeschwindigkeiten. Wenn z.B. eine maximale Bahngeschwindigkeit von 20 m/min bei einer Auflösung von 1 µm erreicht werden soll, folgt daraus ein Ausgabetakt von 3 µs. Dies wird heute nur mit Hardware-Lösungen erreicht; Software-Lösungen sind (noch) nicht schnell genug.

Im Gegensatz zum Suchschrittverfahren gewährleistet das *DDA-Verfahren* (Digital Differential Analyzer) eine richtungsunabhängige Bahngeschwindigkeit. Bei Linearinterpolation wird die zu verfahrende Strecke zwischen den Punkten $P_a = (x_a, y_a)$ und $P_e = (x_e, y_e)$ in N Teile geteilt. Die Strecke L ist

$$L = \sqrt{(x_e - x_a)^2 + (y_e - y_a)^2} \tag{8.14}$$

$$\text{mit} \quad \Delta x = \frac{x_e - x_a}{N} \quad \text{und} \quad \Delta y = \frac{y_e - y_a}{N}$$

Die Verfahrzeit T ergibt sich aus der Bahngeschwindigkeit v_B zu

$$T = L / v_B \tag{8.15}$$

und die Interpolationsfrequenz zu

$$f_0 = \frac{N}{T} \tag{8.16}$$

N muß so gewählt werden, daß für das kleinste angebbare Weginkrement ΔF gilt

$$\Delta x < \Delta F, \ \Delta y < \Delta F \tag{8.17}$$

Zweckmäßigerweise wird für N die nächst höhere Zehnerpotenz gewählt, denn für N ist ja nach der oben angeschriebenen Ungleichung nur ein Minimalwert vorgeschrieben. Die Achse mit den größten Abschnitten Δx oder Δy wird als die führende bezeichnet. Beim DDA-Verfahren werden mit jedem Interpolationsschritt die Inkremente Δx und Δy aufaddiert. Dabei werden nur die Überträge der Addition, nämlich 1 ausgegeben, Zahlen <1 bleiben im Additionsspeicher.

Beispiel: $\Delta x = 0{,}8; \ \Delta y = 0{,}6$

$n = 1$:	$x = 0{,}8 \ y = 0{,}6$	kein Vorschubinkrement ausgeben,
$n = 2$:	$x = 1{,}6 \ y = 1{,}2$	je einen Übertrag in x- und y-Richtung ausgeben,
$\Rightarrow$	$x = 0{,}6 \ y = 0{,}2$	den Additionsrest speichern,
$n = 3$:	$x = 1{,}4 \ y = 0{,}8$	einen Übertrag in x-Richtung ausgeben,
$\Rightarrow$	$x = 0{,}4 \ y = 0{,}8$	
$n = 4$:	...	

Da ausgegebene Überträge in der y-Richtung (geführte Achse) ohne Überträge in x-Richtung (führende Achse) zu "Ecken" in der Bahn führen, werden beim DDA-Verfahren solche Inkremente zurückgehalten, bis ein Inkrement in der führenden Achse ausgegeben wird. Wegen der hohen Interpolationsfrequenzen wird das DDA-Verfahren nur durch verbindungsprogrammierte Steuerung (VPS) realisiert.

Die *direkte Funktionsberechnung* wird dagegen mit Ausgabetaktzeit im ms-Bereich in Softwaresteuerungen verwendet. Bei der Linearinterpolation im Raum geht man von der Parameterdarstellung aus. Die Linearinterpolation im Raum ergibt sich aus:

$$x = x_a + a_1 \tau \tag{8.18}$$

$$y = y_a + b_1 \tau \tag{8.19}$$

$$z = z_a + z_1\, \tau \tag{8.20}$$

mit $0 \leq \tau \leq 1$, dem Anfangspunkt $P_a = (x_a,\ y_a,\ z_a)$ und dem Endpunkt P_e $(x_e = x_a + a_1,\ y_e = y_a + b_1,\ z_e = z_a + c_1)$.

Die Verfahrstrecke ist $s = \sqrt{a_1^2 + b_1^2 + c_1^2}$ und die Geschwindigkeit $v_B = s/T$, wobei gilt

$$\frac{\Delta \tau}{1} = \frac{\Delta t}{T} \tag{8.21}$$

Digitalisiert läßt sich die Rekursionsformel anschreiben:

$$x_{k+1} = x_k + a_1\, \Delta \tau \tag{8.22}$$

$$y_{k+1} = y_k + b_1\, \Delta \tau \tag{8.23}$$

$$z_{k+1} = z_k + c_1\, \Delta \tau \tag{8.24}$$

8.4.3 Wegmeßsysteme

Lageregelkreise müssen Wegmeßsysteme haben, um laufend selbsttätig den verfahrenen Weg (Bahnsteuerung) oder das Einfahren in eine Position (Punkt- und Streckensteuerung) ermitteln zu können. Dabei werden die Istwerte der beiden Meßgrößen, das sind Wege für translatorische und Winkel für rotatorische Bewegungen, erfaßt.

Wegmeßsysteme nehmen also analoge Weg- oder Winkelmeßgrößen auf und geben sie als analoge oder digitale Signale an die Steuerung ab. Die Vielzahl der Wegmeßsysteme läßt sich gliedern

- nach der Anordnung,
- nach der Signalart,
- nach der Lageinformation und
- nach dem physikalischen Meßprinzip.

Die *Anordnung der Wegmeßsysteme* kann direkt oder indirekt sein. Bei der direkten Wegmessung wird die Meßgröße unmittelbar mit einer Bezugsgröße verglichen, bei der indirekten Wegmessung wird eine Hilfsgröße, i.a. ein Winkel, erfaßt, aus der sich die interessierende Meßgröße meist proportional errechnen läßt (Abb. 8.17). Direkte Wegmessungen vergleichen bei translatorischen Bewegungen den Weg bzw. die Position mit einem Linearmaßstab, bei rotatorischen Bewegungen sind die Winkelgeber direkt auf der Drehachse des Maschinenschlittens oder der Roboterarme montiert und vergleichen mit einem Winkelnormal. Beide Anordnungen unterscheiden sich durch spezifische Fehlereinflüsse.

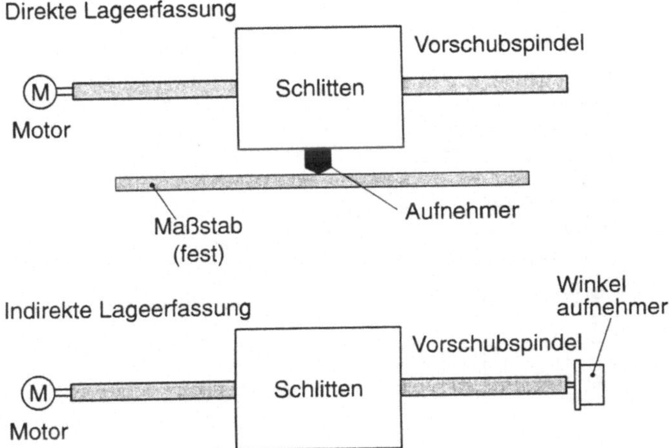

Abb. 8.17 Direkte und indirekte Wegmeßsysteme

Bei direkten Wegmeßsystemen gelingt es aus konstruktiven Gründen selten, das Abbesche Prinzip (Meßobjekt und Maßstab sind fluchtend anzuordnen) einzuhalten. Die Verfahrwege sind im allgemeinen mehrfach länger als die Maßstäbe. Diese müssen daher stückweise aneinandergesetzt werden, woraus Abstandsfehler entstehen können. Wegen ihrer Länge sind zudem Teilungsfehler zu beachten. Bei indirekter Wegmessung nach Abb. 8.17, wo die Antriebsspindel (Kugelgewindespindel) gleichzeitig als Meßspindel dient, ist die Herstellgenauigkeit der Spindel kritisch, und es treten elastische Verformungen aus Zug-/Druck- und Torsionsbelastung des Spindel-Muttersystems als Fehler auf. Auch die Längenänderung der Spindel als Folge von Erwärmungen wirkt sich aus. Andererseits erfordern indirekte Wegmeßsysteme, die statt eines linearen Weges einen Winkel aufnehmen, geringeren Bauaufwand und sind damit kostengünstiger. Sie lassen sich leichter gegen Störeinflüsse aus Fremdpartikeln oder gegen elektromagnetische Felder schützen.

Nach der *Signalart* kann zwischen analoger und digitaler Meßwertaufnahme unterschieden werden (Abb. 8.18). Das Signal wird analog genannt, wenn es analog den geometrischen Meßgrößen ist und wenn sich sein Wert (Strom, Spannung, Frequenz o.ä.) am Meßgeber-Ausgang kontinuierlich mit dem Weg/Winkel, der aufgenommen werden soll, ändern kann.

Das Signal ist digital, wenn es nur zwei oder mehrere direkte Größen annehmen kann. Dazu muß die Meßgröße in quantisierter Form, z.B. durch direkte Markierungen, vorliegen. Die Auflösung digitaler Wegmeßsysteme ergibt sich durch die Quantisierungsschrittweite und ist ohne weiteres nicht abhängig von der Verfahrlänge oder dem Maximalwinkel, die aufgenommen werden sollen. Bei analoger Weg- oder Winkelmessung ist dagegen das Auflösungsprinzip durch den kleinsten Verfahrschritt gegeben, der noch gegen den Störpegel diskriminierbar ist. Die relative Auflösung kann jedoch kaum geringer als 10^{-4} sein. Das ist der Grund, warum man die analoge Meßwertaufnahme nur für kurze Verfahrwege oder in Verbindung mit gröberen Meßsystemen für kurze Wegteile von langen Wegen einsetzt.

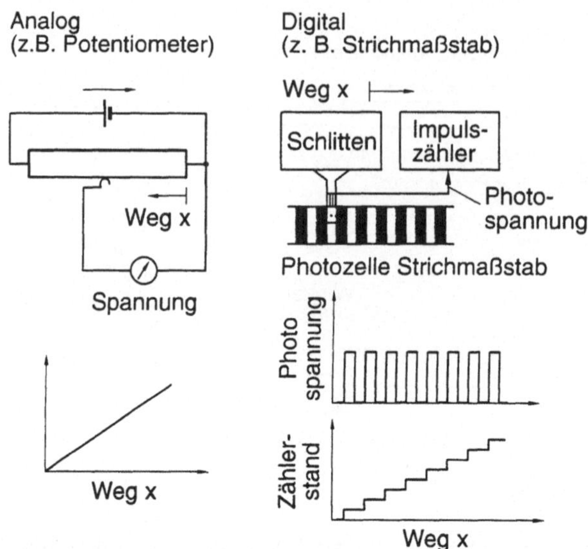

Abb. 8.18 Analoge und digitale Wegaufnehmer

Digitale Wegmeßsysteme geben inkrementale oder absolute *Lageinformationen*. Inkrementale Wegmeßsysteme liefern z.B. durch Ablesen gleichmäßig gearteter Maßstäbe Impulse, deren Wiederholfrequenz der Bewegungsgeschwindigkeit entspricht. Um Informationen über die Lage zu erhalten, müssen die Impulse aufsummiert, d.h. gezählt werden. Wegmeßsysteme mit digital-absoluten Lageinformationen liefern diese bereits als eine (binär-) codierte Zahl. Diese Zahl wird durch das Ablesen eines entsprechend codierten Maßstabes gewonnen.

Zur Wegmessung können verschiedene *physikalische Prinzipien* verwendet werden; so z.B. potentiometrisch, induktiv, kapazitiv, photoelektrisch oder optisch /WAL74/.

Im folgenden werden einige Ausführungsformen von Wegmeßsystemen behandelt.

Analoge Wegmeßsysteme

Sie liefern aufgrund der Meßwerterfassung und der anschließenden Verarbeitung analoge, d.h. meßwertkontinuierliche Größen. Die Information über eine Lageverschiebung wird durch kontinuierliche Änderungen von Spannungen, Strömen, Frequenzen o.ä. dargestellt.

Der *ohmsche Aufnehmer* arbeitet nach dem Potentiometerprinzip, d.h. als Spannungsteiler (Abb. 8.19). Danach gilt

$$x = \frac{b}{U_0} U \tag{8.25}$$

Prinzip:

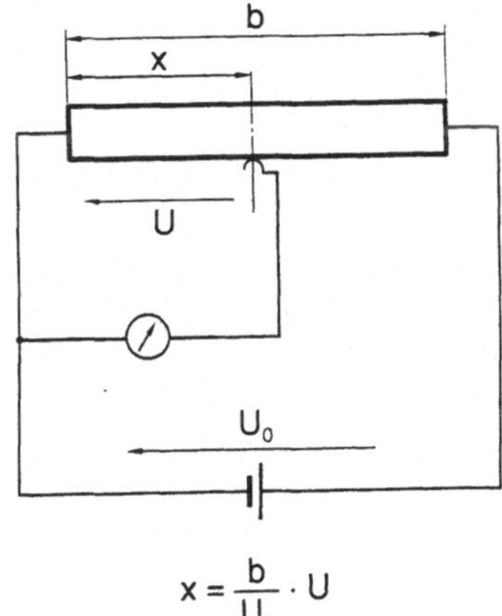

Mögliche Bauart:

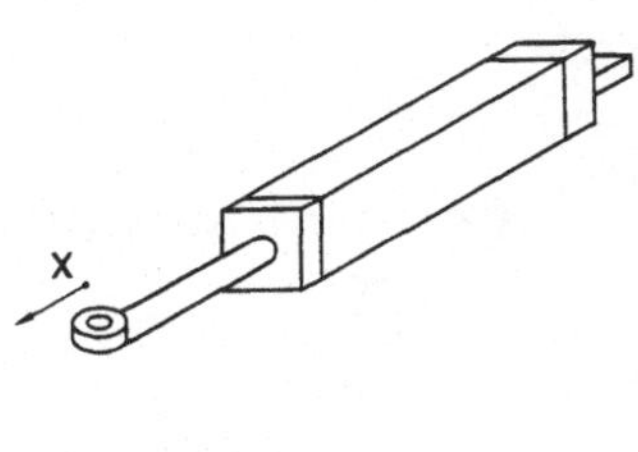

$$x = \frac{b}{U_0} \cdot U$$

Abb. 8.19 Potentiometrische Aufnehmer

Der Widerstand kann als Draht mit konstantem Querschnitt und konstantem spezifischem Widerstand ausgeführt sein. Auch werden aufgedampfte Schichten verwendet. Diese Aufnehmer arbeiten noch berührend und damit nicht verschleißfrei. Es werden Meßbereiche von 1000 mm bei Linearabweichungen von 0,05 bis 0,5 % angegeben. Dabei sollen absolute Auflösungen von 0,01 mm erreicht werden.

Von erheblich größerer praktischer Bedeutung sind induktiv arbeitende analoge Wegmeßsysteme wie Resolver (Drehmelder) und Inductosyn-Meßsysteme. *Resolver* sind analoge Aufnehmer zur Messung von Winkel und Drehgeschwindigkeit. Ihr Aufbau erinnert an kleine Drehstrommotoren (Abb. 8.20). Elektrisch gesehen arbeiten sie wie Transformatoren, deren Wicklungen räumlich gegeneinander bewegt werden können. Die Lageinformation wird aus den Amplituden- bzw. Phasenänderungen der induzierten Spannungen gewonnen. In der Praxis werden verschiedene Varianten des internen Aufbaus angewandt. Die folgende Funktionserläuterung ist somit nur ein Beispiel für eine mögliche Resolverbauart. Die wichtigsten Komponenten eines Resolvers sind zwei um 90° räumlich versetzte Statorwicklungen und eine Rotorwicklung. Um Verschleißteile (Schleifringe) zu vermeiden, wird ein rotierender Transformator zum Anschluß der Rotorwicklung eingesetzt. Es ist möglich, entweder den Rotor oder aber den Stator zu speisen und die induzierte Spannung im jeweils anderen Teil auszuwerten.

Werden die Statorwicklungen mit zwei phasenverschobenen Sinus-Signalen gespeist, gilt

$$U_1 = U_0 \sin(\omega t) \tag{8.26}$$

$$U_2 = U_0 \cos(\omega t) \tag{8.27}$$

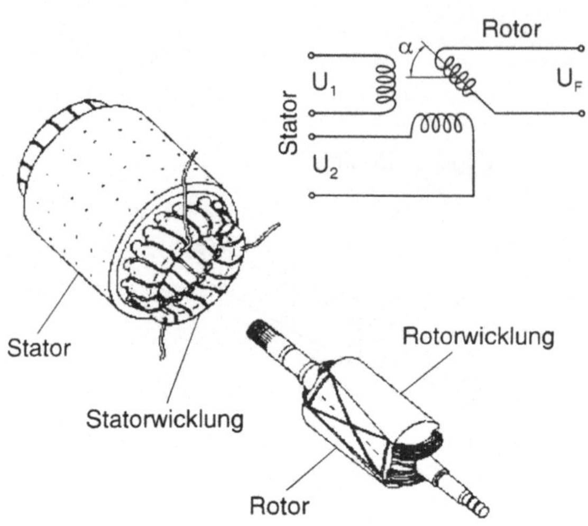

Abb. 8.20 Resolver - Interner Aufbau

Durch die räumliche Anordnung der Statorspulen in Bezug auf die Rotorspule wird sich die Amplitude der im Rotor induzierten Spannungen in Abhängigkeit von der Winkelstellung α ändern. Die Statorspannung U_1 induziert in der Rotorwicklung eine Spannung

$$U_{F1} = k\, U_0 \cos(\alpha) \sin(\omega t) \tag{8.28}$$

Der Anteil der von U_2 induzierten Spannung ergibt sich zu

$$U_{F2} = k\, U_0 \sin(\alpha) \cos(\omega t) \tag{8.29}$$

k steht hier für den Koppelfaktor zwischen der Primär- und Sekundärwicklung eines Transformators. Beide Spannungen addieren sich zur tatsächlichen Rotorspannung

$$U_F = k\, U_0 \sin(\omega t + \alpha) \tag{8.30}$$

Durch einen Phasenvergleich mit der Statorspannung $U_1 = U_0 \sin(\omega t)$ kann man die gesuchte Rotorwinkelstellung unmittelbar der Phasenverschiebung der beiden Signale entnehmen. Ein Phasenvergleich ist zum Beispiel mit Hilfe einer PLL-Schaltung (Phase Locked Loop) möglich. Bei einer anderen Ausführungsform wird die Rotorwicklung gespeist (ratiometrische Methode) mit der Referenzspannung

$$U_2 = U_0 \sin(\omega t) \tag{8.31}$$

Durch die räumliche Anordnung werden die in den Statorwicklungen induzierten Spannungen mit dem Drehwinkel α moduliert:

$$U_{S1} = k\,A\,\sin(\omega t)\,\sin(\alpha)$$

$$U_{S2} = k\,A\,\sin(\omega t)\,\cos(\alpha)$$

$$(8.32)$$

Nun wird das Verhältnis (= ratio) dieser beiden Spannungen gebildet:

$$\frac{U_{S1}}{U_{S2}} = \frac{k\,A\,\sin(\omega t)\,\sin(\alpha)}{k\,A\,\sin(\omega t)\,\cos(\alpha)} = \frac{\sin(\alpha)}{\cos(\alpha)} = \tan(\alpha) \qquad (8.33)$$

Der gesuchte Winkel α wird durch die Berechnung der Arctan-Funktion ermittelt. Die Auswertung der von Resolvern gelieferten Signale können vollintegrierte Schaltkreise übernehmen. Sie liefern sowohl die Lage als auch die Winkelgeschwindigkeit in einer für die Weiterverarbeitung günstigen Form (Resolver-to-Digital-Converter). Resolver sind *zyklisch-absolute* Wegaufnehmer. Innerhalb einer Umdrehung liefern sie eine Winkelangabe, bei mehreren Umdrehungen müssen diese gezählt werden.

Drehmelder werden mit Wechselspannungen höherer Frequenz betrieben. Durch höhere Frequenzen lassen sich die Baugrößen verringern; eine obere Grenze ist wegen des im Geber vorhandenen Eisens bei 0,4 kHz bis maximal 1 kHz gegeben. Die Auflösung liegt zwar bei $1{,}5 \cdot 10^{-3}$ Grad. Ihre Genauigkeit hängt aber entscheidend von der Fertigungsgenauigkeit ab. Sie werden daher vor allem im Bereich niedriger Auflösung eingesetzt, wo sie kostengünstig herzustellen sind.

Das *Induktosyn-Meßsystem* entspricht vom Prinzip her einem in der Ebene abgewickelten Resolver. Ein Induktosyn besteht aus zwei ebenen, gegeneinander beweglichen Teilen aus nichtmagnetischem Werkstoff, auf die mäanderförmig Leiterbahnen in Form einer geätzten Schaltung aufgebracht sind. Die einzelnen Mäander werden Pole genannt. Die typische Polbreite beträgt 1 mm (Abb. 8.21).

Ähnlich wie beim Resolver können auch hier entweder das Lineal oder die Reiterwicklungen mit Wechselspannung (1...20 kHz) gespeist werden. Die Auswertemethoden sind gleich. Wird am Lineal z.B. eine Wechselspannung U_L angelegt, so werden in den Reiterelementen über die Kopplungskonstante k folgende Spannungen induziert:

$$U_{R1} = k\,U_L\,\sin(\omega t)\,\cos(x) \qquad (8.34)$$

$$U_{R2} = k\,U_L\,\sin(\omega t)\,\sin(x) \qquad (8.35)$$

Der Weg x kann somit z.B. durch die ratiometrische Methode ermittelt werden (s.o.). Ein Induktosyn-Meßsystem arbeitet *zyklisch-absolut*. Verglichen mit einem Resolver ist eine um den Faktor 1000 größere Auflösung möglich. Bei einem Linearinduktosyn mit einer Polbreite 1 mm wird alle 2 mm eine Signalperiode durchlaufen. Bei einer Signalverarbeitung und -digitalisierung mit 12 Bit Genauigkeit (innerhalb einer Periode) wird somit eine Auflösung von 0,5 µm erreicht.

Das Linearinduktosyn ist ein sehr verbreitetes direktes Wegmeßsystem für Werkzeugmaschinen. Seine positiven Eigenschaften sind: geringer Platzbedarf, hohe Robustheit und Genauigkeit. Darüber hinaus besteht die Möglichkeit, durch Zusammensetzen von Standardmodulen von 250 mm nahezu beliebige Meßlängen zu realisieren.

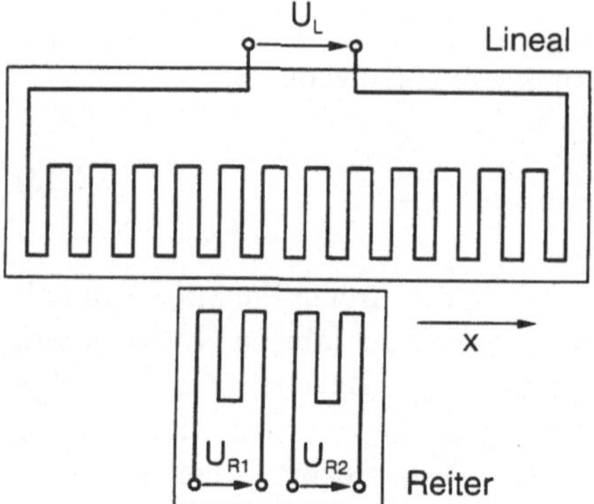

Abb. 8.21 Prinzip des Induktosyn-Meßsystems

Inkrementale Wegmeßsysteme

Inkrementalgeber liefern rechteckförmige Impulse, die extern mit einem Vorwärts-Rückwärtszähler zur Ermittlung der Position aufsummiert werden müssen. Da es sich hierbei nur um relative Informationen handelt, muß beim Einschalten immer erst ein Referenzpunkt (gegeben z.B. durch Endlagenschalter) angefahren werden. Der größte Nachteil des Verfahrens liegt darin, daß ein etwaiger Zählfehler nicht erkannt wird und erst mit einer neuen Ursprungskalibrierung korrigiert werden kann. Die Impulse werden am häufigsten durch *photoelektrische Abtastung* feiner Strichgitter, die auf einem Glasmaßstab aufgedampft sind, gewonnen. Die Abtastung kann entweder mit Durchlicht oder mit Auflicht erfolgen (Abb. 8.22).

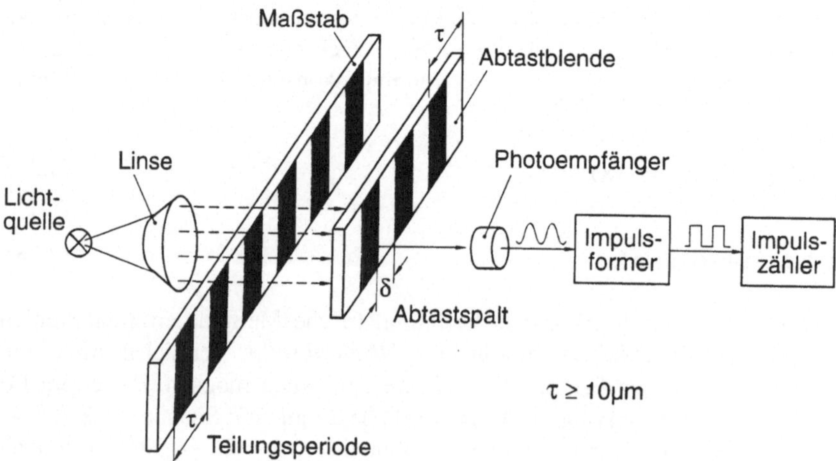

Abb. 8.22 Optoelektrische Wegmessung

Das Prinzip der photoelektrischen Abtastung sei am Beispiel des Durchlichtverfahrens erläutert: Auf einem Glasmaßstab sind feine Strichgitter aufgedampft, wobei das Verhältnis der schwarzen zu den durchsichtigen Flächen meistens 1:1 beträgt. Die Länge eines Hell-Dunkel-Abschnitts wird *Teilungsperiode* τ genannt. In der Praxis werden Teilungsperioden ab 10 µm verwendet (Begrenzung wegen der Wellenlänge des Lichtes). Über dem Maßstab bewegt sich eine *Abtastblende*, deren Strichgitter die gleiche Teilungsperiode aufweist wie der Maßstab. Die Verwendung von Abtastblenden mit mehreren Strichen hat eine Vergrößerung der auf den Photoempfänger einfallenden Lichtenergie zur Folge.

Bezüglich des Verhältnisses der Breite von schwarzen und durchsichtigen Flächen auf der Abtastblende gibt es zwei verschiedene Prinzipien: Zum einen kann mit einem schmalen Abtastspalt gearbeitet werden ($\delta \ll \tau/2$). Je schmaler der Abtastspalt δ im Verhältnis zu der Strichstärke der Abtastblende wird, desto kürzer werden die Zeiten einer Intensitätsänderung und desto breiter werden die Zeiten eines konstanten Lichteinfalls. Der Photoempfänger liefert ein annähernd rechteckiges Signal, (Abb. 8.23, links). Die Eigenschaften dieses Abtastprinzips sind:

- Lichtenergie, die am Photoempfänger einfällt, ist gering.
- Nur für grobe Maßstabteilung geeignet.
- Ausgangssignal des Wegaufnehmers ist von Natur aus *digital*.
- Die Lageinformation wird durch das Zählen der Impulse gewonnen (inkrementale Lageerfassung).

Zum anderen kann mit breitem Spalt gearbeitet werden. Dann liefert der Photoaufnehmer ein wertkontinuierliches dreieckförmiges Signal, (Abb. 8.23, rechts).

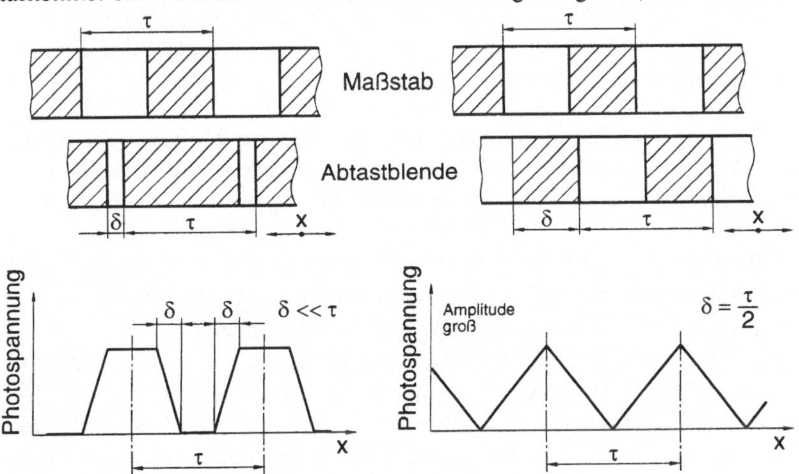

Abb. 8.23 Einfluß der Abtastspaltbreite auf die Photospannung

Die Eigenschaften sind:

- Das Ausgangssignal des Aufnehmers ist *analoger* Natur. (Auflösung nur durch Rauschabstand begrenzt).
- Einfallende Lichtenergie ist groß.
- Weitere Vergrößerung der Auflösung ist möglich.

Den wertkontinuierlichen Verlauf des Aufnehmersignals kann man zu einer Vergrößerung der Auflösung nutzen. Ein sehr einfaches Beispiel hierfür ist in Abb. 8.24 dargestellt. Statt einer direkten Impulsformung werden aus dem dreieckförmigen Signal durch Komparation mittels Schwellwertschaltern weitere Impulse gewonnen (Interpolation).

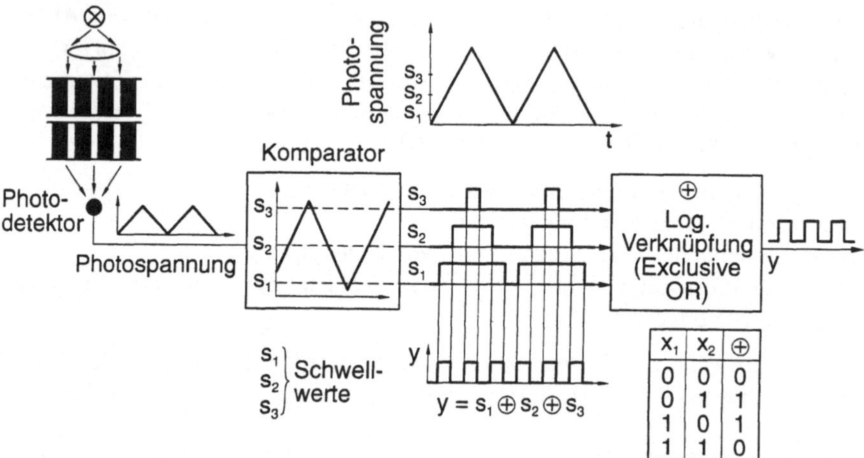

Abb. 8.24 Auflösungsvergrößerung bei Inkrementalgebern I

Bei der Abtastung von Glasmaßstäben kann man sich den Moiré-Effekt zunutze machen: Der Maßstab und die Abtastblende werden gegeneinander um einen kleinen Winkel ϕ verdreht. Im Durchlicht entstehen die sogenannten Moiré-Streifen, (Abb. 8.25).

Bei einer Bewegung in x-Richtung (horizontal) bewegen sich die Moiré-Streifen mit einer viel höheren Geschwindigkeit in vertikaler Richtung. Ein Photoempfänger liefert ein analoges *Sinus*-Signal des wandernden Moiré-Streifens.

Verwendet man zwei Photoempfänger, die mechanisch um 90° (entspricht 1/4 Periode der Moiré-Streifen) versetzt sind, erhält man ein Sinus- und ein Cosinussignal. Mit einer geeigneten Auswerteeinheit (*Interpolationselektronik*) kann man aus diesen zwei Verläufen sehr genaue Lageinformationen gewinnen. Hierzu werden die beiden sinusförmigen Signale mit bestimmten Faktoren verstärkt und anschließend addiert. Entsprechend der Beziehung

$$a \sin x + b \cos x = \sqrt{a^2 + b^2}\, \sin\left(x + \arctan\frac{b}{a}\right) \tag{8.36}$$

kann eine Reihe phasenverschobener Signale erzeugt werden, die nach einer Impulsformung und Verknüpfung eine sehr feine Geberauflösung ermöglichen (Abb. 8.26).

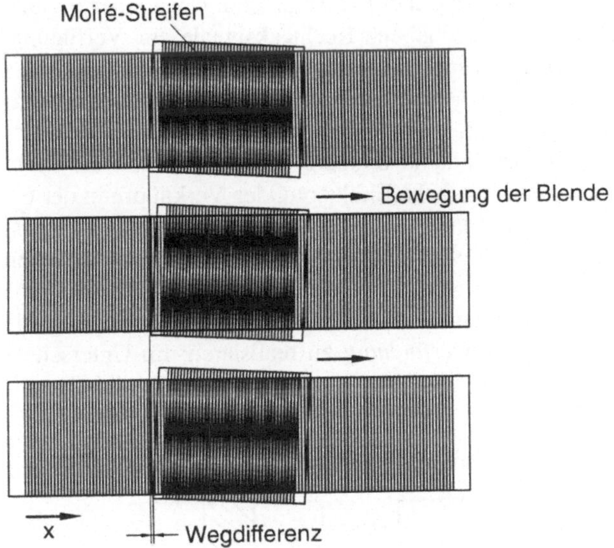

Abb. 8.25 Abtastung mit Moiré-Streifen

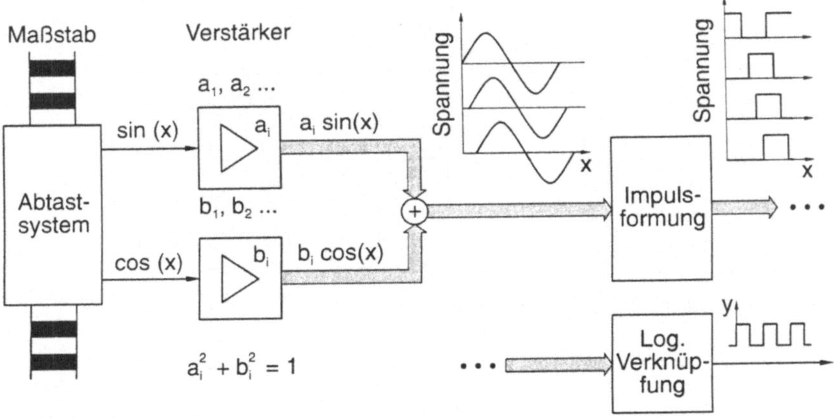

Abb. 8.26 Auflösungsvergrößerung bei Inkrementalgebern II

Der Meßschritt kann 1/20 bis 1/200 der Teilungsperiode betragen (Interpolationsfaktor 1...100). Somit sind mit einem photoelektrischen Inkrementalgeber Auflösungen bis zu 50 nm erreichbar.

Richtungserkennung und Signalverdopplung

Zur Auswertung der Bewegungsrichtung werden *zwei* Photoempfänger verwendet, die mechanisch um 90° (1/4 der Teilungsperiode) versetzt sind. Nach einer Impulsformung stehen somit zwei um 90° verschobene Rechtecksignale zur Verfügung, die logisch verknüpft werden können. Eine Richtungserkennung ist mit Hilfe eines D-Flipflops zu erreichen. Es handelt sich hierbei um eine Speicherstelle, deren Inhalt nur zu bestimmten Zeitpunkten aktualisiert wird. In Abb. 8.27 wird bei jeder steigenden Flanke des Signals A das aktuelle Signal B gespeichert und als Richtungssignal weitergeleitet. Durch eine einfache Exklusiv-Oder-Verknüpfung der Signale A und B (das Ergebnis ist immer 1 wenn A und B unterschiedlich sind, sonst 0) läßt sich eine doppelte Anzahl von Impulsen je Wegeinheit erreichen (*Signalverdopplung*).

Durch eine Auswertung von steigenden und fallenden Flanken der beiden Signale A und B ist es möglich, eine *Signalvervierfachung* zu realisieren. Im Unterschied zu der oben besprochenen Interpolation wird hier von Anfang an mit digitalen Signalen gearbeitet.

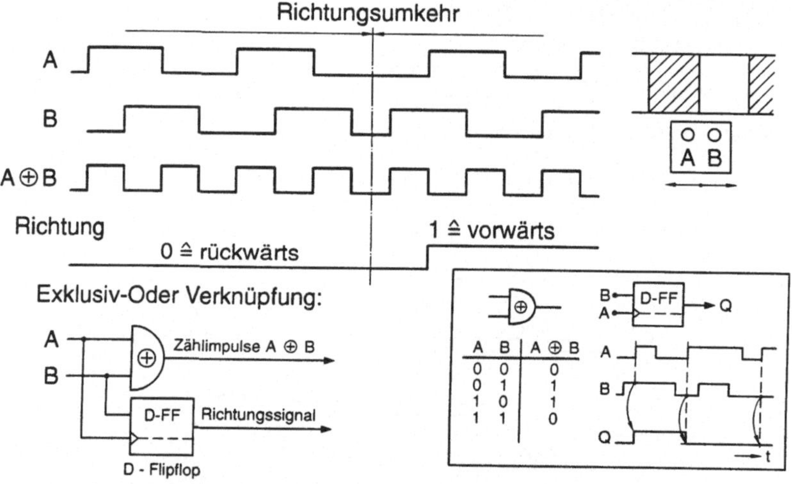

Abb. 8.27 Richtungserkennung und Signalverdopplung

Digitale absolute Wegmessung

Bei einer digital-absoluten Lageerfassung enthält der Maßstab eine digital codierte Information über den zu messenden Weg. Die einfachste Möglichkeit wäre eine einfache duale Codierung (Abb. 8.28).

Problematisch bei dieser Methode ist der Übergang zwischen zwei Codewörtern. Aufgrund der immer vorhandenen Fertigungstoleranzen sprechen die einzelnen Abtastelemente beim Codewortwechsel nicht ganz gleichzeitig an. Dort können sich somit unsinnige Zustände ergeben, (Abb. 8.28). Diese Schwierigkeiten lassen sich durch eines der drei folgenden Verfahren beseitigen:

Abtastung mit Hilfsspur

Auf dem Maßstab wird eine Hilfsspur angebracht, deren aktive Bereiche (z.B. durchsichtige Striche bei photoelektrischen Gebern) schmaler sind als die Arbeitsteilung am Maßstab. Das Ablesen in kritischen Bereichen wird dadurch gesperrt. Der Nachteil an dieser Lösung sind die "toten Zonen" ohne Information (Abb. 8.29).

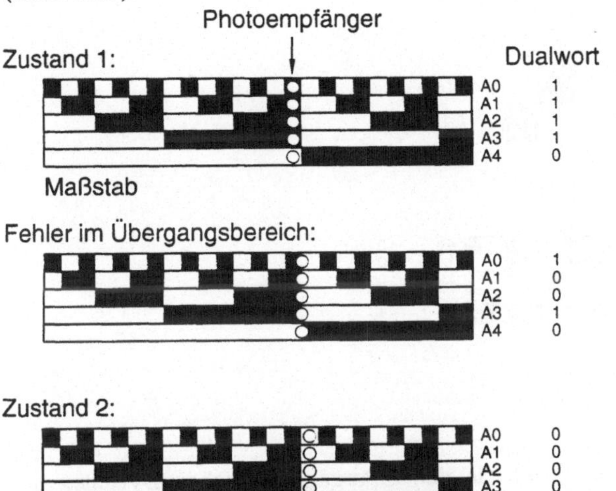

Abb. 8.28 Absolute Wegmeßsysteme; Lageinformation binär kodiert

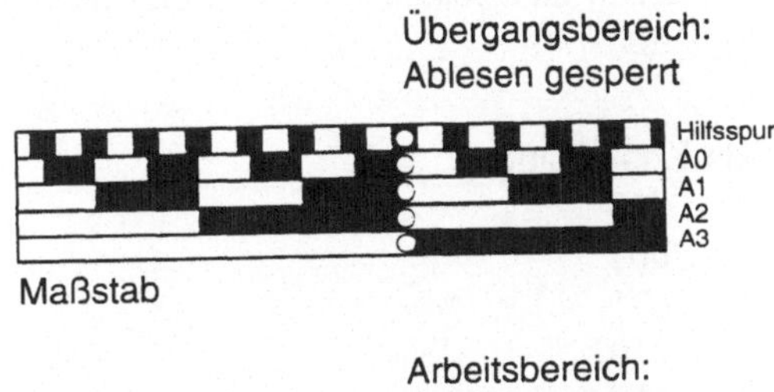

Abb. 8.29 Abtastung mit Hilfsspur

V-Abtastung

Bei diesem Verfahren werden mit Ausnahme der feinsten Spur zwei Abtastelemente pro Spur statt eines verwendet. In Abhängigkeit vom Zustand der jeweils feineren Spur wird entschieden, welcher der zwei Photoempfänger der nächstgröberen Spur ausgewertet wird (Abb. 8.30, oben).

Die Auswertung im Übergangsbereich könnte somit wie in Abb. 8.30, unten, dargestellt aussehen. Vorteil dieses Verfahrens: Die "gröberen" Spuren brauchen nicht die Fertigungsgenauigkeit der feinsten Spur zu erreichen.

Prinzip:

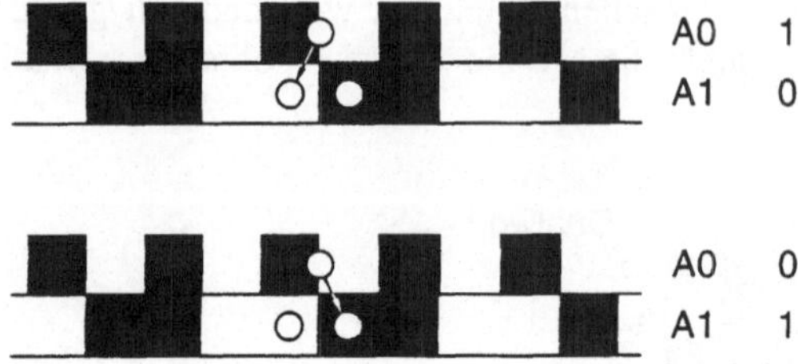

Beispiel:

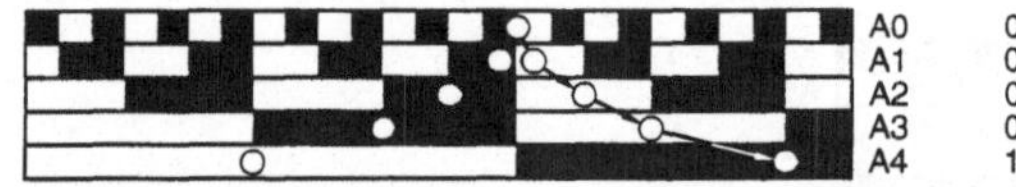

Abb. 8.30 V-Abtastung

Einschrittige Codes

Da die Dualcodierung wie dargestellt in den Übergangsbereichen zwischen den Codewörtern ungünstig ist, wurden *einschrittige Codes* entwickelt. Beim Übergang von einem zum nächsten Wort (von einer zur nächsten Zahl) ändert sich nur der Zustand in einer einzigen Spur, also nur ein Bit. Der bekannteste Vertreter dieser Gruppe ist der Gray-Code:

Wert	Code-Kombination
0	000
1	001
2	011
3	010
4	110
5	111
6	101
7	100

Die Anzahl der Elemente eines Gray-Codes ist gleich der Anzahl der Spuren hoch zwei (hier im Beispiel: 3 Spuren $\Rightarrow$ 8 Elemente). Diese Eigenschaft verhindert den Einsatz von Gray-codierten Maßstäben dort, wo dekadisch orientierte Lageinformation gefordert wird.

Meßbereich-Erweiterung durch Kaskadierung

Bei Winkelcodierern kann man den Meßbereich dadurch erweitern, daß man mehrere digital-absolute Winkelgeber in eine Kaskade mit Getrieben zusammenschließt
(Abb. 8.31).

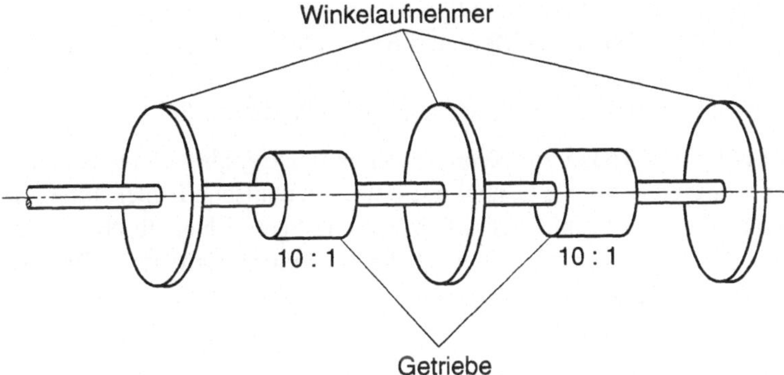

Abb. 8.31 Meßbereichserweiterung bei absoluten Winkelaufnahmen

8.4.4 Fehler der Lageeinstellung

Die Herstellgenauigkeit von Werkzeugmaschinen wird, wie in Abschnitt 2 erläutert,
nach DIN 8601 bestimmt. Dieser bereits auf G. Schlesinger zurückgehende Standard berücksichtigt nicht Fehler, die beim freien Positionieren oder Bahnfahren auf
Grund der Lageeinstellung entlang der Verfahrachse auftreten. Die Notwendigkeit,
diese Fehler zu erfassen, wurde erst mit dem Aufkommen numerischer Steuerungen
besonders deutlich, wenn auch bereits für alle anderen Steuerungen, die freies Positionieren oder Bahnfahrt erlauben, ähnliche Fragen auftauchen. Grundsätzlich muß
zwischen systematischen und zufälligen Fehlern unterschieden werden. *Systematische Fehler* können folgen aus:

- Teilungsfehlern der Wegmeßsysteme,
- Steigungsfehler von Kugelrollspindeln, die für die indirekte Wegmessung ge-
  nutzt werden,
- Einflüsse von elastischen oder thermischen Verformungen der Meßelemente,
- Fehler 2. Ordnung z.B. durch Kippung anderer als der betracheten Achse,
- Umkehrspanne bei der Lageeinstellung.

Systematische Fehler lassen sich, wenn sie nach Größe und Richtung bekannt
sind, durch Korrektureingriffe in die Lageeinstellung kompensieren.

Zufällige Fehler ändern sich bei mehrfacher Messung scheinbar willkürlich und
können daher nicht kompensiert werden. Sie lassen sich nur statistisch erfassen.
Allerdings besteht kein prinzipieller, physikalischer Unterschied zwischen systema-
tischen und zufälligen Fehlern, denn auch letztere haben eine determinierte Ursache.
Lediglich fehlende Zweckmäßigkeit oder überhaupt mangelnde Möglichkeit, diese
Ursachen und ihre Fehlerwirkung exakt zu erfassen, führen dazu, von zufälligen

Fehlern zu sprechen. Sinnvollere Bezeichnungen für beide Fehlerarten wären wohl "beherrschbare" und "streuende" Fehler.

Ursachen für zufällige Fehler können sein:

- unterschiedliche Reibungsverhältnise in Führungen,
- kurzwellige Oberflächenfehler von Meß- und Bezugsflächen,
- Nichtkompensation von Spiel,
- Schwankungen von Kräften und Momenten aus dem Wirkprozeß.

In VDI/DGQ 3441 sind Größen zur Kennzeichnung des Einfahrverhaltens numerisch gesteuerter Schlitten definiert. Danach werden systematische Fehler durch die Positionsabweichung bestimmt, die Auswirkungen zufälliger Fehler durch die Positionsstreubreite. Die Überlagerung beider ist die Positionsunsicherheit. Für eine Sollposition zeigt Abb. 8.32 die Zusammenhänge.

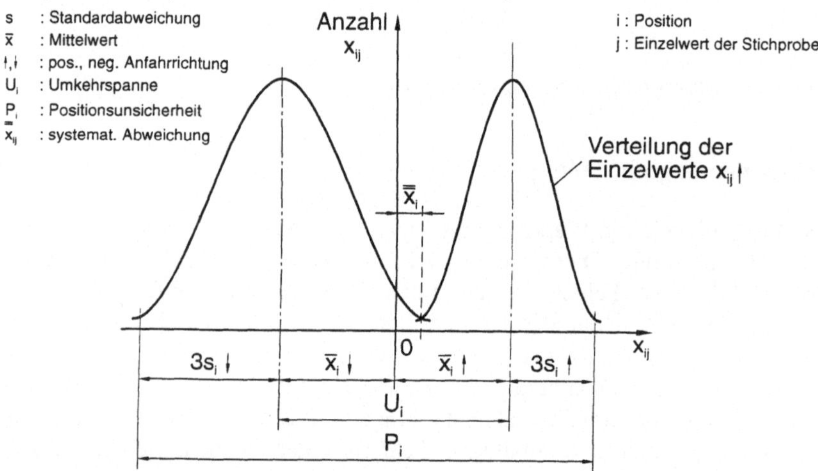

Abb. 8.32 Häufigkeitsverteilung der Meßwerte und statistische Kenngrößen /Quelle: VDI/DGQ 3441/

Darin sind $x_{ij}\downarrow,\uparrow$ die Werte der Einzelmessungen, wobei die Anfahrrichtung unterschieden werden muß. Sie werden im allgemeinen nach Art einer Normalverteilung um den Mittelwert $\bar{x}\downarrow,\uparrow$ streuen. Ein Maß für die Streuung ist die Standardabweichung (ebenfalls nach der Anfahrrichtung definiert):

$$s_i\downarrow\uparrow = \sqrt{\frac{1}{n-1}\sum_{j=1}^{n}\left(x_{ij}-\bar{x}_i\right)^2} \qquad (8.37)$$

oder auch

$$s_i \downarrow \uparrow = \sqrt{\dfrac{\sum\limits_{j=1}^{n} x_{ij}^2}{n-1} - \dfrac{\left(\sum\limits_{j=1}^{n} x_{ij}\right)^2}{n(n-1)}} \qquad (8.38)$$

Die mittlere Positionsstreubreite als ein Maß für die Wirkung zufälliger Fehler läßt sich anschreiben zu

$$P_{si} = 3 \left(s_i \uparrow + s_i \downarrow\right) \qquad (8.39)$$

Das bedeutet, daß - Gaußsche Normalverteilung vorausgesetzt - ein Einzelwert mit einer Wahrscheinlichkeit von 99,73 % innerhalb des Bereiches $\overline{x}_i \pm 3\,s_i$ liegt. Die Umkehrspanne ergibt sich durch Anfahren aus entgegengesetzten Richtungen zu

$$U_i = \left|\, \overline{x}_i \downarrow - \overline{x}_i \uparrow \right| \qquad (8.40)$$

und die Positionierunsicherheit schließlich zu

$$P_i = U_i + P_{si} \qquad (8.41)$$

In Abb. 8.32 wurde das Einfahrverhalten für eine Sollposition i erläutert. Es interessieren die eben abgeleiteten Kenngrößen aber auch über dem gesamten Verfahrweg eines Schlittens. Dazu werden m-Messungen von i = 1 bis m vorgenommen. Die Meßstellen sollen nicht gleichabständig sein, um den Einfluß von Periodizitäten zu mindern. Dann läßt sich die Positionsabweichung P_A angeben

$$P_A = \left|\, \overline{\overline{x}}_{i\,max} - \overline{\overline{x}}_{i\,min} \right| \qquad (8.42)$$

als der Betrag der Differenz des größten Mittelwertes aller Meßpositionen (Stichproben) und des kleinsten Mittelwertes zuzüglich der mittleren Umkehrspanne (Abb. 8.33).

Die Positionsunsicherheit ergibt sich dann aus der Positionsabweichung und der Standardabweichung zu

$$P = \left[\overline{\overline{x}}_i + \tfrac{1}{2}(U_i + P_{si})\right]_{max} - \left[\overline{\overline{x}}_i + \tfrac{1}{2}(U_i + P_{si})\right]_{min} \qquad (8.43)$$

Zweckmäßige Auswerteverfahren sind in VDI/DGQ 3441 angegeben.

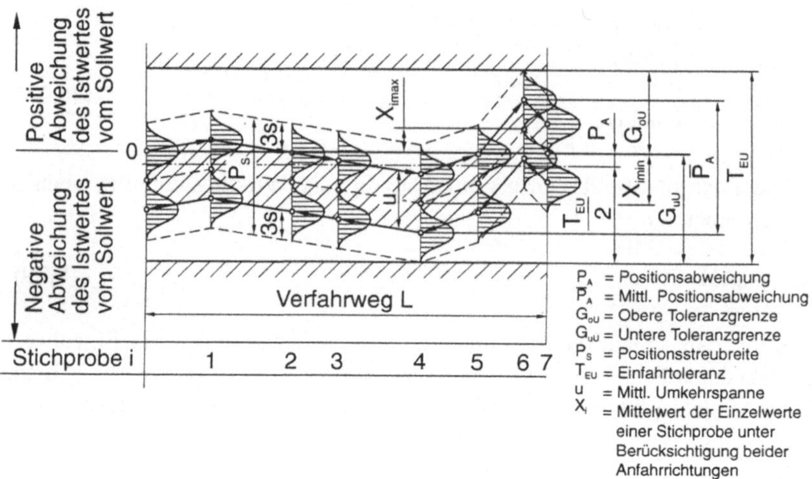

Abb. 8.33 Positionsabweichungen beim Einfahren von Werkzeugmaschinen /Quelle: Stute/

8.5 Entwicklungslinien

Seit ihrer ersten Einführung in die Produktion in den 50er Jahren hat die numerische Steuerung starke Entwicklungsschübe erfahren, die wesentlich mit der Entwicklung der elektronischen Bauelemente und der Mikroelektronik verbunden sind (s. Abschnitt 8.1). Es zeichnet sich ab, daß sich diese Entwicklung fortsetzt und zunehmend auch von Software-Techniken und Schnittstellenausprägungen bzw. Schnittstellenstandards getrieben wird. Die numerische Steuerung im engeren Sinne, d.h. die maschineninterne und maschinennahe Steuerung, kann man unter dem Aspekt der Entwicklungstendenzen in drei Bereichen betrachten (Abb. 8.34).

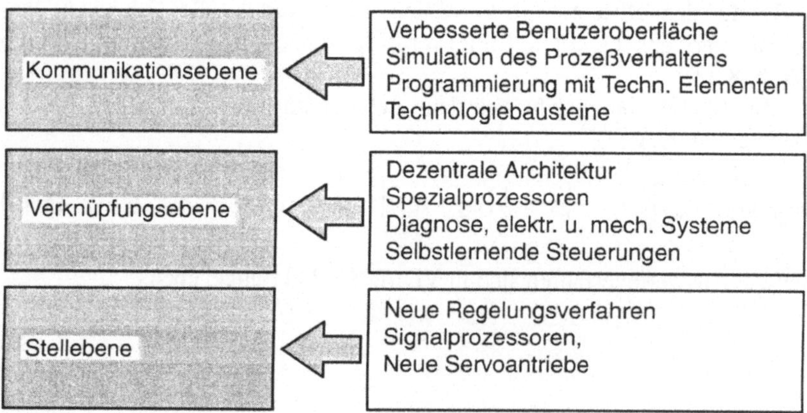

Abb. 8.34 Entwicklungstendenzen der numerischen Steuerung

In der *Kommunikationsebene* werden leistungsfähige Benutzeroberflächen durch Weiterentwicklung industriefähiger graphischer Bildschirme und leistungsfähigerer Prozessoren entstehen. Dabei steht die Ergonomie, die einfache und selbstlehrende Bedienung im Vordergrund. Hinzu kommt die dynamische Simulation des Bearbeitungsvorgangs am Bildschirm, der jetzt bereits als dreidimensionaler Vorgang aus dem Teileprogramm abgeleitet werden kann. Diese Möglichkeit einer vorausschauenden Prozeßsicherung läßt sich dadurch, daß das Maschinen- und das technologische Prozeßverhalten in die Simulation einbezogen wird, erheblich vertiefen.

Die Programmiertechnik wird bereits jetzt durch die werkstattorientierte Programmierung wesentlich beeinflußt: identische Programmieroberflächen im Programmierbüro oder der Arbeitsvorbereitung und an der Maschine lassen die früher separierten Programmierverfahren zusammenwachsen und wirken sich in effektiverer Kooperation von Realisierungs- und Planungsbereichen der Produktion aus. Darüber hinaus werden numerische Steuerungen der Zukunft CAD-Funktionen übernehmen. Hier können die Teilebeschreibungstechniken, die für CAD-Systeme der neuen Generation entwickelt werden, interessante Programmiererleichterungen bieten, nämlich das Arbeiten mit Technischen Elementen (features) /RUD93,AUR95/. In diesem Zusammenhang wird an Technologiebausteinen gearbeitet. Sie enthalten Prozeßmodelle, die die Überführung von Eingangsgrößen des Prozesses wie Maschineneinstellgrößen aber auch das Maschinenverhalten (z.B. Steifigkeiten) und die Werkzeug-Werkstückeigenschaften in Ausgangsgrößen des Prozesses wie den Werkzeugverschleiß, Maß-, Form- und Lageabweichungen durch Prozeßkräfte oder thermische Einwirkungen, Oberflächengüten und Randzonenbeeinflussungen am Werkstück beschreiben /TÖN95/. Bereits früher hat es Technologiemodule im Zusammenhang mit Programmiersystemen gegeben (wie z.B. in der Programmiersprache EXAPT). Diese Module konnten aber prinzipbedingt die Maschineneigenschaften nicht abbilden. Der neue maschinenspezifische Ansatz bietet daher weitere Möglichkeiten.

Die *Verknüpfungsebene* enthält die Funktionen der Lagesollwertbildung, der Verarbeitung von Schaltinformationen und der Anpaßsteuerung. Diese Ebene wird vom Trend zur Dezentralisierung geprägt. Durch Aufteilung in Subsysteme können parallel arbeitende Prozessoren und speziell angepaßte Prozessoren wie schnelle Signalprozessoren und Transputer eingesetzt werden. Allerdings berührt dieses Prinzip wie auch schon einige der vorn genannten erweiterten Möglichkeiten in der Kommunikationsebene die Struktur der Steuerung. Sollen spezielle Technologiebausteine oder dezentrale Steuerungsmodule optional, dem jeweiligen Prozeß angepaßt verwendet werden, muß der Werkzeugmaschinenhersteller in die Steuerung eingreifen können, es sind "offene Steuerungen" erforderlich /PRI93/.

Eigene Steuerungsmodule für die Diagnose von elektrischen/elektronischen Funktionen aber auch des mechanischen Verhaltens der Maschine und für die Kollisionsüberwachung im Arbeits- und im Bedienraum der Maschine können die Personen- und Betriebssicherheit der Anlagen und ihre Verfügbarkeit erhöhen /SEI93/. Auch die an sich schon bekannten Möglichkeiten der Ferndiagnose über Telefon- oder Datenleitungen vom Maschinenhersteller aus gewinnt unter den neuen Möglichkeiten der dezentralen Steuerungsarchitektur wieder an Interesse.

Die *Stellebene* umfaßt die Lageeinstellung über Lageregelkreise und die zugehörigen Antriebe und Lagemeßsysteme. Neue Regelungsverfahren /WEC89/ mit digitaler Signalverarbeitung und mit schnelleren Prozessoren bieten interessante Ansätze, die Grenzen, die sich aus dem Dualismus von Genauigkeit und Geschwindigkeit ergeben, weiter hinauszuschieben. Auch ist der Ansatz "selbstlernender Steuerungen" für die Optimierung von Bearbeitungszyklen vielversprechend /POP92,WAL95/. Schließlich sind mit der Entwicklung neuer Magnetwerkstoffe und neuer Leistungselektronik Fortschritte bei den Antrieben selbst zu erwarten.

8.6 Schrifttum

/AUR95/   Aurich, J. Chr.: Werkstückmodellierung mit Technischen Freiformelementen, Dr.-Ing. Diss. Universität Hannover 1995.

/GAN81/   Ganzhorn, K.; K. M. Schulz; W. Walter: Datenverarbeitungssysteme. Springer Verlag Berlin, Heidelberg, New York, 1981

/HER71/   Herold, H.-H.; W. Maßberg; G. Stute: Die numerische Steuerung in der Fertigungstechnik. VDI-Verlag, Düsseldorf 1971

/POP92/   Popp, C.: Optimierung und Sicherung des Außenrundschleifprozesses durch ein adaptives Regelungssystem. Dr.-Ing. Diss. Universität Hannover 1992

/PRI91/   Pritschow, G.: Steuerungstechnik der Werkzeugmaschinen und Industrieroboter. Vorlesungsskriptum, Stuttgart 1991

/PRI93/   Pritschow, G., e.a.: Open System Controlers - A Challange for the Future of the Machine Tool Industrie. Annals of the CIRP, Vol. 42/1 (1993), S. 449-452

/RUD93/   Rudolph, F.N.: Konfigurierbare Technische Elemente für Konstruktion und Arbeitsplanung. Dr.-Ing. Diss. Universität Hannover 1993

/SEI93/   Seidel, D.: Rechnerunterstützte Konfigurierung von Überwachungs- und Diagnosesystemen für Fertigungsanlagen. Dr.-Ing. Diss. Universität Hannover 1993

/SPU91/   Spur, G.: Vom Wandel der industriellen Welt durch Werkzeugmaschinen. Hanser Verlag. München, Wien 1991

/TÖN95/   Tönshoff, H.K.: Spanen. Springer Verlag Berlin, Heidelberg, New York 1995

/WAL74/   Walcher, H.: Digitale Lagemeßtechnik. VDI-Verlag, Düsseldorf 1974

/WAL95/   Walter, A.: Prozeßinterne Optimierungsregelung für das Innenrundschleifen mit unscharfer Logik. Dr.-Ing. Diss. Universität Hannover 1995

8.7 Fragen zur Aufbereitung

8.01   Welche Formgebungsprinzipien sind Ihnen bekannt?

8.02   Wie lassen sich Informationen zur gesteuerten Formgebung speichern?

8.03   Nennen Sie einige wichtige Äquivalenzbeziehungen der Technik.

8.04   Worin bestehen die Vorteile der NC-Technik?

8.05   Welche Entwicklungsstufen der NC-Technik lassen sich unterscheiden?

8.06   Skizzieren Sie den Aufbau einer numerischen Steuerung.

8.07   Welche Vorteile bietet die numerische Steuerung mit Speicherprogrammiertechnik?

8.08   Was ist eine 5-Achsen-Steuerung?

8.09   Erläutern Sie übliche Lochstreifencodes.

8.10   Wie ist ein Teileprogramm aufgebaut?

8.11   Welche Adressen werden zur Teileprogrammierung verwendet?

8.12   Erläutern Sie das der Programmierung zugrunde liegende Koordinatensystem.

8.13   Welche Bezugspunkte sind zur Programmierung zu beachten?

8.14   Was sind Interpolationsarten, was Interpolationsverfahren?

8.15   Welche Interpolationsverfahren benötigen Hardwarelösungen?

8.16   Wie lassen sich Wegmeßsysteme gliedern?

8.17   Wie funktioniert der Resolver? Was ist ein Induktosyn-Meßsystem?

8.18 Wie läßt sich das Auflösungsvermögen inkrementaler Wegmeßsysteme vergrößern?

8.19 Wie kann eine Richtungserkennung bei inkrementalen Wegmeßsystemen erreicht werden?

8.20 Wie sind die Einfahrtoleranz, die Positionsabweichung und Positionsstreubreite definiert?

8.21 Welche Entwicklungslinien sehen Sie in der NC-Technik?

9 Hydraulische Antriebe und Steuerungen

9.1 Einleitung

In hydraulischen Antrieben werden Energien durch Druckflüssigkeiten übertragen.
Zur Energieübertragung durch strömende Medien lassen sich Geschwindigkeiten
und Drücke nutzen. Für stationäre, d. h. zeitlich nicht veränderliche Strömungen
reibungsfreier Flüssigkeiten läßt sich die von Daniel Bernoulli (Hydrodynamica,
Straßburg 1738) aufgestellte Druckgleichung anschreiben (Abb. 9.1).

$$\frac{v^2}{2g} + \frac{p}{\rho \cdot g} + z = \text{const.} \tag{9.1}$$

Die Terme haben die Dimension einer Länge; sie werden daher als Geschwindig-
keits-, Druck- und Ortshöhe bezeichnet. Darin entsprechen die beiden letzten Glieder der potentiellen, das erste Glied der kinetischen Energie.

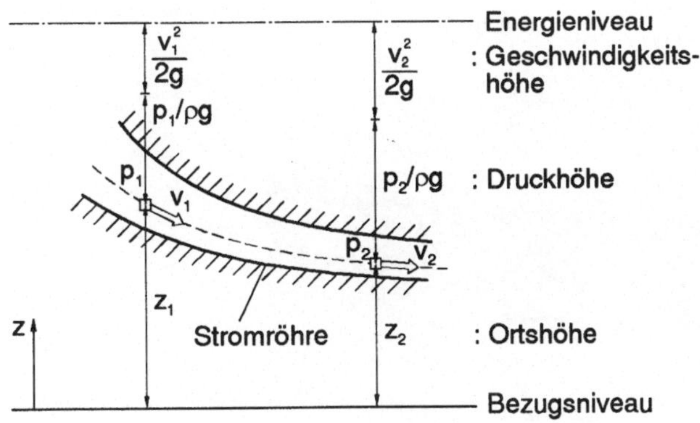

Abb. 9.1 Bernoullische Gleichung für stationäre Strömung

Hydraulische Maschinen können Leistungen überwiegend mit hohen Strömungsgeschwindigkeiten wie die Strömungsmaschine (Wasser-, Dampf- und Gas-

turbine) oder durch statische Drücke übertragen. Entsprechend spricht man von hydrodynamischen und hydrostatischen Antrieben. So werden in Wasserturbinen Drücke von 15 bar selten überschritten, dagegen können die Strömungsgeschwindigkeiten 50 m/s und mehr betragen. Die Geschwindigkeitshöhe liegt in der gleichen Größenordnung wie die Druckhöhe. Demgegenüber wird in hydrostatischen Antrieben mit Geschwindigkeiten unter 10 m/s und Drücken bis 100 bar (oder mehr in Umformmaschinen) gearbeitet. Das entspricht einer Geschwindigkeitshöhe von höchstens 5 m, aber Druckhöhen von 1000 m und mehr. Durch die vergleichsweise geringen Strömungsgeschwindigkeiten sind die Verluste durch Umlenkung im Gegensatz zur Hydrodynamik gering, so daß Hydraulikflüssigkeit über Leitungen und Ventile nahezu ohne Rücksicht auf Leitungslänge und Zahl der Umlenkungen transportiert werden kann. Daher lassen sich mit der Hydrostatik neben Antriebsaufgaben, also neben der Energieübertragung, auch Steuerungsaufgaben wahrnehmen. Antrieb und Steuerung sind in einem System verbindbar. Für Werkzeugmaschinen werden ausschließlich hydrostatische Systeme verwendet. Hydrodynamische Maschinen haben keine Bedeutung. Pumpen und Motore arbeiten nach dem Verdrängungsprinzip.

Die Hydrostatik galt lange Zeit als wissenschaftlich nicht interessant. Ende des 16. Jahrhunderts erfand Benedetti eine hydraulische Presse. 1862 wurde die erste Schmiedepresse mit Druckwasser von John Haswell in Leoben/Steiermark in Betrieb genommen. Die erste Axialkolbenpumpe mit verstellbarer Taumelscheibe und neun Kolben von Williams und Jeanneys (USA) wurde 1900 gebaut, eine Axialkolbenpumpe mit Kardangelenk statt der Taumelscheibe schlug H. Thoma 1930 vor. Die starke Entwicklung in den letzten 30 Jahren brachte, neben der Fertigung der Elemente in großen Serien mit hoher Zuverlässigkeit, Kostensenkungen.

Nennleistung der Motoren: 7,5 kW

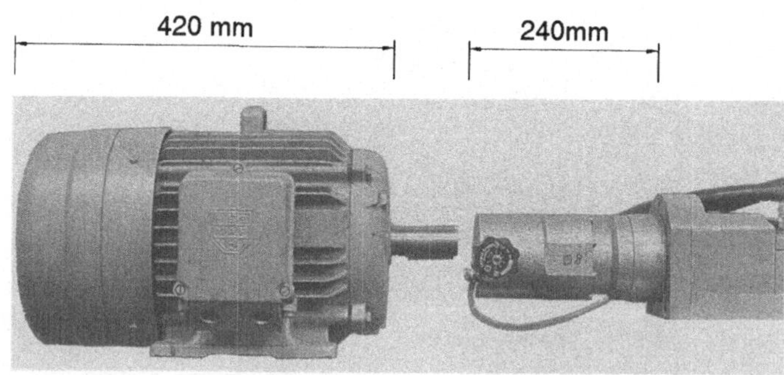

Nenndrehzahl: 1400 min^{-1}
Gewicht   : 66 kg

drehzahl verstellbar:
1000 bis 2500 min^{-1}
Gewicht: 13 kg

Abb. 9.2 Vergleich leistungsgleicher Drehstrom- und Axialkolbenmotore

Hierzu haben vor allem auch die Einführung von Normbauteilen und Normanschlußmaßen beigetragen.

Die Vorteile hydraulischer Antriebe im Vergleich zu mechanischen Getrieben mit elektrischen Antrieben sind:

- Die Wandlung von rotatorischer Bewegung in geradlinige Bewegung, wie sie in Umformmaschinen und spanenden Maschinen benötigt werden, ist mit einfachen Mitteln (Kolben und Zylinder) durchzuführen.
- Es kann eine hohe Kraft- und Leistungsdichte erzielt werden, da hydraulische Maschinen einen erheblich geringeren Raumbedarf haben als Elektromotoren bei gleicher Leistung (Abb. 9.2).
- Drehfrequenzen und Geschwindigkeiten lassen sich einfach verändern.
- Bewegungen lassen sich wegen der geringen Massen schnell umsteuern.
- Kraftüberwachungen sind mit geringem Aufwand durch Druckbegrenzungen zu erreichen. So kann z. B. eine hydraulische Presse einfach durch den Einbau eines Druckbegrenzungsventils vor Überlastung geschützt werden.

Diesen Vorteilen stehen jedoch auch einige Nachteile gegenüber:

- Ein hydraulischer Antrieb ist häufig teurer als ein vergleichbarer mechanischer Antrieb.
- Die Zuverlässigkeit eines Hydrauliksystems kann aufgrund der Verschmutzungsgefahr geringer sein als bei mechanischen Bauelementen.
- Es besteht kein Zwangslauf wie bei mechanischen Antrieben.
- Die Hydraulik neigt zur Geräuschentwicklung; dies gilt insbesondere bei schlechter Auslegung des Systems und bei Verwendung minderwertiger Pumpen.
- Das Hydrauliksystem stellt eine Wärmequelle dar, was sich in Werkzeugmaschinen ungünstig auf die Genauigkeit auswirken kann.

Hydraulische Antriebe bestehen aus mechanisch-hydraulischem Energiewandler (Pumpe), hydraulisch-mechanischem Energiewandler (Motor) und Energieübertragungselementen (Leitungen und Ventile).

9.2 Bauelemente

9.2.1 Pumpen

Hydraulikpumpen dienen der Umsetzung von mechanischer Energie (z. B. durch einen Drehstrommotor erzeugt) in hydraulische Energie. Ein verlustloser Leistungsübergang läßt sich beschreiben durch

$$P = M \cdot \omega = p \cdot Q. \tag{9.2}$$

Mit dem Motormoment M und der Winkelgeschwindigkeit ω, dem hydraulischen Druck p und der Fördermenge (Pumpe) oder Durchflußmenge (Motor, Ventile) Q. Pumpen können konstante Fördermengen liefern oder verstellbar sein. Grundsätzlich werden in der Hydrostatik nur Verdrängerpumpen verwendet. Die Fördermenge ergibt sich aus einem Kammervolumen V_K, der Zahl der Kammern z, der Drehfrequenz n und dem volumetrischen Wirkungsgrad η_{vol}.

$$Q = V_K \cdot z \cdot n \cdot \eta_{vol} \tag{9.3}$$

Zahnradpumpen (Abb. 9.3) sind nicht verstellbar. Sie fördern Öl in den Zahnlücken von der Saug- zur Druckseite und sperren diese gegeneinander durch den Zahneingriff ab. Das Kammervolumen ergibt sich aus der Zahnlückengeometrie zu

$$V_K = m^2 \cdot b \cdot \pi \tag{9.4}$$

und die Förderung ist

$$Q = 4\pi \, m \, b \, r_0 \, n \cdot \eta_{vol}. \tag{9.5}$$

Volumetrische Verluste ergeben sich als Folge von Lecköl und Quetschöl. Sie nehmen absolut mit höherem Druck zu. η_{vol} liegt für hochwertige Pumpen im Nennbetrieb bei 80 bis 95%. Die Leckölverluste entstehen durch Spaltströmungen zwischen den Stirnseiten und dem Umfang der Räder und den Gehäusegegenflächen.

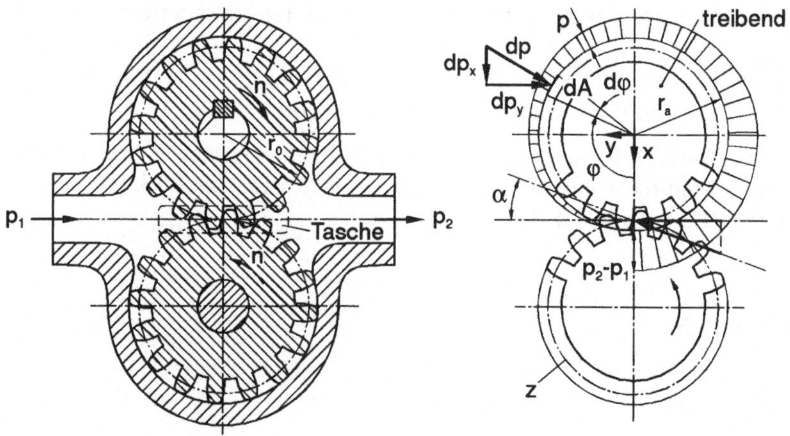

Abb. 9.3 Zahnradpumpe /Quelle: H. Zoebl/

Quetschölverluste entstehen dort, wo die Zahnräder miteinander im Eingriff stehen. Dort tauchen Zähne in die Zahnlücken ein. Wegen der Volumenkonstanz des Öls muß das Öl Gelegenheit zum Austritt bekommen; denn sonst würden extrem hohe Drücke, die die auf der Druckseite weit übersteigen, auftreten /ZOE63/. Die Lager würden überbeansprucht, starke Druckschwankungen führten zu heftiger Geräuschentwicklung. Daher wird die Güte einer Zahnradpumpe neben der für Spaltverluste kritischen Fertigungsgenauigkeit wesentlich durch die Ausbildung der Eingriffszone bestimmt.

Zahnradpumpen werden bis zu Nenndrücken von 200 bar und Fördermengen bis 400 l/min gebaut. Die Druckgrenze folgt aus der zulässigen Lagerbelastung. Wegen des Quetschölproblems emittieren Zahnradpumpen i.a. mehr Schall als andere Pumpenbauarten.

Flügelzellenpumpen (Abb. 9.4) fördern Drucköl in Kammern, die durch einen exzentrisch im Pumpengehäuse laufenden Rotor und durch radiale Flügel im Rotor gebildet werden. Die Flügel sind in Schlitzen des Rotors verschiebbar und werden durch das Pumpengehäuse gesteuert. Der Rotor ist gegenüber dem Gehäuse verschiebbar, wodurch sich die Exzentrizität e und damit das Kammervolumen verändert. Das Kammervolumen ist

$$V_K = \frac{1}{z} \cdot 4\pi\, r_m \cdot b \cdot e, \tag{9.6}$$

der mittlere Radius r_m

$$r_m = \frac{1}{2}\left(r_a + r_i\right) \tag{9.7}$$

und die verlustlose Fördermenge

$$Q = 4\pi\, r_m \cdot b \cdot e \cdot n. \tag{9.8}$$

Die Dicke der Flügel wurde vernachlässigt. Durch Verschieben des Rotors über die Gehäusemitte hinweg läßt sich die Förderrichtung umkehren.

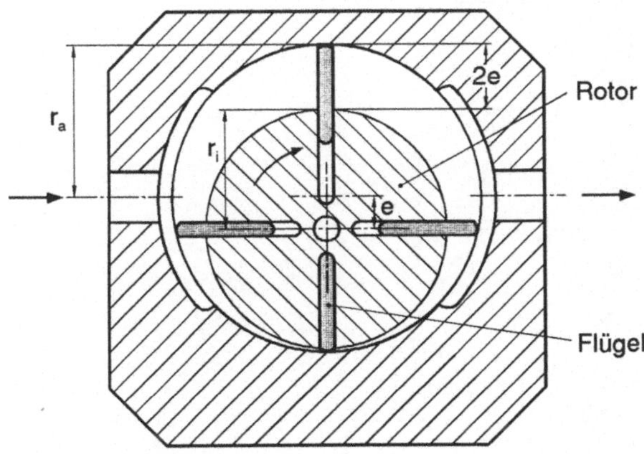

Abb. 9.4 Prinzip einer Flügelzellenpumpe /Quelle: J. Thoma/

Auch bei dieser Pumpenart treten als Folge der Druckverteilung über dem Rotor hohe Lagerbelastungen auf. Durch Doppelanordnung der Zellen und ovale Ausführung des Gehäuses können die Radialkräfte kompensiert werden. Die erreichbaren Drücke von einstufigen Flügelzellenpumpen sind mit 160 bar nicht so hoch wie bei Zahnradpumpen. Auch der maximale Förderstrom von ca. 200 l/min ist niedriger.

Die Lamellen (Flügel) können auch im Gehäuse angeordnet werden (Abb. 9.5). Der Rotor wird dann als Kurvenscheibe ausgeführt (Bauart Deri). Flügelzellenpumpen lassen sich zweistufig ausführen, um höhere Drücke zu erreichen.

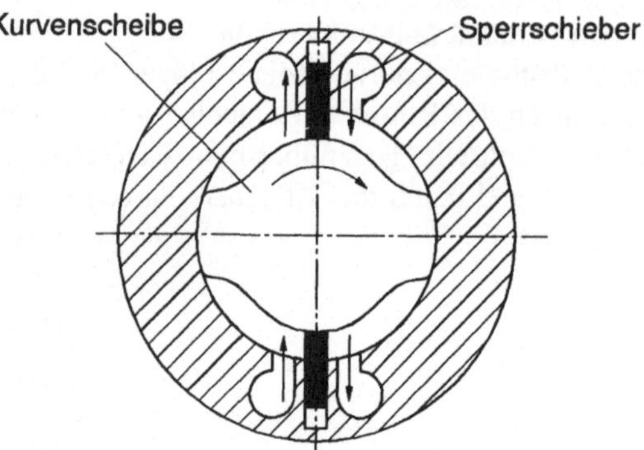

Abb. 9.5 Prinzip einer Sperrschieberpumpe /Quelle: Dubbel, Bauart Deri/

Kolbenpumpen werden in radialer und axialer Anordnung der Kolben ausgeführt. *Radialkolbenpumpen* (Abb. 9.6) werden für Drücke bis 350 bar gebaut und daher häufig in hydraulischen Pressen eingesetzt. Sie zeichnen sich durch ihre hohe Energiedichte aus. Die Fördermengen können bis zu 500 l/min betragen. Das Bild zeigt eine Ausführung mit äußerer Beaufschlagung.

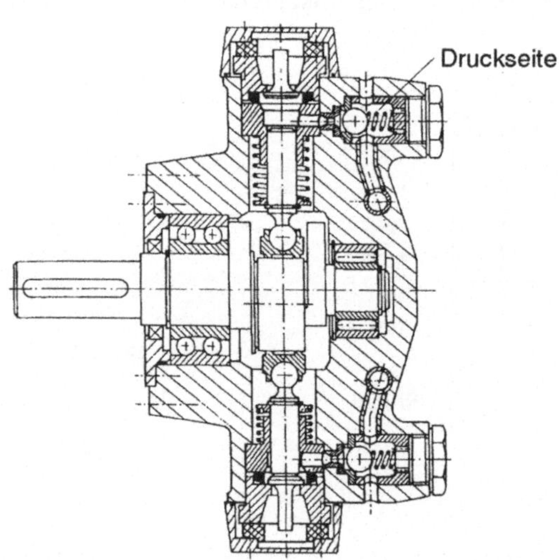

Abb. 9.6 Längsschnitt durch eine Radialkolbenpumpe /Quelle: K. Groth, H. Speich/

Auf der Saugseite dichten Tellerventile die Kammer ab. Beim Hub des Kolbens (Hub: 2e, Kolbenradius: r_K) wird das Öl durch ein Sperrventil auf die Druckseite gefördert. Ein eingegossener umlaufender Druckkanal und eine ungerade Zylinderzahl verringern Pulsationen. Durch die hydrostatische Kolbenabstützung auf dem Exzenter wird eine hohe Lebensdauer erreicht. Die gezeichnete Pumpe ist nicht verstellbar. Variable Fördermengen sind aber durch verstellbare Exzenter grundsätzlich möglich. Das Kammervolumen ist

$$V_K = 2\pi r_K^2 \, e. \tag{9.9}$$

Axialkolbenpumpen werden als Konstant- oder Verstellpumpen gebaut. Abbildung 9.7 zeigt drei verschiedene Bauarten. In der ältesten Bauart nach dem Taumelscheibenprinzip stützen sich die Kolben in der feststehenden Kolbentrommel über die Taumelscheibe ab. Der Taumelwinkel α läßt sich nicht verändern, die Fördermenge ist konstant. Der Ölstrom wird durch einen Steuerspiegel mit nierenförmigen Steuerscheiben oder durch Ventile gesteuert. Pumpen in Schrägscheibenausführung können die Fördermenge durch Kippen der Schrägscheibe verändern. Die Kolben stützen sich über Gleitschuhe gegen die Scheibe ab. Durch Kippen der Scheibe durch die Null-Lage läßt sich die Förderrichtung umstellen. Ein feststehender Steuerspiegel dient der Kammerverbindung mit der Saug- und Druckseite. Die Schrägachsenausführung bietet gegenüber der Schrägscheibenausführung den Vorteil, daß die Kolbenkräfte querkraftfrei von der Antriebswelle auf die Kolben übertragen werden.

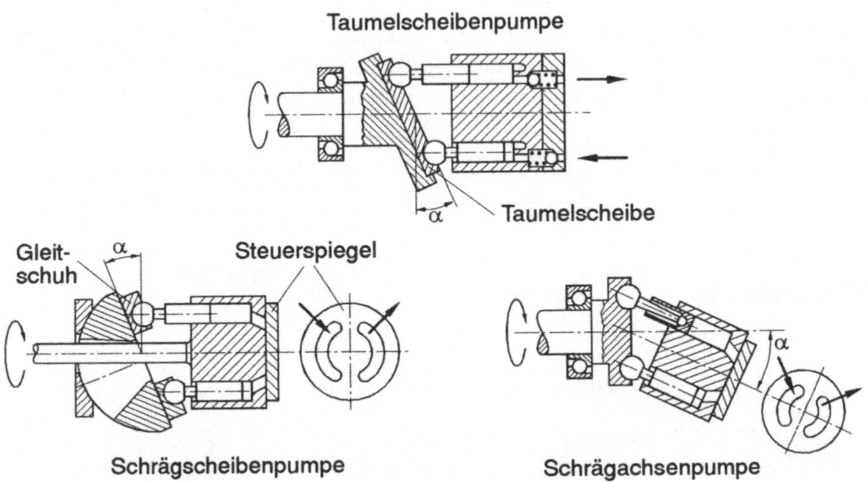

Abb. 9.7 Drei Bauarten der Axialkolbenpumpe /nach G. Bauer/

Das Kammervolumen ist

$$V_K = 2\pi r_K^2 \, r_T \sin\alpha \tag{9.10}$$

mit den Kolbenradien r_K und dem Teilkreisradius der Kolben in der Trommel r_T. Daraus folgt die verlustfreie Fördermenge zu

$$Q = 2\pi \, r_K^2 \, r_T \sin\alpha \cdot z \cdot n. \tag{9.11}$$

Die Zahl der Kolben z wird meist ungerade zu 5 bis 11 gewählt, um Volumen- und Druckpulsationen gering zu halten.

9.2.2 Motore

Für geradlinige Bewegungen werden Kolben und Zylinder eingesetzt. Man unterscheidet einfach (Plunger) und doppelt wirkende Zylinder, letztere mit einseitiger oder durchgehender (gleiche Volumenverdrängung auf beiden Seiten) Kolbenstange. (Abb. 9.8). Die Kolbenkraft und der erforderliche Förderstrom sind

$$F = p_1 A_1 - p_2 A_2 \tag{9.12}$$

$$\text{mit } A_{1;2}: \quad \text{Kolbenflächen}$$
$$p_{1;2}: \quad \text{Drücke}$$

und

$$Q = A_1 v \tag{9.13}$$

$$\text{mit } v: \quad \text{Kolbengeschwindigkeit}$$
$$A_1: \quad \text{Kolbenfläche bei Ölrückführung } (A_1 - A_2).$$

Zur Auslegung von Zylindern sind druckabhängige Reibkräfte zu berücksichtigen. Sie liegen in Bewegung je nach Dichtungsausführung bei 10% bis 50% der Kolbenkraft. Stickslip ist bei langsamen Bewegungen kaum zu vermeiden.

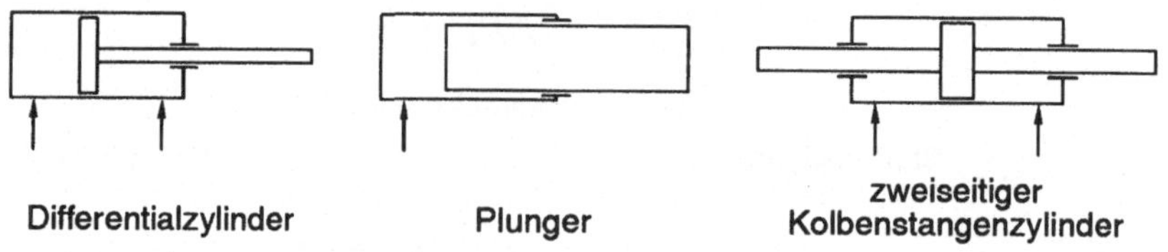

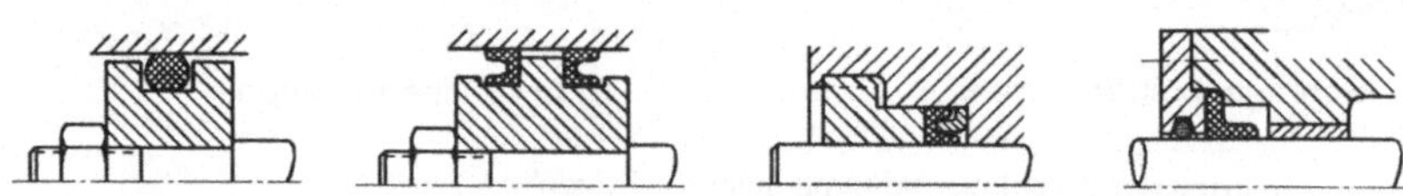

Abb. 9.8 Zylinderbauarten und -dichtungen

Motore für Drehbewegungen entsprechen im Aufbau Pumpen. Das Arbeitsprinzip wird umgekehrt. Häufig angewendet werden Flügelzellen- und Axialkolbenmotore. Sie können durch Änderung der Exzentrizität oder des Schwenkwinkels verstellt werden. Die Drehfrequenz ergibt sich aus dem Schluckvolumen Q, dem Kammervolumen und der Kammerzahl zu

$$n = \frac{Q}{V_K \cdot z}\, \eta_{vol} \tag{9.14}$$

mit dem volumetrischen Wirkungsgrad des Motors η_{vol}. Das maximal erzeugbare Drehmoment ist:

$$M = \frac{z \cdot V_K \cdot p}{2\pi \cdot \eta_{vol}} \tag{9.15}$$

Aus (9.14) läßt sich entnehmen, daß das Kammervolumen in Verstellmotoren nicht verschwinden darf. Im laufenden Betrieb ist eine Drehrichtungsumkehr durch den Motor daher nicht möglich.

9.2.3 Übertragungselemente

Hydraulische Bauelemente werden durch Leitungen (Rohre, Schläuche) verbunden. Die Wandstärke s dünnwandiger Rohre ergibt sich nach der "Kesselformel" zu

$$s = \frac{r_i \cdot p}{\sigma_{zul}} \tag{9.16}$$

mit σ_{zul}:   zul. Spannung
     p: Druck
     r_i: Innenhalbmesser des Rohres.

Dabei sind Druckspitzen und dynamische Drücke zu berücksichtigen. Der Rohrinnenhalbmesser wird nach dem zulässigen Druckabfall bemessen, der von der Strömungsgeschwindigkeit in der Leitung abhängt. Als Richtwerte für die Strömungsgeschwindigkeit gelten zur Vermeidung von Kavitation

in Saugleitungen: $v \leq 1{,}5$ m/s
in Druckleitungen: $v \leq 4$ m/s für $p \leq \;\;50$ bar
                          $v \leq 5$ m/s für $p \leq 100$ bar
                          $v \leq 7$ m/s für $p \leq 200$ bar
und in kurzen Leitungen: $v \leq 10$ m/s.

Schläuche sind erheblich nachgiebiger als Rohre. Ihr Energiespeichervermögen kann sich günstig (Glättung von Druckspitzen) und ungünstig (Nachgiebigkeit eines Vorschubantriebes) auswirken.

9.2.4 Ventile

Wegeventile dienen der Verbindung verschiedener Hydraulikleitungen zur gezielten Lenkung von Ölströmen und stellen damit "hydraulische Schalter" dar. Die symbolhafte Darstellung der Ventile wird in Tafel 1 beschrieben. Sie ist an der Funktion der Ventile orientiert. Die Funktionen können sehr unterschiedlich verwirklicht werden, wie an 4/2 Wegeventilen in Abb. 9.9 gezeigt wird.

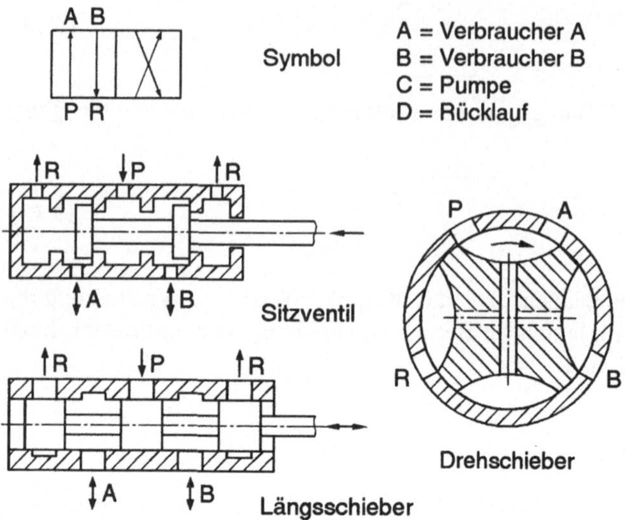

Abb. 9.9 4/2 Wegeventile

Schieberventile arbeiten stets mit Leckölmengen (z.B. 4/2-Ventil NW 10 bei 100 bar: Lecköl von $20\,\text{cm}^3/\text{min}$). Nur Sitzventile arbeiten leckölfrei. Die Betätigung der Ventile kann magnetisch, mechanisch von Hand, durch Nocken oder Feder, hydraulisch oder pneumatisch erfolgen.

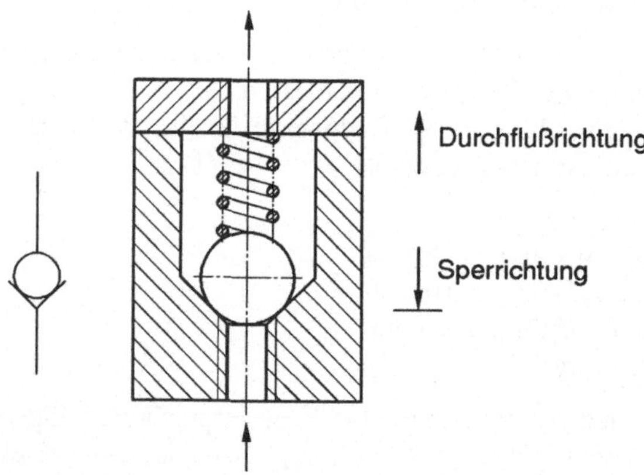

Abb. 9.10 Rückschlagventil

Sperrventile sind Ventile, die den Durchfluß vorzugsweise in einer Richtung sperren und in entgegengesetzter Richtung freigeben. Abbildung 9.10 zeigt ein Rückschlagventil und das zugehörige Symbol. Das Ventil sperrt, wenn der Ausgangsdruck größer als der Eingangsdruck, vermindert um die Federkraft bezogen auf den Sitzquerschnitt, ist.

Druckventile (Abb. 9.11) bestimmen Drücke in einem System. Ein Druckbegrenzungsventil öffnet, wenn der Eingangsdruck eine über eine Feder einstellbare Grenze überschreitet. Das Druckreduzierventil hingegen hält bei veränderlichem Eingangsdruck den Ausgangsdruck konstant.

Druckbegrenzungsventil   **Druckreduzierventil**

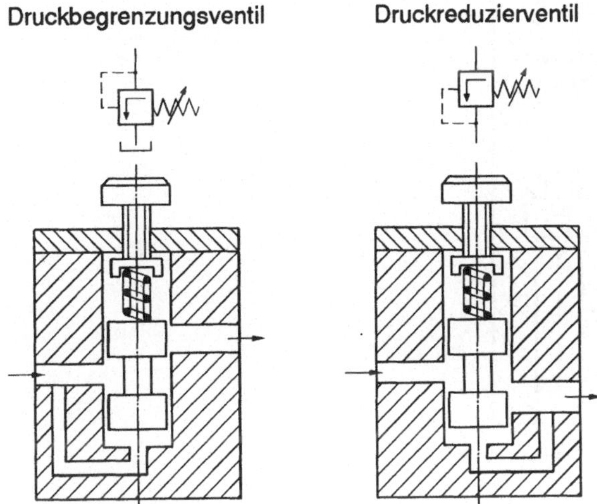

Abb. 9.11 Druckventile

Stromventile dienen der stufenlosen Verstellung von Strömen, so daß z.B. Kolbengeschwindigkeiten gesteuert werden können. Die einfachste Form ist eine Drossel, ausgeführt als Nadelventil (Abb. 9.12). Die Durchflußmenge Q_D ist abhängig vom Drosselquerschnitt A, der Druckdifferenz und der Zähigkeit des Hydrauliköls, welche wiederum temperaturabhängig ist.

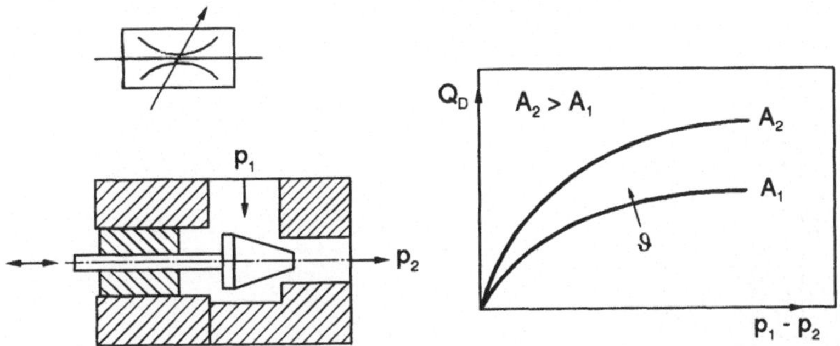

Abb. 9.12 Nadelventil als Drossel

Die Abhängigkeit der Durchflußmenge vom Differenzdruck kann durch Anwendung einer Druckwaage, wie in Abb. 9.13 dargestellt, kompensiert werden. Die Steuerkante der Druckwaage, die vom Druck vor und hinter der einstellbaren Drossel beaufschlagt wird, sorgt dafür, daß an dieser Drossel unabhängig von den Drücken p_1 und p_3 stets die gleiche Druckdifferenz $(p_2 - p_3)$ herrscht und sich damit, bei gleicher Zähigkeit auch der gleiche Strom einstellt.

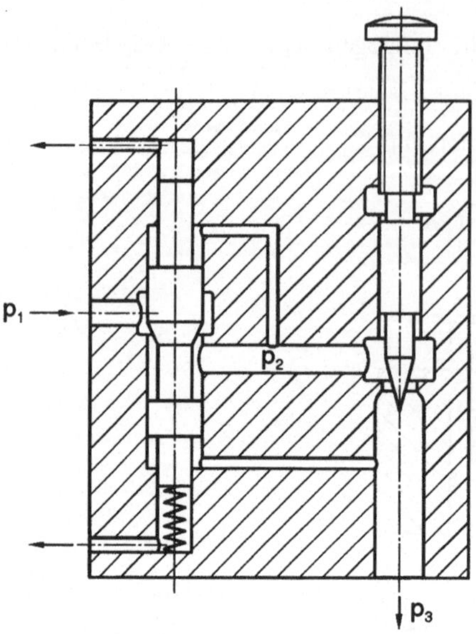

Abb. 9.13 Stromregler mit Druckwaage /Quelle: W. Wanner/

Zur Kompensation des Temperatur- und Zähigkeitseinflusses kann eine Anordnung nach Abb. 9.14 genutzt werden. Ein der Öltemperatur ausgesetzter Stab steuert durch seine Längenänderung Steuerkanten (Bohrungen am Stabende), welche den Druck auf den Steuerkolben beeinflußt. Bei sorgfältiger Auslegung wird in begrenzten Temperaturbereichen die Durchflußmenge konstant gehalten.

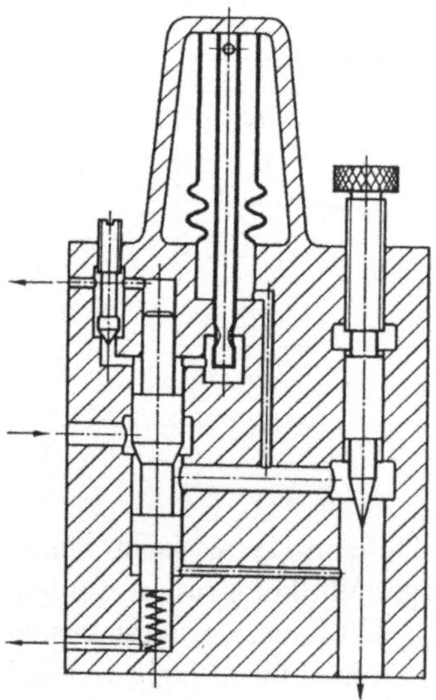

Abb. 9.14 Stromregler mit Temperaturkorrektur /Quelle: W. Wanner/

9.3 Hydraulische Kreisläufe

Hydraulische Kreisläufe müssen unter Berücksichtigung von drei Kriterien ausgelegt werden:

1. Druck, Kraft, Drehmoment
   Der Druck im Motor muß ausreichend sein, um die geforderten Kräfte und Drehmomente zu erzeugen. Hierbei müssen der Druckabfall von 0,1 bis 5 bar in den Steuerorganen und die Reibkräfte in Zylindern berücksichtigt werden.
2. Fördermenge, Geschwindigkeiten
   Die Fördermenge ist abhängig von der erforderlichen Kolbengeschwindigkeit nach der Beziehung $Q = A \cdot v$. Sie darf nicht zu gering bemessen sein, wenn Ströme sicher verstellt werden sollen.
3. Erwärmung, Ölumlauf
   Mit Druck und Fördermenge ist die Pumpenleistung festgelegt. Im allgemeinen wird diese Leistung zu wesentlichen Teilen durch Drosselung in Wärme umgesetzt. Die Erwärmung des Öls soll 60 °C nicht überschreiten. Entsprechend groß müssen der Tank und seine Abstrahlflächen ausgelegt sein. Durch zusätzliche Kühleinrichtungen kann Tankvolumen eingespart werden (Faustregel bei freier Konvektion: Tankinhalt in Litern mindestens 2 bis 3 mal Förderstrom der Pumpe in l/min).

9.4 Schrifttum

/BAU92/   Bauer, G.: Ölhydraulik; 6.Auflage, Teubner, Stuttgart 1992.

/CHA67/   Chajmowitc, E.M.: Ölhydraulik; VEB Verlag Technik, Berlin 1967.

/DÜR68/   Dürr, A. und O. Wachter: Hydraulik in Werkzeugmaschinen;
            C. Hanser Verlag, München 1968.

/GRO87/   Groth, K.: Grundzüge des Kolbenmaschinenbaues, Teil 3,
            Hydraulische Kolbenmaschinen; Institut für Kolbenmaschinen
            Hannover 1987.

/KRI91/   Krist, T.: Hydraulik, Fluidtechnik: Grundlagen der Ölhydraulik und
            Fluidtechnik; 7. Auflage, Vogel, Würzburg 1991.

/THO70/   Thoma, J.: Ölhydraulik; C. Hanser Verlag, München 1970.

/WAN70/   Wanner, W.: Grundlagen hydrostatischer Antriebe; Blaue TR-Reihe;
            Heft 15, 1970.

/WIL90/   Will, D.: Einführung in die Hydraulik und Pneumatik; 5. Auflage, Verlag Technik, Berlin 1990.

/ZOE63/   Zoebl, H.: Ölhydraulik; Springer-Verlag Wien 1963.

9.5 Fragen zur Aufbereitung

9.01   Wie lassen sich Hydrodynamik und Hydrostatik gegeneinander abgrenzen?

9.02   Welche Vorteile bieten hydraulische Antriebe?

9.03   Aus welchen Baugruppen besteht ein hydraulisches Getriebe?

9.04   Wie wird der Ölstrom in die Zylinder eines Radialkolbenmotors geleitet?

9.05   Wie groß ist die Fördermenge je Zeiteinheit einer Axialkolbenpumpe?
Wie kann sie verstellt werden?

9.06   Zeichnen Sie den Hydraulikplan eines Schlittenantriebes mit Eilvorlauf, verstellbarem Arbeitsvor- und rücklauf und Eilrücklauf.
Welchen Vorteil hat eine verstellbare Hochdruckpumpe?

9.07   Welche Stromventile sind Ihnen bekannt? Welche Einflüsse haben Druck- und Temperaturänderungen im Druckmittel?

9.08   Unter welchen Kriterien sind hydraulische Antriebe auszulegen?

9.09   Wie sind Druck- und Fördermengenveränderung beim Entwurf von hydraulischen Antriebs- und Steuerungssystemen zu beurteilen?

9.6 Übungsaufgabe

Auslegung eines Hydraulikzylinders für eine Drosselsteuerung an einem Vorschubschlittenantrieb einer Fräsmaschine.

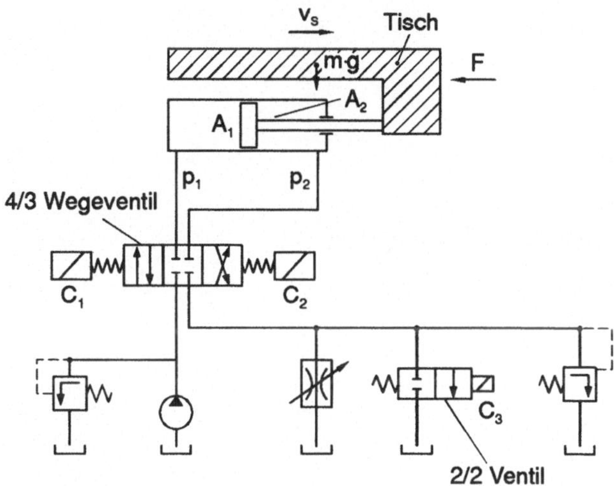

Abb. 9.15 Hydraulikplan Schlittenantrieb

Für den in Abb. 9.15 gezeigten Hydraulikplan sind zu bestimmen:

1. Kolbenfläche A_1
2. Kolbendurchmesser d_1
3. Vorschubgeschwindigkeit v_f
4. Eilganggeschwindigkeit v_e
5. Leitungsquerschnitt A_L
6. Antriebsleitung P

Folgende Größen sind bekannt:

Maximale Vorschubkraft	$F = 1.500 \ N$
Masse des Tisches	$m = 800 \ kg$
Reibwert der Führungen	$\mu = 0,1$
Wirkungsgrad der Hydraulikanlage	$\eta = 0,8$
Kolbenflächenverhältnis	$\alpha = 0,5$
Pumpendruck	$p_1 = 20 \cdot 10^5 \ Nm^{-2}$
Förderstrom	$Q = 20 \ lmin^{-1}$
max. Strömungsgeschwindigkeit in den Rohrleitungen	$v_{Lmax} = 2,5 \ ms^{-1}$
variabler Drosselquerschnitt zur Geschwindigkeitssteuerung	$A_D = 10^{-6} \ ... \ 10^{-5} \ m^2$
Drosselkonstante	$C = 0,01$
Spez. Gewicht des Drucköls	$\gamma = 0,9 \cdot 9,81 \cdot 10^3 \ Nm^{-3}$

Zur Berechnung können folgende Gleichungssysteme herangezogen werden:

- Kräftegleichgewicht am Kolben:

$$A_1 \cdot p_1 - A_2 \cdot p_2 - F - m \cdot g \cdot \mu = 0 \tag{1}$$

- Volumenstrom durch die Drossel:

$$Q_D = C \cdot A_D \sqrt{\frac{2g}{\gamma}(p_2 - p_0)} \tag{2}$$

- Kontinuitätsgleichung für Kolben und Rohrleitungen:

$$Q_D = A_L \cdot v_s \quad \text{und} \quad Q = A_L \cdot v_{Lmax} \tag{3}$$

- Kolbenflächenverhältnis:

$$A_2 = \alpha \cdot A_1 \tag{4}$$

9.7 Schaltzeichen für hydraulische Systeme

Die im folgenden dargestellten Schaltzeichen der hier behandelten Bauelemente stellen einen Auszug aus der DIN ISO 1219 dar.

Pumpe		4/3-Wegeventil	
Motor		Betätigungen: manuell/Feder	
Behälter, Tank		Rollenstößel, Feder	
Zylinder		hydraulisch, magnetisch	
Rückschlagventil		Rückschlagventil -entsperrbar	
Druckbegrenzungsventil		Druckreduzierventil	
Drosselventil		Stromregelventil	

10 Nachformsteuerungen

10.1 Aufbau und Prinzipien

Nachformsteuerungen, auch Kopiersteuerungen genannt, führen ein Werkzeug nach einem Bezugsformstück - das ist z.B. ein Modell, eine Schablone oder eine Meisterwelle -, in dem die Form des Werkstücks, das gefertigt werden soll, gespeichert ist. Das Bezugsformstück ist ein abtastbarer Körper, der als Geometriespeicher dient, oder eine optisch abzutastende Zeichnung. Man spricht von einer "analogen Speicherung" der Geometrieinformationen im Gegensatz zu "digitaler Speicherung" in numerischen Steuerungen. Mit Nachformsteuerungen können - im Rahmen technologischer und kinematischer Restriktionen des Fertigungsvorgangs und der Steuerung - beliebige Formen am Werkstück erzeugt werden. Sie werden in Drehmaschinen, Schleifmaschinen (zum Abrichten), Holzbearbeitungsmaschinen, Brennschneid- und Laserschneidmaschinen, Drahterodiermaschinen, Nibbelmaschinen und in Fräsmaschinen für Bewegungen zur Erzeugung ebener Konturen und auch räumlicher Umrisse /VOG58/ eingesetzt. Eine Automatisierung des gesamten Arbeitsablaufes ist mit Hilfe einer zusätzlichen Programmsteuerung möglich; eine gebräuchliche Version ist die Nockensteuerung, die Zusatzaggregate schaltet, Eilvor- und Rückläufe auslöst etc.. Neue Nachformmaschinen werden z.T. für den Anschluß von numerischen Bahnsteuerungen vorbereitet, wobei insbesondere bei Fräsmaschinen auch die Kombination von Nachformsteuerung und numerischer Steuerung möglich ist.

Man unterscheidet grundsätzlich zwischen direktem und indirektem bzw. mittelbarem Nachformen. Von *direktem* Nachformen spricht man, wenn eine unmittelbare kraft- oder formschlüssige Verbindung zwischen dem Bezugsformstück und dem zu steuernden Schlitten besteht. Derartige Einrichtungen findet man bei manuell gesteuerten Drehmaschinen als Kegeldrehapparat oder in handgeführten Graviermaschinen. In diesem Kapitel werden *mittelbare* Nachformeinrichtungen behandelt, die mit Hilfsenergien über Verstärker bzw. Servomechanismen arbeiten.

Nach Abb. 10.1 wird die Weginformation von einem Taster aufgenommen und als Sollage an einem Summenpunkt mit der Istlage des Schlittens verglichen. Die Differenz steuert als Regelabweichung ein Ventil an, das über Kolben/Zylinder den Schlitten verschiebt. Kennzeichnend für Nachformsteuerungen ist, daß die Istlage

direkt durch den Schlitten selbst "rückgeführt" wird. Der Taster bewegt sich
absolut im Raum gegen das Modell (Bezugsformstück). Die Bewegung wird aber
dadurch, daß der Taster auf das fest mit dem Schlitten verbundene Steuerventil
einwirkt, nur mit der Differenz von Taster- und Schlittenbewegung an den Steuerkanten wirksam.

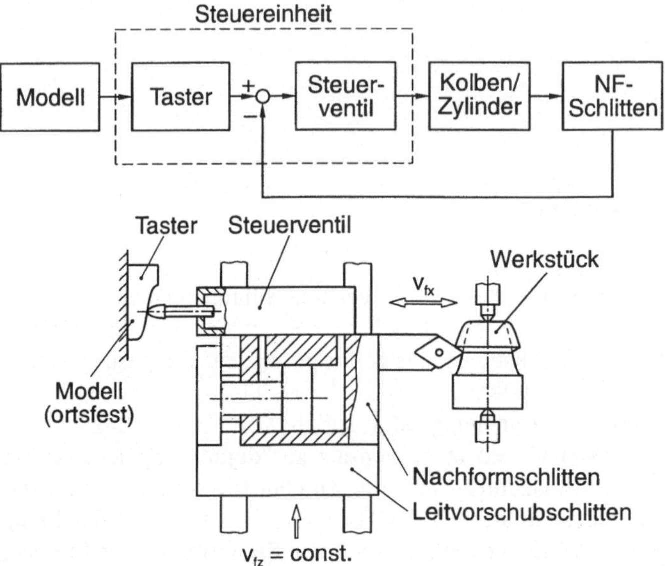

Abb. 10.1 Stetiges Nachformen

Gegenüber direkten Nachformsteuerungen wird in den mittelbaren Nachformsteuerungen über den Taster und das Bezugsformstück nicht die gesamte für den
Wirkprozeß in Nachformrichtung notwendige Kraft übertragen, sondern nur eine
geringe Stellkraft. Die Nachformeinrichtung entspricht also von außen gesehen einer *Steuerkette* Bezugsformstück - Taster - Schlitten; sie enthält im Innern einen
Lageregelkreis Taster - Steuerelement - Antrieb - Schlitten - Steuerelement.

Je nach dem Signal, das von der Steuereinheit an das Stellelement abgegeben
wird, unterscheidet man stetige und unstetige Nachformsteuerungen. *Stetige Nachformsysteme* verstellen die gesteuerte Vorschubgeschwindigkeit kontinuierlich mit
der Tasterauslenkung. Sie wirken auf stetig verstellbare Antriebe.

Unstetige Nachformsysteme enthalten einen Taster, der diskrete Schaltstellungen
einnimmt. Je nach Schaltstellung wird die Vorschubrichtung und diskret die Vorschubgeschwindigkeit über schaltende Stellelemente verstellt. In Abb. 10.1 ist eine
stetige, in Abb. 10.2 das Prinzip einer unstetigen Nachformeinrichtung dargestellt.
Der Taster wirkt in diesem Fall beim Abfahren des Modells auf zwei Kontakte S1
und S3, die Vor- bzw. Rücklauf des Querschlittens über die Relais k1 und k3 bewirken. In der Zwischenstellung, also in der Schalterstellung S2, findet keine Stell-
bewegung statt, es wirkt nur der Leitvorschub v_L.

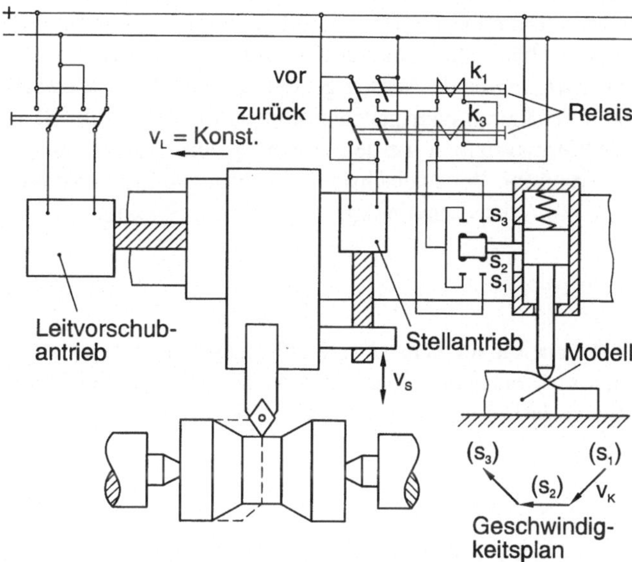

Abb. 10.2 Prinzip einer unstetigen Nachformsteuerung

10.2 Achszahl von Nachformsystemen

Nachformsysteme können einachsig sein, wobei die Bewegung der zweiten Achse, die zur Erzeugung einer ebenen Kontur notwendig ist, durch den Leitvorschub der Maschine vorgegeben wird. Wie Abb. 10.3 zeigt, ist die Stellgeschwindigkeit vom Bahnwinkel abhängig. Der Stellvorschub v_S ergibt sich zu

$$v_S = \frac{\sin \varphi}{\sin (\alpha - \varphi)} v_L \qquad\qquad (10.1)$$

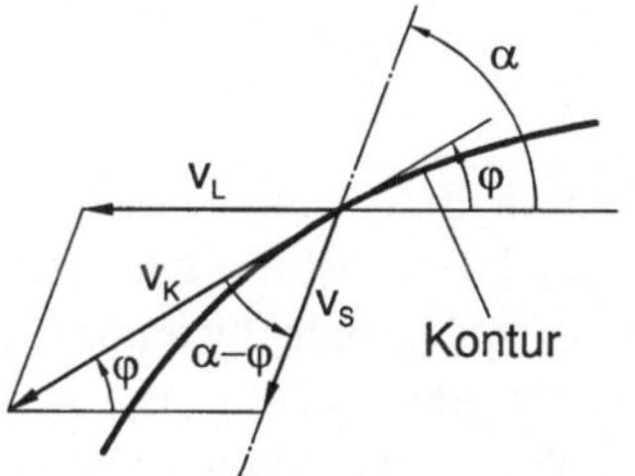

Abb. 10.3 Vorschubgeschwindigkeit beim einachsigen Nachformen

Daraus folgt, daß die Winkeldifferenz α - φ nicht beliebig klein werden darf. Für eine übliche Grenzbedingung von $v_S \leq 2\,v_L$ und $\alpha = 90°$ gilt dann $\alpha - \varphi \geq 120°$. Der zulässige Winkelbereich für die nachzuformende Kontur ist also bei einachsigen Steuerungen bereits aus kinematischen Gründen eingeschränkt. Hinzu kommt, daß die Kursgeschwindigkeit v_k in Abhängigkeit von der Konturneigung schwankt.

Bei zweiachsigen Systemen werden beide Achsen gesteuert /AUG72/. Damit läßt sich die Kursgeschwindigkeit annähernd oder gänzlich konstant halten (Abb. 10.4). Bei quasi-zweiachsigen Nachformsystemen werden abhängig vom Kurs Leit- und Stellvorschub miteinander vertauscht. Bei zweiachsigen Steuerungen mit konstanter Kursgeschwindigkeit müssen die Achsgeschwindigkeiten nach der Funktion

$$v_k = \sqrt{v_x^2 + v_z^2} = \text{const.} \tag{10.2}$$

geregelt werden. Bei den selteneren dreiachsigen Nachformsystemen kann mit 2 Tastern gearbeitet werden, wobei einer die Höhe abtastet, der anderen den Umriß des Modells. Beide Funktionen lassen sich auch in einem - allerdings komplexen - Taster vereinen.

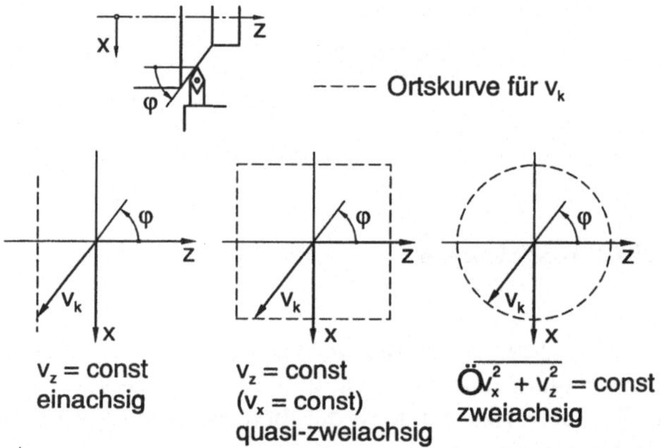

Abb. 10.4 Ortskurven für ein- und zweiachsiges Nachformen /Quelle: G. Augsten/

10.3 Hydraulische Nachformsysteme

Stetige Nachformsysteme werden i.a. elektrisch, elektrohydraulisch, hydraulisch oder pneumatisch angetrieben und geregelt. Hierbei gewinnen elektromotorische Nachformverfahren an Bedeutung, am gebräuchlichsten sind jedoch hydraulische Nachformsysteme. Funktionsweise und Kenngrößen stetiger Nachformsysteme werden daher am Beispiel einer hydraulischen Nachformeinrichtung mit asymmetrischer Zweikantensteuerung erläutert /BAC59/. Der prinzipielle Aufbau einer derartigen Steuerung ist in Abb. 10.5 wiedergegeben: der Taster (2) wirkt hierbei auf 2 Steuerkanten (4) und (5) eines Längsschiebers im Servoventil; die Steuerung ist asymmetrisch, da sie nur auf eine Zylinderkammer wirkt. Der Nachformschlitten (1) wird mit einem i.a. konstanten Leitvorschub v_L längs des Bezugsformstückes bewegt. Folgt der Taster (2) einem Anstieg bzw. Abfall der Bezugskontur (3), verändern sich die Spaltbreiten h_{sp} der Steuerspalten (4) und (5). Im lastfreien Zustand verändern sich dadurch die Durchflußmengen entsprechend $Q\,h_{sp}\cdot\sqrt{\Delta p}\;Q \sim h_{sp}\cdot\sqrt{\Delta p}$, da der Druckabfall infolge Kräftegleichgewicht an den Steuerkanten konstant bleibt. Entsprechend den Durchflußmengen und der Kolbenfläche A_2 stellt sich eine Stellgeschwindigkeit v_s

$$v_s = \frac{Q_{ein} - Q_{aus}}{A_2} \qquad (10.3)$$

ein.

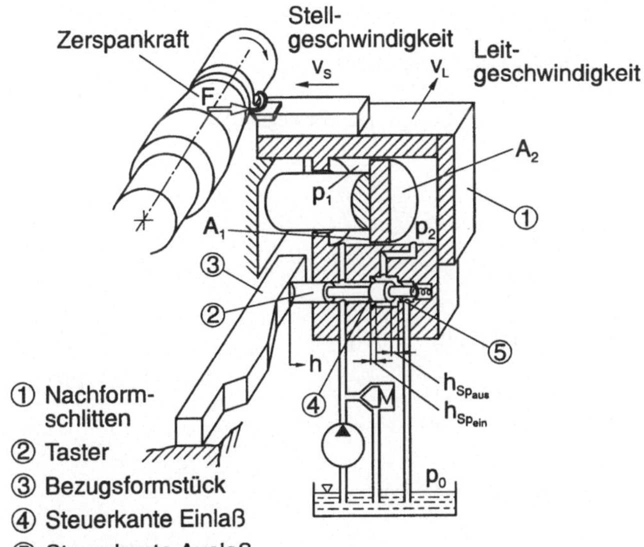

Abb. 10.5 Prinzipieller Aufbau einer hydraulischen Nachformeinrichtung (asymmetrische Zweikantensteuerung)

Infolge des Wirkvorganges wirkt auf die Nachformeinrichtung die Kraft F, die ein Zurückweichen des Schlittens (1) verursacht. Da der Taster (2) durch Federkraft an dem Bezugsformstück gehalten wird, wird der Einlaßspalt $h_{sp\,ein}$ kleiner und damit der Druckabfall an der Steuerkante (4) größer. Entsprechend wird der Auslaßspalt $h_{sp\,aus}$ größer und der Druckabfall an der Steuerkante (5) kleiner. Die Kraft $p_2\cdot A_2$ verringert sich, bis Gleichgewicht herrscht: $A_1\cdot p_1 = A_2\cdot p_2 + F$.

Im praktischen Betrieb sind Kräfte und Geschwindigkeiten überlagert. Die jeweiligen Tasterauslenkungen addieren sich und bewirken eine Abweichung von der Soll-Kontur. Die entstehenden Fehler sind systembedingt.

Statische Kenngrößen, nämlich die Kraftverstärkung E_0 und die Geschwindigkeitsverstärkung C_0, beschreiben diese Systemeigenschaften. Die Kraftverstärkung E_0 gibt an, in welchem Maße die Kraft F über der Tasterauslenkung h anwächst.

$$E_0 = \left.\frac{\partial F}{\partial h}\right|_{v_s = 0} \tag{10.4}$$

Die Geschwindigkeitsverstärkung C_0 gibt den Anstieg der Stellgeschwindigkeit v_s über der Tasterauslenkung h an:

$$C_0 = \left.\frac{\partial v_s}{\partial h}\right|_{F = 0} \tag{10.5}$$

Bei kleinen Tasterauslenkungen h ergeben sich zwischen F bzw. v_s und h i.a. lineare Zusammenhänge. Für das in Abb. 10.5 gezeigte System gelten die folgenden Beziehungen (bei $A_1 = 1/2\, A_2$):

Kontinuitätsbedingung: $Q_{ein} = Q_{aus}$ (in der Ruhelage)

$$v_s \cdot A_2 = Q_{ein} - Q_{aus} \text{ (in der Bewegung)} \tag{10.6}$$

Kräftegleichgewicht: $$p_1 \cdot \frac{A_2}{2} = p_2 \cdot A_2 + F \tag{10.7}$$

Durchflußgleichung:
$$Q = k_0 \cdot \underbrace{\pi \cdot d\,(h_0 \pm h) \cdot}_{\text{Durchflußquerschnitt}} \sqrt{\Delta p} \tag{10.8}$$

$\llcorner$ Durchflußkoeffizient

Worin d der Durchmesser des mit dem Taster (2) fest verbundenen Steuerschiebers ist. Hieraus ergibt sich bei kleinen Tasterauslenkungen für die Kraftverstärkung:

$$E_0 = \frac{p_1 \cdot A_2}{h_0} \tag{10.9}$$

und für die Geschwindigkeitsverstärkung:

$$C_0 = k_0 \cdot \pi \cdot d \cdot \sqrt{2}\, \frac{\sqrt{p_1}}{A_2} \tag{10.10}$$

Der Nachformfehler ist die Summe aus Kraft- und Geschwindigkeitsfehler:

$$h_{ges} = \frac{v_s}{C_0} + \frac{F}{E_0} \tag{10.11}$$

Der Kraftfehler bewirkt immer eine Abweichung von der Kontur des Bezugsform-stückes zu größeren Durchmessern (beim Außenbearbeiten); der Geschwindigkeits-fehler kann je nach zu erzeugender Kontur zu Längsverschiebungen und/oder zu Durchmesserabweichungen führen. Als weitere Fehlerquelle kommt eine Umkehr-spanne hinzu; bedingt durch Haftreibung ist eine bestimmte Auslenkung des Tasters erforderlich, ehe das System reagiert. Diese Umkehrspanne kann sich durch Spiel in den Übertragungsgliedern vergrößern. Die auf automatischen Nachformdrehma-schinen erreichbaren minimalen Abweichungen liegen i.a. über $\pm$ 0,02 mm, bezogen auf den Durchmesser.

Um den Nachformfehler gering zu halten, ist also eine große Geschwindigkeits- und Kraftverstärkung anzustreben. Einer Vergrößerung der beiden Kennwerte sind jedoch verschiedene Grenzen gesetzt. Mit einer Steigerung des Druckes p_1 wächst der Reibwert zwischen Kolben und Zylinder. Der Kolbendurchmesser geht gegen-sinnig in die Verstärkungen ein; seine Vergrößerung führt zudem zu höherem Bau-aufwand. Wesentlich ist auch, daß bisher die Funktion der Nachformsteuerung nur statisch, d.h. ohne die Wirkung von Trägheitskräften betrachtet wurde. Tatsächlich handelt es sich jedoch um ein schwingungsfähiges System, da kinetische Energie durch die bewegten Massen und potentielle Energie durch die Kompressibilität des Öls gespeichert werden können. Dieses System kann durch Selbsterregung zu Schwingungen mit hohen Amplituden angefacht werden: Es wird instabil. Das Blockschaltbild eines hydraulischen Nachformsystems ist in Abb. 10.6 wiederge-geben.

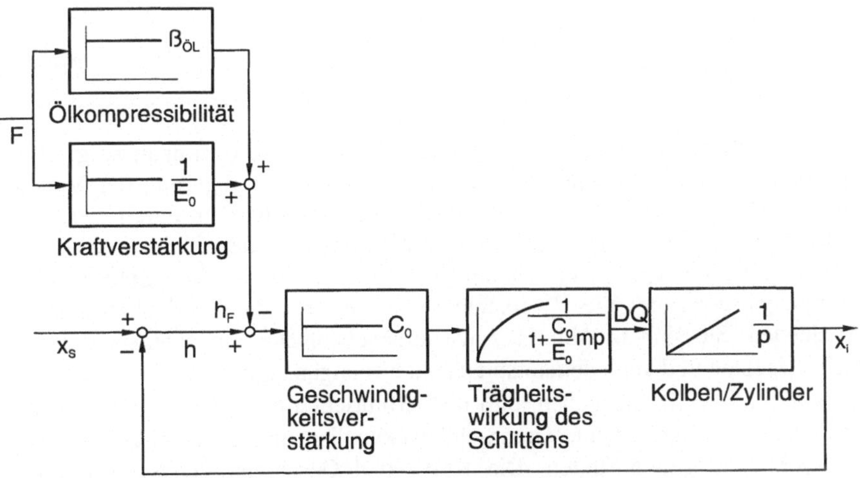

Abb. 10.6 Blockschaltbild eines hydraulischen Nachformsystems

Der Führungsfrequenzgang dieses Regelkreises ergibt sich im lastfreien Zustand
(F = 0) zu:

$$G_{ges}(p) = \frac{x_i}{x_s} = \frac{C_0 \cdot \dfrac{1}{1+\dfrac{C_0}{E_0}mp} \cdot \dfrac{1}{p}}{1+C_0 \cdot \dfrac{1}{1+\dfrac{C_0}{E_0}mp} \cdot \dfrac{1}{p}} = \frac{1}{1+\dfrac{1}{C_0}p+\dfrac{m}{E_0}p^2} \qquad (10.12)$$

Darin sind E_0 die Kraft- und C_0 die Geschwindigkeitsverstärkung, m ist die bewegte Masse. Aus einem Koeffizientenvergleich erhält man die Eigenkreisfrequenz
ω_0 und die Dämpfung D dieses Systems (vgl. Kap. 3):

$$\frac{1}{\omega_0^2} = \frac{m}{E_0} \Rightarrow \omega_0 = \sqrt{\frac{E_0}{m}}$$

$$\frac{2D}{\omega_0} = \frac{1}{C_0} \Rightarrow D = \frac{1}{2}\sqrt{\frac{E_0}{m \cdot C_0^2}} \qquad (10.13)$$

Die Stabilitätsgrenze ist bei Berücksichtigung der Kompressibilität des Öles $\beta_{öl}$
gegeben durch:

$$\frac{\beta_{öl}}{E_0} + \frac{D}{m \cdot C_0} > 1 \qquad (10.14)$$

Es wird deutlich, daß aus Stabilitätsgründen die Verstärkungen nicht zu groß gewählt werden dürfen. Instabiles Verhalten kann durch Verringerung der Verstärkungen behoben werden, wodurch der Nachformfehler zunimmt, durch Vergrößerung der Dämpfung und durch Verringerung des komprimierten Ölvolumens.
Bei hydraulischen Nachformeinrichtungen werden nach Art ihrer Steuersysteme
die Einkantensteuerung, die Zweikantensteuerung und die Vierkantensteuerung
unterschieden. Sie sind in Abb. 10.7 wiedergegeben. Die Einkantensteuerung ist
einfach aufgebaut und kann dementsprechend kostengünstiger sein.
Als vorteilhaft wird angegeben, daß die Stromrichtung an der Steuerkante sich
nicht umkehrt, wodurch keine Grenzschichtanomalien und ungewollte Geschwin-
digkeitsveränderungen auftreten. Die Kraft- und Geschwindigkeitsverstärkungen
sind jedoch geringer als bei Mehrkantensteuerungen. Letztere erkaufen diesen
wichtigen Vorteil allerdings mit größerem Bauaufwand und der Gefahr größerer
Störanfälligkeit.
Der nutzbare Nachformbereich einachsiger Steuerungen wird durch Genauigkeitsanforderungen eingeschränkt. Hohe Stellgeschwindigkeiten bewirken unzulässig
hohe Geschwindigkeitsfehler. I.a. wird daher das Geschwindigkeitsverhältnis auf
$v_s/v_L \leq 2$ festgelegt. Beim Drehen kann außerdem, bedingt durch den mit 55° ge-

normten Spitzenwinkel des Drehmeißels, ein Bereich von ca. $\alpha - 30° < \varphi < \alpha + 30°$ nicht nachgeformt werden.

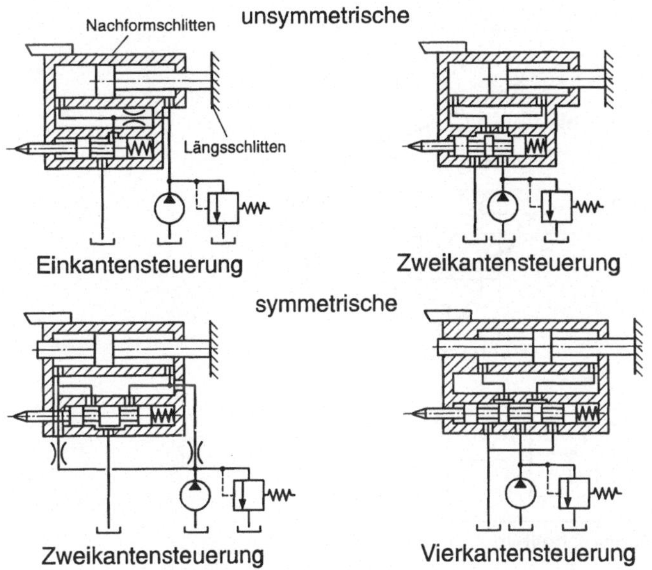

Abb. 10.7 Steuersysteme hydraulischer Nachformeinrichtungen /Quelle: M. Weck/

Stetige Nachformsysteme werden insbesondere bei kleineren und mittleren Maschinen eingesetzt, auf denen größere Stückzahlen gefertigt werden. Die Möglichkeit der photoelektrischen Abtastung von Zeichnungen ermöglicht bei Brenn- und Laserschneidemaschinen, aber auch bei Fräsmaschinen den Verzicht auf Schablonen oder Modelle. Verschiedene Einrichtungen erlauben das Nachformen vergrößerter Bezugsformstücke zur Verbesserung der Genauigkeit bzw. verkleinerter Bezugsformstücke, um den Aufwand für die Modellherstellung bei großen Teilen gering zu halten. Stetige Nachformeinrichtungen finden zuweilen auch an numerisch gesteuerten Maschinen für Teilaufgaben Verwendung, z.B. bei Brennschneidemaschinen für die Abstandsregelung zwischen Werkstück und Brennerdüse bzw. Laseroptik mit Hilfe kapazitiver oder pneumatischer Aufnehmer.

10.4 Unstetige elektrische Nachformsysteme

In unstetigen Nachformsteuerungen werden als Verstärker Dreipunktschalter, seltener Zweipunktschalter, eingesetzt (Abb. 10.8). Sie können elektrische Kontaktschalter sein, die auf Relais oder direkt auf Elektromagnetkupplungen wirken. Da nur drei Schaltstellungen ("minus", "null" und "plus") zur Verfügung stehen, wird die vom Bezugsformstück vorgegebene Kontur bei einachsiger Steuerung in einen

Polygonzug aufgelöst, wenngleich durch Schaltvorgänge und Trägheitswirkung ein Verschleifen der unstetigen Bahn eintritt.

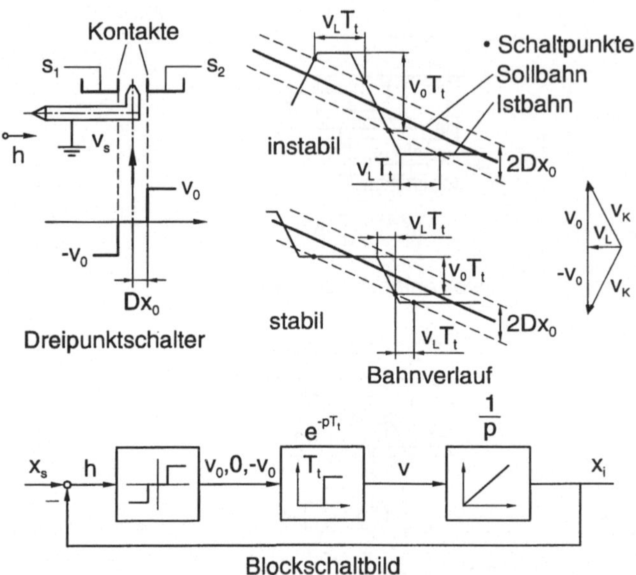

Abb. 10.8 Unstetiges Nachformsystem mit Dreipunktschalter

Abbildung 10.8 zeigt das Schaltverhalten des Dreipunktschalters, den Bahnverlauf und das Blockschaltbild. Charakteristische Größen sind die Geschwindigkeit des Nachformschlittens, die Werte v_0, 0 und $-v_0$ annehmen kann, der Totbereich des Schalters $2 \cdot \Delta x_0$ und die Totzeit des Antriebs T_t. Die Umkehrspanne des Lageregelkreises entspricht dem Totbereich des Schalters. Die gefahrene Bahn (Istbahn) ergibt sich als Polygonzug wegen der Unstetigkeiten des Nachformsystems. Die Amplitude des Pendelns wächst mit der Totzeit T_t und den Geschwindigkeitskomponenten v_L und v_0. Das Verhalten des Nachformsystems ist stabil, wenn der Schlitten bei monotoner Sollbahn nicht den Richtungssinn ändert, also nicht zurückfährt. Daraus folgt die Stabilitätsbedingung zu

$$2 \cdot \Delta x_0 > T_t \, v_0 \tag{10.15}$$

Da eine Vergrößerung von Δx_0 und eine Verringerung von v_0 zu ungünstigerem Nachformverhalten führt, sollte eine Verringerung der Totzeit T_t angestrebt werden. Aus Gleichung (10.15) wird der fundamentale Dualismus von Geschwindigkeit - und damit der Produktivität - und der Genauigkeit deutlich; Δx_0 bestimmt die Abweichungen zwischen Soll- und Istbahn direkt.

Unstetige Nachformsysteme mit Zweipunktschaltern (v_0 und $-v_0$) sind immer instabil. Deshalb sind sie nicht unbrauchbar, vielmehr ist die Pendelamplitude ausschlaggebend. Sie ist annähernd /AUG72/

$$\hat{x} = v_0 \cdot T_t \qquad\qquad (10.16)$$

Bei unstetigen Systemen bedarf es reaktionsschneller Kontakttaster und elektromagnetischer Kupplungen bzw. Vorschubantriebe, um ausreichende Genauigkeit zu erreichen. Durch Einscheibenkupplungen mit geringem Luftspalt und Schnellerregung (48 V anstelle von 24 V) oder schnelle Hydraulikantriebe lassen sich diese Anforderungen erfüllen. Es sind Schaltamplituden (Abweichungen von der Sollkontur) von unter 0,02 mm durch gute Systeme erreichbar. Unstetige Nachformsysteme finden insbesondere bei großen Walzen-, Karussel- und Plandrehmaschinen sowie an großen Horizontal- und Vertikalfräsmaschinen Anwendung.

10.5 Das Äquidistantenproblem

Beim Nachformen weicht der Werkzeugdurchmesser - Fräserradius, Eckenradius eines Drehmeißels oder halbe Schnittbreite beim Laserschneiden - oft vom Tasterradius ab. Die Konturen des Bezugsformstückes und des erzeugten Werkstückes sind dann nicht kongruent. Werkstückkontur und Kontur des Bezugsformstückes sind äquidistant. Dies muß durch Korrekturmaßnahmen ausgeglichen werden (Abb. 10.9). Da die Sollkontur des Werkstückes vorgegeben ist, muß die Kontur des Bezugsformstückes in diesen Fällen äquidistant zur Sollkontur gefertigt werden. Berechnungen von Äquidistanten sind auch zur Ermittlung der Werkzeugbahn numerisch gesteuerter Werkzeugmaschinen erforderlich. Auf sie soll im folgenden eingegangen werden.

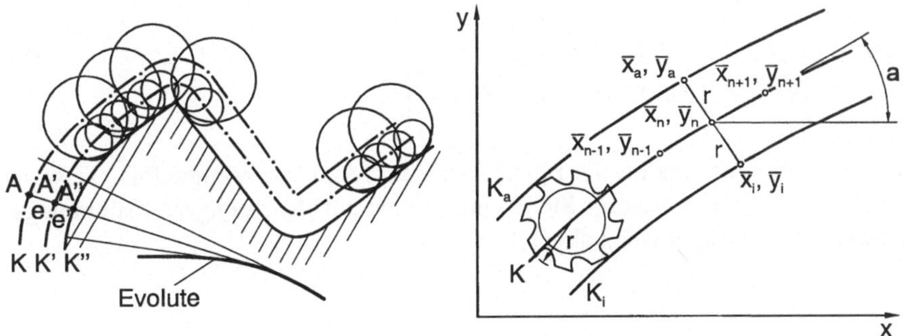

Abb. 10.9 Äquidistante Kurven

Äquidistant (d.h. gleichabständig) sind zwei Kurven K und K', vgl. Abb. 10.9, links, wenn jedem Punkt A auf K ein Punkt A' auf K' derart zugeordnet werden kann, daß die Verbindungslinie zwischen A und A' zu beiden Kurven normal ist und jedes solche Punktepaar die gleiche Entfernung e aufweist. Äquidistanten haben eine gemeinsame Evolute (Kurve der Krümmungsmittelpunkte und zugleich Hüllkurve der Normalen); sind zwei Kurven zu einer dritten äquidistant, so sind sie es auch zueinander.

Ein Werkzeug mit dem Radius r erzeugt am Werkstück die zu seiner Bahnkurve K äquidistanten Kurven K_i (Innenkurve, Seite des Krümmungsmittelpunktes) bzw. K_a (Außenkurve), vgl. Abb. 10.9, rechts. Die Koordinaten der Punkte dieser Kurven errechnen sich mit

$$\tan \alpha = \frac{dy}{dx} \tag{10.17}$$

zu:

$$\overline{x}_{a,i} = x \mp r \sin \alpha = x \mp r \frac{dy}{\left|\sqrt{dx^2 + dy^2}\right|} \tag{10.18}$$

$$\overline{y}_{a,i} = y \mp r \cos \alpha = y \mp r \frac{dx}{\left|\sqrt{dx^2 + dy^2}\right|} \tag{10.19}$$

Durch Ersatz der Differentialquotienten in Gleichung (10.18) und (10.19) durch Differenzenquotienten werden diese zu:

$$\overline{x}_{a,i} = x_n \mp r \frac{y_{n+1} - y_{n-1}}{\left|\sqrt{(x_{n+1} - x_{n-1})^2 + (y_{n+1} - y_{n-1})^2}\right|} \tag{10.20}$$

$$\overline{y}_{a,i} = y_n \pm r \frac{x_{n+1} - x_{n-1}}{\left|\sqrt{(x_{n+1} - x_{n-1})^2 + (y_{n+1} - y_{n-1})^2}\right|} \tag{10.21}$$

Wird der Krümmungsradius der Bahnkurve gleich dem Werkzeugradius, weist die innere Äquidistante K_i an dieser Stelle einen Knick auf. Noch engere Krümmungsradien werden nicht äquidistant abgebildet.

10.6 Schrifttum

/AUG72/   Augsten, G.: Die Lageregelung bei Nachformwerkzeugmaschinen. Aus: "Die Lageregelung an Werkzeugmaschinen". Stuttgart 1972, Institut für Steuerungstechnik der Universität Stuttgart, Eigenverlag

/BAC59/   Backé, W.: Untersuchungen an stetigen und unstetigen Nachformsteuerungen für Drehmaschinen. Dr.-Ing. Diss. TH Aachen 1959

/VOG58/   Vogt, H.-J.: Die Nachformgenauigkeit von Nachformfräsmaschinen mit Fühlersteuerungen. Dr.-Ing. Diss. TH Hannover 1958

10.7 Fragen zur Aufbereitung

10.01 Vergleichen Sie die Speicherung der Weginformation bei numerischen Steuerungen und bei Nachformsteuerungen.

10.02 Wie sind die Konturen des Bezugsformstücks und die Sollkontur am Werkstück über Tasterdurchmesser und Werkzeugdurchmesser bzw. -eckenradius miteinander gekoppelt?

10.03 Welche Nachteile haben die direkten (mechanischen) Nachformsteuerungen?

10.04 Gliedern Sie die Nachformsteuerungen nach dem Tastprinzip und der Achszahl.

10.05 Skizzieren Sie eine stetige Nachformsteuerung.

10.06 Wie läßt sich das stationäre Verhalten einer hydraulischen Nachformsteuerung kennzeichnen?

10.07 Wie gehen die konstruktiven Parameter der Nachformsteuerungen in die Kennzahlen ein?

10.08 Wodurch ergibt sich die Umkehrspanne?

10.09 Wie läßt sich eine hydraulische Nachformsteuerung in einem Blockschaltbild darstellen?

10.10 Stellen Sie daran eine Stabilitätsbetrachtung an.

10.11 Wodurch ist der zulässige/mögliche Nachformwinkelbereich bei einachsigen Nachformsystemen bestimmt?

10.12 Skizzieren Sie die Ortskurven für einachsige, quasi-zweiachsige und zweiachsige Nachformsysteme.

10.13 Skizzieren Sie hydraulische Nachformsysteme mit einer und mehreren Steuerkanten.

10.14 Wodurch ist die Stabilität eines unstetigen Nachformsystems mit Dreipunktregler gegeben? Was ist die Stabilitätsbedingung?

10.15   Wie lassen sich räumliche Flächen durch Nachformfräsen erzeugen?

10.8 Übungsaufgabe

Aufgabe
Rechnerische Bestimmung von Nachformfehlern beim Längsdrehen
Die in Abb. 10.10 a) gegebene Kontur soll nachgeformt werden!

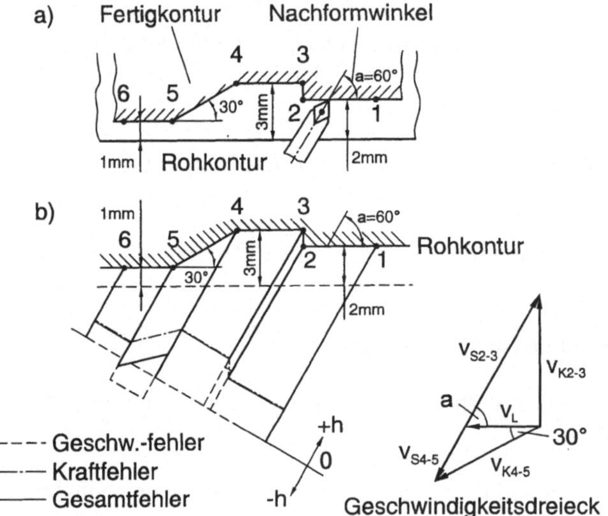

Abb. 10.10 Bestimmung von Nachformfehlern beim Längsdrehen

a) Zwischen welchen Punkten bewegt sich der Nachformschlitten? ($v_S = 0$?)
b) Zeichnen Sie (qualitativ) die Tasterauslenkung durch den Geschwindigkeitsfehler mit Hilfe von Geschwindigkeitsdreiecken.
c) Zeichnen Sie (qualitativ) die kraftbedingte Tasterauslenkungen bei den eingezeichneten Schnittiefen (1 mm, 2 mm und 3 mm).
d) Wo tritt die größte Abweichung auf?
   Wie groß ist der Fehler?

Gegeben: $E_0 = 10^5 \, \dfrac{N}{mm}$; $C_0 = 40 \dfrac{1}{s}$; $v_L = 1 \dfrac{mm}{s}$

Zerspankraft in Nachformrichtung pro 1 mm Schnittiefe:
   $F_{1mm} = 300 \, N$

e) Wie groß muß α sein, damit bei der gegebenen Kontur

$$\left| v_{s2\text{-}3} \right| = \left| v_{s4\text{-}5} \right| \overset{!}{=} \text{Min. erfüllt ist?}$$

Lösungen

a)   Der Nachformschlitten verfährt zwischen den Punkten 2-3 in Richtung Werkstückmittelachse sowie zwischen den Punkten 4-5 aus dem Werkstück heraus.

b,c)   Die Lösung ist in Abb. 10.10 b) gegeben.

d)   Im Punkt b,c) wurde deutlich, daß sich bei Punkt 3 Kraft- und Geschwindigkeitsfehler addieren, es ergibt sich der größte Fehler:

$$v_{s2\text{-}3} = 2 \cdot v_L = 2\ \frac{mm}{s}$$

$$h = + 0,059\ mm$$

Der Durchmesserfehler am Werkstück beträgt dann:

$$\Delta d = 2\,h \cdot \sin 60° = 0,102\ mm$$

e) Zeichnerisch und rechnerisch ergibt sich aus dem Geschwindigkeitsdreieck:

$$\left| v_{s2\text{-}3} \right| = \left| v_{s4\text{-}5} \right| = min$$

für

$$\alpha = 49,1°$$

11 Sachwortverzeichnis